孩子：挑战（图解版）

【美】鲁道夫·德雷克斯 【美】维姬·索尔茨 / 著
汤晨昕 / 译

海南出版社
·海口·

图书在版编目（CIP）数据

孩子：挑战：图解版 /（美）鲁道夫·德雷克斯（Rudolf Dreikurs），（美）维姬·索尔茨（Vicki Soltz）著；汤晨昕译. -- 海口：海南出版社，2025.1. -- ISBN 978-7-5730-1935-6

Ⅰ. B844.1-64
中国国家版本馆CIP数据核字第20245RG505号

孩子：挑战（图解版）
HAIZI: TIAOZHAN（TUJIE BAN）

作　　者：	【美】鲁道夫·德雷克斯【美】维姬·索尔茨
译　　者：	汤晨昕
责任编辑：	张　雪
特约编辑：	远　之
责任印制：	郄亚喃
印刷装订：	北京博海升彩色印刷有限公司
读者服务：	唐雪飞
出版发行：	海南出版社
总社地址：	海口市金盘开发区建设三横路2号　邮编：570216
北京地址：	北京市朝阳区黄厂路3号院7号楼101室
电　　话：	0898-66812392　　010-87336670
投稿邮箱：	hnbook@263.net
经　　销：	全国新华书店
版　　次：	2025年1月第1版
印　　次：	2025年1月第1次印刷
开　　本：	787 mm×1092 mm　　1/32
印　　张：	15
字　　数：	252千字
书　　号：	ISBN 978-7-5730-1935-6
定　　价：	78.00元

【版权所有，请勿翻印、转载，违者必究】
如有缺页、破损、倒装等印装质量问题，请寄回本社更换。

目 录

前言 ······ 001
第1章 我们当前的困境 ······ 001
第2章 理解孩子 ······ 015
第3章 鼓励孩子 ······ 049
第4章 孩子的错误目标 ······ 077
第5章 惩罚和奖励都不可取 ······ 091
第6章 顺其自然和逻辑结果教育法 ······ 103
第7章 坚定立场的非独裁者 ······ 117
第8章 尊重孩子 ······ 125
第9章 引导孩子尊重秩序 ······ 133
第10章 引导孩子尊重他人的权利 ······ 145
第11章 杜绝批评,减少挑错 ······ 151
第12章 维护日常规则 ······ 167
第13章 为训练投入时间 ······ 175
第14章 争取孩子的合作 ······ 183
第15章 不要给孩子过度关注 ······ 199
第16章 避免与孩子的权力斗争 ······ 207
第17章 退出冲突 ······ 221
第18章 别说教,行动! ······ 231
第19章 停止"赶苍蝇" ······ 245
第20章 满足孩子要理智:有说"不"的勇气 ······ 249

contents

第21章　克服本能：行动要出其不意 ·········· 259
第22章　不要过度保护孩子 ·········· 269
第23章　鼓励孩子独立 ·········· 277
第24章　远离孩子间的争执 ·········· 289
第25章　不要被恐惧动摇 ·········· 309
第26章　别掺和孩子的事 ·········· 321
第27章　克制怜悯心作祟 ·········· 339
第28章　只提合理要求，尽量少提 ·········· 357
第29章　言出必行，说到做到 ·········· 363
第30章　对孩子要一视同仁 ·········· 371
第31章　用心听孩子的话 ·········· 379
第32章　注意你的语气 ·········· 385
第33章　放轻松 ·········· 389
第34章　"坏"习惯没那么可怕 ·········· 399
第35章　一起玩得开心 ·········· 409
第36章　克服电视带来的挑战 ·········· 415
第37章　和孩子对话，而不是单向输出 ·········· 421
第38章　家庭会议 ·········· 431
附录　全新的育儿原则 ·········· 438

前 言

当下,我们的孩子正在越来越频繁地制造出许多严重的问题,而大部分父母却对此束手无策。但他们多少已经意识到了,用自己小时候接受的那套方法来对待孩子并不合适;可他们也不知道还能怎么办。他们甚至可能不知道有新的和孩子相处的方法,而且这些方法已经得到了验证。他们被五花八门但互相冲突的建议给砸懵了,结果任何一种特定的方法都起不了作用。那么,为什么大家应该相信我们的方法呢?

我和父母及孩子打了四十年交道,很明显,我们所提供的解决家庭冲突的建议是切实有效的。我们的家庭咨询中心实验室已经对这些建议进行了检验。许多父母靠自己摸索找到了和孩子沟通并赢得孩子合作的方式,但他们并不明白自己为什么这样做,又或者为什么这样做是有用的。我们的方法基于知名心理学家阿尔弗雷德·阿德勒(Alfred Adler)及其同僚的独特生活哲学以及别具一格的对人的认知。心理学界的总体趋势看来也是与我们的方向一致的。我们的建议是父母不必太悲观,也不要以惩罚为手段。父母需要学习的是如何与孩子建立默契,理解孩子的行为,能够恰到好处地引导他们,既不过度放纵,又不会让孩子太过压抑。

在之前发表的论文和著作中,我已概述了一些与孩子相处的基本原则。父母和孩子也为我们贡献了很多新的想法,提供了大量有效相处的实例，是我们这些专业人士所未曾想到的。我们始终处于相互学习的状态，因为我们都致力于解决孩子们呈现给整个成人社会的共同问题。

我也邀请维姬·索尔茨（Vicki Soltz）女士从个人的角度陈述我们所采用的原则。她是我们几个研究小组的负责人，这些小组教导妈妈们与孩子相处的原则，而不是教给她们具体问题的答案和建议。我们对所有问题都进行过细致探讨，不过，她总能够以妈妈的身份对这些问题给出自己的看法。毕竟，我们的目的并不是给父母上心理学课，而是希望为他们提供新的方向和一些实用的做法。

我相信我们共同的努力将使我们实现共同设下的目标——为家庭提供帮助。即使是最高明的技巧也无法消除所有困难和错误。我们只希望父母能够更明确自己应该做什么，尽管有时候他们可能并不喜欢这么做。问题依旧会出现，并且永远不会消失。

对于那些时常遭遇措手不及的难题却始终希望善尽责任的父母，我们非常佩服且抱有同情。正如孩子需要培训，父母也是一样。培训父母用新的方式来处理孩子的挑衅，可能会使孩子给出全新的态度，为家庭打开通往和谐关系的新坦途。

鲁道夫·德雷克斯

我们当前的困境

普莱西太太给她的邻居阿尔巴尼太太倒了咖啡,然后坐下来,打算和她聊聊。这时,7岁的马克冲进了厨房,后面还跟着他5岁的弟弟汤姆。马克熟练地爬上料理台,拉开了最上层橱柜的柜门。汤姆也学着马克爬了上去,同样熟门熟路。

妈妈大声训斥道:"从那儿下来。马上!下来。"

"我们想吃点儿棉花糖!"马克朝她吼了回去。

"你们现在不能吃棉花糖。马上就要吃午饭了。现在,立刻给我下来!"

马克抓起一包棉花糖,从料理台上跳了下来,汤姆也跟着跳了下来。汤姆从马克手上抢过棉花糖,两个孩子风风火火地跑出了厨房,只留下普莱西太太在后面喊:"回来。我说了你们不能吃棉花糖!"

她的话音未落,纱窗门就被甩上了。

普莱西太太叹着气对她的客人说道:"天呐!这些小孩!我真不知道该拿他们怎么办了。他们总像两个野孩子。一刻都停不下来。"

大多数时候,我们都不知道该怎么对待自己的孩子。在任何场合和聚会上,小孩子总会惹出些令人心烦的麻烦。

在游乐园

本该是一家人度过欢乐时光的地方,可很少有家庭能在那里过得开心。

兴奋过了头又不知疲倦的孩子们尖叫着要求再玩一次,再玩一次。

烦躁的父母先是粗暴地拒绝,"不行",然后又在孩子的尖叫声中妥协。

不堪其扰的爸爸翻了翻口袋,然后花了比预期更多的钱。

哭闹的孩子在众目睽睽之下被揍了一顿。

最终,失去耐心的妈妈拽着还在哭闹的孩子的胳膊离开了。

到家之后,所有人都在想他们究竟为什么要去游乐园。

在餐厅	小孩子们通常表现得十分粗鲁。 他们举止任性，大声尖叫来吸引大人的注意，还会不知疲倦地跑来跑去。	这些行为甚至会破坏其他客人的用餐体验。 许多孩子必须又哄又劝才肯吃饭。
在超市	小孩子们通常会错误地把旋转闸门和防护栏当成玩具。 许多孩子会在货架间的走廊上来回跑动，要求特别礼物。	一旦被拒绝就会哭闹不休或者大发脾气。

在所有类似的公共场合里，我们都能听到孩子们愤怒的哭喊和尖叫声，以及身心俱疲、充满怨念和无奈的父母的回应。

在家里

我们的孩子依旧表现出十分糟糕的拒不合作的态度。许多孩子拒绝承担任何家务。他们吵闹好动，不体谅人，又缺乏礼貌。有时候，他们非常不尊重自己的父母和其他大人。他们时常冒犯我们，而我们却全盘接受。

我们的孩子一心和我们对着干，而我们对此无能为力。我们求着，哄着，胡萝卜和大棒齐上，只盼着能让孩子多少守些规矩。一位奶奶曾绝望地表示："现在的孩子一点儿不听劝了！"他们的对抗和失控行为已经变得如此普遍，甚至已经被认可是正常的。"小孩子就是这样的。"

在学校、社会

许多孩子拒绝履行学习的义务。老师要求父母确保孩子能完成家庭作业，但他们也说不出怎样才能在不发生冲突和抗争的情况下做到这一点。

我们频频在报纸头条上看到陷入麻烦的孩子的新闻。孩子越来越早地表现出潜在的少年犯罪行为。

法官要求父母管束自己的孩子不要在夜间游荡在街头，但也没法指出具体该怎么做。

全国范围内涌现出无数针对青少年犯罪的研究论文，但少有研究能够指明可行的解决方案。

当下的许多父母变得越来越失落和困惑。他们本希望能养育快乐且品行端正,能做到自得其所的孩子。事与愿违的是,他们看到自己的孩子事事不满意,百无聊赖,郁郁寡欢,骄横又傲慢。全美的儿科医生和精神病专家警告称,出现严重精神失常的儿童病例数量呈现出惊人的上升趋势。

抱着解决当前局面的目的,父母开始报名参与儿童教育课程,参加小组讨论,出席全美父母教师联谊会(P.T.A)讲座,读了数不清的书刊和新闻报道。但很少有人能意识到这场声势浩大的父母教育项目的真正意义。

看起来父母已经失去了抚育孩子的能力。而过去的父母辈并不需要外部的指导来教养孩子。这是怎么了?过去,我们有整个社会都认可支持的育儿传统。所有家庭都遵循一个共同的体系。唯有在我们的时代才需要发展出额外的父母教育项目。为什么呢?

我们常常会听到这样的说法,我们当前的困境是成年人缺乏安全感,情感上缺乏稳定性或者不够成熟的结果;是缺乏良好的榜样,道德观念不足或者社会价值观缺失,抑或宗教信仰缺位的结果。

我们确实见证了道德观念上的变化;但与过去相

比，我们的道德标准可能甚至更高了，我们对"社会罪恶"日益增长的担忧就是一个佐证。

至于安全感，每代人都在各自时代的压力下经历了不安全感，这种不安全感的原因可能是第一次世界大战，经济衰退，第二次世界大战，或者当下的原子弹和氢弹。

我们听到无数关于不够成熟的指责，既针对年轻的父母，也针对他们的孩子。

"成熟"是一个含糊不清的词，大多数时候被用于形容一种"不孩子气的"状态。根据这个用法来看，它暗示着儿童的状态在一定程度上会低人一等。根据所谓"良好的行为"及"社会调整"，我们似乎更青睐有技巧地掩盖真实情感的做法。

但实际上，成熟意味着全面的成长和发展——也就是对潜能的全面开发。只有极少数的个人能实现这种令人愉悦的状态。全面的成长和发展需要一生去实现。为什么用它来要求年轻人或者年轻的成年人呢？

成年人从来没给孩子做过好榜样。

在过去，孩子们就不被允许去做成年人会做的事。"照我说的做，别照我做的做！"

有一些更深层的东西出错了。掩盖在一切之下的事实是，我们不知道如何对待我们的孩子，因为传统的育儿方法已经失效，而我们却没有学会能够取而代之的新方法。

不同的文化和文明各自发展出了明确的育儿模式。对早期社会的比较研究为我们提供了理解传统的意义的绝佳机会。每个族群都有自己的传统并用独特的方式来养育孩子。相应地，在每个族群中都会发展出不同的行为模式、性格，以及个性。每一种文化都有一套不同的应对生活问题和境遇的程序。不论男女老少，大家都有很清楚的预期。一切行为都是由传统塑造的。

我们的文化比早期社会的文化复杂得多，但就教养子女来说，也曾经有过自己的一套传统。比如过去每个家庭都会认为，"小孩子应该保持安静，举止得体"。父母对孩子的行为标准的要求都是一致的。然而，我们对民主的定义及它对人际关系的影响不断加深的认识已经彻底改变了曾经趋同的育儿文化。

从国王享有至高无上的权力到《大宪章》的签署，再到法国和美国的革命年代，及至美国内战直到现在，人类逐渐认识到，人生而平等，不仅仅是法律意义上的平等，也是彼此眼中的平等。这种进步意味着民主不仅仅是一种政治理想，而成为一种生活方式。

社会正在经历剧变，但很少有人能够看穿这种变化的本质。在很大程度上，正是民主观念的影响改变了我们的社会氛围，让传统的育儿手段变得过时。

我们早已推翻了过去封建社会中的独裁君主。在一个平等的社会中，我们无权统治任何人。平等意味着人人为自己做决定。而在封建

专制社会中,统治者拥有至高无上的权威,俯瞰着他的属民。

过去,不论社会地位如何,父亲都是一家之主,包括妻子在内的成员都得听他的。现在可不一样了。女人宣布自己与男人是平等的。正如丈夫失去了对妻子的控制权,父母也同样失去了掌控子女的权力。

这是一场广泛的社会大变动的开始,尽管很多人有所感知,却少有人能够理解其意义。我们的社会结构的方方面面都受到了影响。管理和劳工方面正越来越重视平等问题。随着人们对民主的含义的认识日益加深,废除针对黑人的种族隔离政策成为迫在眉睫的社会问题。这类重大的社会结构变化自然更容易吸引人们的关注,相比之下,妇女和儿童的平权问题就没有那么引人注目了。

孩子拥有与成人相等的社会地位,这种想法令成年人非常不安。他们愤然否认了这种可能性。"别搞笑了。我知道的可比我的孩子多多了。他跟我不可能是平等的。"

不。当然不。孩子的知识、经验、技能当然比不上大人,但拥有这些东西并不意味着平等,即使在成年人中也并非如此。平等并不等同于千篇一律!

平等指的是，不论个人差异和能力差距，人们拥有同等的权利去捍卫尊严，获得尊重。

我们坚信自己比孩子更优秀、更有权威，这种信念源自我们所传承的文化：人生而不平等，根据出身、财富、人种肤色或者年龄和智慧被分为三六九等。任何个体的能力或者特质都不能确保权威性或掌控他人的权力。

还有另一个因素可能会导致我们认为自己比孩子更优越。我们可能在内心深处怀疑自己的价值，深感没能实现自己的理想。而此时，无助的孩子就成了一个完美的参照对象，能够让我们认为自己是不凡的！

但这不过是一种错觉。实际上，我们的孩子通常远比我们更有能力，在许多场合都比我们更机智。这种平等的理念就在我们的文化内部不断发展壮大，尽管我们并未意识到这一点，也没有准备好去理解它。

孩子对社会氛围的变化尤其敏感。他们很快领会到了自己和所有人享有同等的权利。他们察觉到自己和大人是平等的，因此不愿再忍受过去基于父母权威的从属关系。

而父母也模糊地意识到孩子已经成为与他们平等的人，渐渐地也不再依赖于那套"照我说的做"的育儿模式了。

但同时，他们又缺少基于民主原则的新方法来引导和教育自己的孩子融入民主的社会生活。因此，我们陷入了当前的困境。

我们的教育者意识到了这种社会氛围的变化，这种由基于威权的从属关系、上下级关系转变为平等的民主关系的变化。他们真诚地希望能够迎来民主社会。然而，人们在运用民主原则时普遍混淆了一些事。结果是，我们经常错误地把放纵等同于自由，无政府等同于民主。对许多人而言，民主意味着想干什么就能干什么。

我们的孩子认为自己有权做自己想做的事，甚至到了反抗一切束缚的地步。但这是放纵，不是自由。如果家庭中的所有人都坚持按自己的意愿做事，那这个家里就会有一屋子的暴君，最终陷入混乱无序的无政府状态。

当所有人都想干什么就干什么的时候，结果就是不断地摩擦。摩擦会使人际关系变得一团糟，最终导致矛盾升级。在这种冲突不断的氛围下，压力会滋生对立、愤怒、紧张、易怒的情绪，社会生活的各种阴暗面会大量滋生。

自由是民主的一部分。但很少有人意识到一个很微妙的问题，那就是只有尊重他人的自由，我们才能真正享受自由。如果身边的人没有自由，我们同样无法享受自由。而为了让所有人获得自由，我们必须建立秩序。而秩序就必然会带来一定的约束和义务。

自由也意味着责任。我有权开车，但是如果我认为自己可以随意地在一条向南的车道上往北开，那我的自由很快就会到头了。驾驶自由意味着我必须接受安全驾驶规则的限制。这是为了所有人。只有遵守秩序，我们才能真正自由。这个秩序并不是哪一个当权者为了自己的利益而强加的，而是为了所有人的利益而存在的。

很多父母给了孩子毫无限制的自由，最终培养出了一群小暴君，而自己则成为暴君的奴隶。这些孩子享受了全部的自由，而父母则承担了

所有责任！这绝算不上是民主。

父母承担起了孩子享受过度自由带来的灾难性后果，为孩子遮掩，承担起孩子应受的惩罚，忍受孩子的冒犯和各式各样的要求，因此也失去了对孩子的影响力。

而对孩子来说，尽管不知其然，却由于缺乏约束力来引导他们而感受到了秩序的缺失。他们更关心自己想干什么，而不去遵守群体生活所必需的原则和限制。

结果就是，本该是人人拥有的社会性兴趣，或者说对他人给予关心的能力，这些孩子却很缺乏。这导致了一种混乱感，并且进一步加剧了儿童心理失调的问题。

明确的约束可以带来安全感及一切在社会内部良好运行的确定感。没有约束，孩子就会处在完全失控的状态。而他"找寻自我"的不断努力最终只会令他走上我们在许多不快乐、不配合的孩子身上看到的毁灭之路。自由的前提是秩序。没有秩序，就不可能实现自由。

在接下来的章节中，我们将会向大家介绍在与父母及孩子相处的数年中不断形成的育儿原则。我们的儿童引导中心是我们验证新方法有效性的人类关系实验室。首先，必须要理清在家庭中实现平等的基本要求。让这些基本原则最终成为新的传统需要时间和持续的努力。

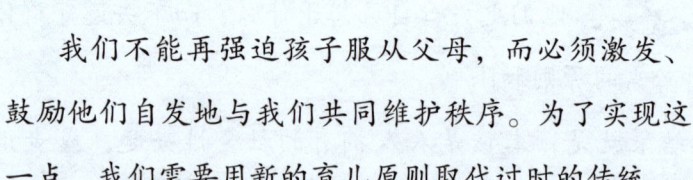

为了帮助我们的孩子，我们必须放弃那套过时的、基于权威的发号施令的一套做法，转向以自由和责任原则为基础的新方法。

我们不能再强迫孩子服从父母，而必须激发、鼓励他们自发地与我们共同维护秩序。为了实现这一点，我们需要用新的育儿原则取代过时的传统。

（值得注意的是，尽管人们曾生活在自治的文化环境中，而各地的孩子过去也依照各自环境的文化模式进行行动，当民主发展开始影响全球所有国家和地区之后，不同地方的孩子却开始表现出类似的错误行为，并且给他们的父母和老师带来了我们在美国发现的同样的压力。）

但是没有这些原则，我们就无法纠正当下成年人在与孩子相处的过程中遇到的困惑和无力感。

第2章 理解孩子

6岁的鲍比坐在桌前用蜡笔画画,而妈妈正在旁边计划这周的菜单。他开始用脚踩踏地板。"停下,鲍比!"妈妈生气地说。鲍比停了下来,轻轻耸了耸肩。但是他很快又开始了。妈妈再次命令他:"鲍比,我说了别再发出那声音!"鲍比再次停了下来。但是没过多久,他又开始踩地板了。妈妈猛地放下笔,伸手给了鲍比一巴掌,吼道:"我说了停下!为什么你总要惹我发火?你就不能静静坐在一边吗?"

鲍比不知道为什么他会控制不住地用脚踩地板。他不可能给妈妈一个答案,但这一切的确是有原因的。而且我们也有方法来处理这个状况,让母子俩不必陷入这个令人伤心的冲突中。

不过，为了掌握如何刺激孩子有效地配合父母，我们必须了解其中涉及的一些心理机制。

如我们所见，人类的所有行为都有其目的，是朝着一定的目标行动的。有时候我们知道一个行为的目标是什么，但也有些时候我们并不清楚。我们应该都有过类似的自我质疑经历，"我究竟为什么会这样做？"这种困惑很合理。因为我们的行为实际上是隐藏在我们意识深处的东西的结果。对我们的孩子来说也是如此。

如果我们希望帮助孩子改变，那我们就必须搞清楚他这样行动的原因。否则，我们就不太可能令孩子做出改变。我们只能通过改变孩子的动机来诱导他做出不同的行为。有些时候，我们可以去观察孩子获得的结果，来搞明白其行为的目的。

在上文的例子里，妈妈被鲍比惹怒。鲍比想要惹怒妈妈。当然，他不是有意的，但有一个潜藏的理由让他希望这样做。让妈妈朝自己大吼，甚至被扇了一巴掌，对鲍比来说都是一种胜利，因为他得到了妈妈所有的关注。所以他为什么要停下？看看他取得的成果！

他可以不断让他了不起的妈妈把注意力集中在自己身上。这就是发现鲍比的秘密隐藏目标的线索。

鲍比完全没有意识到他内心的想法，但是他每天会无数次为了实现这个目标而采取行动。当妈妈每次做出同样的反应时,她就满足了鲍比的需求,这进一步增强了鲍比实现这个隐藏目标的愿望。

> 如果他知道自己无法再得到想要的结果,如果踩地板不会再惹恼妈妈,那这样做又有什么意义呢?很快他就会放弃这么做。如果他安静地坐在一边,好好玩游戏就可以获得妈妈温暖的笑脸、愉悦的怀抱和赞赏,他就不太可能用破坏性的行为去吸引妈妈的注意了。
>
> 相反,如果妈妈在鲍比惹怒她时满足了鲍比的愿望,试图阻止他甚至打了他,从而满足了鲍比的期待,那么她就让鲍比有了更多的动机去惹恼她,战胜她。鲍比的脚在为他发声:"看看我!跟我说话,别光顾着埋头写菜单!"如果妈妈能看穿这一点,她就会明白他为什么这么做了。他希望通过妈妈的关注来找到自己的位置。

如果理解了这一点,妈妈就可以更好地处理这个局面了。**被动地回应鲍比的行为是一个巨大的错误,这只会让他不断惹妈妈生气。**我们会在后续的章节中讨论多种可以让妈妈不按照鲍比的意愿做的方法。

对归属感的渴望

孩子也是社会人,因此,他们最强烈的行为动机就是希望获得归属感。他们在团体中的归属感决定其是否有安全感。这是他们的基本需求。孩子所做的一切都是为了找到自己的位置。从婴儿时期开始,孩子就忙忙碌碌地探索着成为家中一份子的方法。通过观察和过往的战绩,他得出了结论,"这就是我获得归属感的方法。这就是我实现意义的方法",尽管他没有说出口。孩子做了选择,希望通过这个方法来实现自己的基本目标。这个方法又成为他当下的直接目标,并且成为行为的基础,也就是他的动机。

获得归属感是他的基本目标，而他为了实现这个基本目标所设计的方法则成为他的直接目标。因此，我们可以说他的行为是目标导向的。孩子永远不会意识到行为背后的动机。当被质问为什么要踩地板时，鲍比会诚实地回答他不知道。他的一整套找到归属感的方案都是凭直觉摸索的过程。

他并非有意识地推导出这套方案，而是基于一种内在的动机而行动。他不断尝试和试错，从中累积经验。他会重复那些帮他获得归属感的行为，放弃那些让他感到被排斥在外的行为。这样，我们就有了引导和教育孩子的基础。然而，如果我们不能弄清孩子眼中获得归属感的方法，我们可能会落入很多陷阱。

在讨论孩子获得对他们而言最重要的归属感的各种方法或者错误目标之前，我们需要更全面地了解孩子本人：他眼中的世界，他所处的环境，以及他在家庭中的位置。

孩子眼中的世界

孩子们是专业的观察者，但在解读他们所观察到的世界时却会犯很多错。他们往往会得出错误的结论，选择错误的方式来找到自己的位置。

3岁的贝思曾是一个快乐、讨人喜欢的孩子，她一度成长飞快，是爸妈的开心果。她在不满1周岁时就能走，18个月时就可以自己上卫生间。2岁时就可以口齿清晰地说完整的句子。她很善于利用自己的可爱和能力来赢得大人们的称赞。可忽然之间，她开始哭哭啼啼地要自己想要的东西，总是搞得自己浑身又湿又脏。在贝思出现以上这些退化行为的两个月前，她的弟弟出生了。在最初的三个星期里，贝思对这个孩子表现出了极大的兴趣。她专注地观察着妈妈给弟弟洗澡、换尿布、喂奶。每当贝思希望帮忙时，妈妈总是温柔但坚定地拒绝。接下来，贝思似乎慢慢失去了兴趣，不再要求帮忙照顾弟弟。之后不久，她就开始表现出那些令人不安的行为。

　　贝思看到了她还在襁褓中的弟弟获得的全部关注。她忽然意识到这个备受期待的弟弟把妈妈从她身边夺走了。现在，妈妈把大部分注意力都投入到了弟弟身上，而不是她。贝思的观察是正确的。妈妈把多数时间都用来照顾无力照顾自己的婴儿身上。但是贝思在解读这个观察的时候犯了个错误，她认为她失去了在家里的地位，而脏兮兮的裤子和无能的哭闹可以让一个人变得重要。她以为只要自己也变得像个婴儿，她就可以重新获得失去的地位。她没有意识到自己与婴儿相比所拥有的很多优势。（我们之后来讨论贝思的问题的解决方案。）

5 岁的杰瑞总是和妈妈吵架。妈妈让他做任何事,杰瑞都会顶上两句嘴。不论她想让他做什么,杰瑞就是不干。他发起脾气来厉害得很,经常弄坏玩具,摔碎碗碟,甚至搞坏家具。他很会推脱妈妈安排的家务活,妈妈不得不强迫他,惩罚他。妈妈很不理解杰瑞为什么会这样,因为她自认树立了一个先尽责后享乐的好榜样。杰瑞很敏锐地发现,妈妈的话对爸爸来说就是金科玉律,后者屈服于妈妈的怒火,用妥协来换取家庭生活的平和。爸爸最讨厌吵闹。有几次,当妈妈想要态度强硬地处理杰瑞的时候,爸爸都会为他求情。

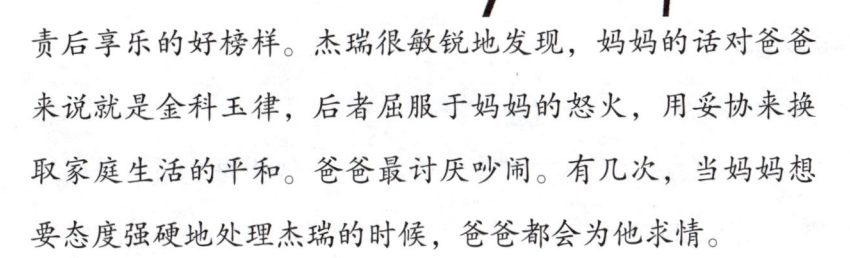

杰瑞看到了妈妈的权力,并且很羡慕她。他认为一个人如果有了权力,就会有崇高的地位。因此,他也想获得妈妈这样崇高的地位。他模仿妈妈,把发火作为获得权力的手段。

实际上,他的妈妈完全控制不住他。他感觉到了,但妈妈却没有。她依旧认为,当自己惩罚杰瑞时,自己是处于上风的，从没有意识到他剧烈的反抗行为是一种报复，是他们之间权力博弈的另一个回合。

杰瑞才是在这场对抗中占上风的人。但既然他通过展示权力来获得家庭地位的方法如此成功，他又错在哪里呢？

- ❖ 我们可以说杰瑞是一个快乐的孩子吗？
- ❖ 通过强制妥协的手段，杰瑞学会如何在家庭中行动了吗？
- ❖ 杰瑞可以用发脾气来应对人生中所有的问题吗？
- ❖ 他能永远占上风吗？
- ❖ 他和女孩子，和自己的妻子会建立怎样的关系？
- ❖ 他如何在这个世界上找到自己的位置？

孩子所处的环境

孩子会观察身边发生的一切。他从自己的见闻中得出结论，并以此指导自己的行为。在幼儿期，他必须适应并学会应对内在和外在的环境。孩子的遗传天赋就是他的"内在"环境。他在出生后一年内的大多数时间都在探索和学习如何控制自己的身体。

- 他学着如何协调地移动四肢，好改变姿势，抓住想要的东西。

- 他学着如何让身体按自己的想法动作。

- 他学着观察并理解自己看见的事物。

- 他学着去听，去闻，去尝，去感受，去消化。

- 时光飞逝，他还学会了如何使用自己的智慧，如何完成眼前的任务。

就这样，他学会了如何应对自己的内在环境。他发现了自己的能力和不足。如果他遇到了困难或阻碍，他要么放弃，要么补偿。有时候，一个孩子面对自己的弱点，甚至会开发出特别的技能，这个过程被称为超补偿。

伊迪丝出生时就没有右臂，而她的双生姊妹伊莱恩却是个正常孩子。但伊迪丝没有被这个严重的缺陷挫败，她的姊妹用一双手能做到的事，她都可以用自己的独臂和一只手完成。在爬行阶段，她会拉着伊莱恩的脚后跟，用屁股滑行，跟上她的步伐。她学会了自己穿衣服，系扣子，系鞋带，整理头发，洗澡，一切都是用她的左手完成的。她开始精通家务，甚至能够缝缝补补。现在，她已经结婚，是一名能干的家庭主妇。她很少有需要别人帮忙的时候。

艾伦5岁时得了小儿麻痹症。小儿麻痹症令他的右腿肌肉萎缩。他的妈妈始终鼓励他，陪他复健。游泳是一项非常合适的运动，艾伦从中获得了极大的乐趣。到16岁时，他已经完全克服了身体上的弱点，成为高中游泳队的明星队员。

4岁的米兹是家里四个孩子中最小的，生来就有严重的视力障碍。但她并非完全看不见。可到了4岁，她完全不能照顾自己。穿衣吃饭都需要别人照顾，只有别人扶着她才能走动走动。家里所有人都照顾她，想方设法逗她开心。面对这个障碍，米兹放弃了，任由其他人为自己打点好一切。

到了这里，各位可能会抗议我们说得太简单了。我们完全没提起他人对这些身体有障碍的孩子的影响。这是故意的。我们指出每个孩子在如何面对自己的障碍上做了各自的决定。而每个孩子对自己身边人的影响都比我们认识的大得多。伊迪丝在幼年就决定要跟上自己的姊妹，这赢得了妈妈的佩服和尊重，妈妈也因此更能鼓励她。艾伦希望靠自己摆脱困境，对于妈妈鼓励他游泳的努力也是一种助力。米兹完全放弃自己陷入无助则获得了身边人的怜悯和奉献。如果说每个孩子在一开始做了不同的决定，那么他们的故事也可能迎来不同的结局。

在孩子学习应对内在环境的同时，他也在与外部环境接触。婴儿的第一个微笑是他向外接触社会的第一步。他向身边人的鼓励做出回应，高兴地以自己的笑脸回应别人的微笑。第一个充满活力的人际关系就这样建立起来了。他感受到了微笑所能带来的快乐。他与外部环境的接触也随着处理自身内部环境的能力的成长而增加了。当然，在这方面，如果他遇到了困难，他也可能选择放弃或者补偿。

在孩子面对的外部环境中，有三个因素会影响到他性格的形成。

外部环境中的第一个影响因素是家庭氛围。

孩子通过和父母的关系来获得充分的社会体验。父母营造出明确的家庭氛围，通过他们，孩子体验到了他所处的环境中的经济、人种、宗教和社会影响。他吸收家庭的价值观、风俗习惯，努力适应父母设定的模式或者说标准。他对物质条件的看法反映了家庭的经济导向。他对不同人种的态度自然和父母的态度是一致的。如果家庭模式是宽容的，那么孩子就会把宽容作为一种值得支持的价值观来接受。如果父母看不起与自己不同的人，那孩子就可能利用这一点，在种族和社会关系中寻求优越感。尽管人们广泛认可早期宗教传统培训的重要性，但孩子对此的反应可能大相径庭。孩子也会很敏锐地观察到父母如何对待彼此。

父母关系为家庭内部的所有关系定下了基调。

- ✡ 如果父母间的关系是温暖、友善、彼此支持的，那么孩子和父母之间、孩子和孩子之间的关系大概率也是如此。合作可以成为一种家庭标准。

- ✡ 如果父母彼此怀有敌意，为了做主而你争我夺，那么孩子们之间通常也会形成同样的模式。

- ✡ 如果一家人中父亲是强势做主的那个，而母亲却温顺退让，那么"大男子主义"就可能主导家庭氛围，尤其是对男孩子。

然而，随着性别平等的高度发展，女孩也可以决定遵循"男权"路线。父母关系为孩子如何决定自己的个人角色发展提供了指导。如果母亲是做主的一方，孩子可能就会尝试通过模仿她来获得同样的主导地位。父母间的激烈竞争可能使竞争成为家庭标准。一个家庭的所有孩子所表现出的共同的特质正是父母所营造的家庭氛围的体现。然而，一个家庭的所有孩子并不相像，相反，他们常常性格迥异。

这是为什么呢？

孩子的家庭地位

外部环境中的第二个影响因素是家庭系统排列（family constellation）。这个词指的是每个家庭成员之间独特的关系，就好像在北斗七星中，每颗星和其他星的关系构成了整个星座。每个家庭都有自己独特的家庭结构。在彼此回应和影响的过程中，会形成不同的性格。个人在整个星座中的位置，也就是他所扮演的角色，将会在一定程度上对整个家庭的模式及每个兄弟姊妹的性格产生影响。

❖ 一个家庭由爸爸、妈妈和孩子组成。

妈妈的角色和妻子的角色是不同的。爸爸的角色和丈夫的角色也是不同的。孩子的存在为夫妻之间的关系赋予了全新的维度。孩子是他们唯一的孩子，但是从孩子的角度来看，他的地位又略有不同。他是他们注意力的受者。而妈妈和爸爸，作为这个唯一的孩子的父母，则是注意力的施者，其中妈妈作为母亲提供了大部分关注。在这三者之间形成了一种明确的施与受的互动模式。甚至有可能父母的一方会站在孩子一边去对抗另一方。这种联盟通常是孩子挑起的，通过他的行为强加于父母身上的。

❖ **当第二个孩子出生后，最初的三人小组的地位又发生了变化。**

"国王宝宝"一下子被推下了王座。现在，他必须对这种地位的变化，对新的篡位者，对默许了这一切发生的爸爸和妈妈表明立场。由于家庭结构的变化，新的元素进入了原本的人际关系中。婴儿是新来的，而头胎的孩子发现有必要重新确立自己的新身份——两个孩子中的老大。与此同时，婴儿则发现了自己在家庭中"宝宝"的身份。但由于老大的存在，这个身份对于第二个孩子而言有着与第一个孩子不同的意义。

❖ **第三个孩子出生后，所有成员在整个家庭内部的身份再次发生了变化。**

妈妈和爸爸现在成为三个孩子的父母。老大已经被推下了王座，现在轮到老二了。他发现自己被夹在中间，既不是最大的，也不是最小的宝宝。每当一个孩子出生，家庭结构都会发生新的变化，产生新的互动和新的意义。这就是为什么尽管有一致的地方，但一个家庭中的孩子并不相像。相比同一个家庭里的老大和老二，两个不同家庭里的老大可能更像。

　　随着家庭结构的变化，每个孩子都会通过自己的方式找到自己的位置。而且，隔岸芳草绿，这一个通常会觉得那一个过得更好。老二对老大来说是一种威胁。在这种情况下，就像他会通过调整来适应自己的内在环境，老大要么放弃，要么至少在某些方面努力保持领先。对老二来说，他和老大的关系也是如此。他通常会怨恨第一个孩子的领先地位，要么选择超过他，要么放弃。年龄上的排序的意义完全取决于每个孩子对它的理解，取决于他们的解读。并非所有的头胎孩子都必定会力争上游。每个家庭都会根据内部成员对自己位置的解读形成独一无二的家庭结构。这些幼儿期的结论最终会给孩子留下一生的影响。由于多数家庭都存在激烈的竞争，老大和老二之间的竞争通常也非常白热化，刺激着对方朝相反的方向前进。如果父母错误地以为刺激两个孩子形成竞争关系会让他们变得更好，那两个孩子就会更加争锋相对。但结果恰恰相反：一方会把战场让给更成功的一方，然后气馁地走上相反的道路。不论老大用什么方式取得了成功，老二都会认为这是一块已经被征服的领域，然后去寻求一条全然不同的道路。

　　让我们通过一个例子来说明不断变化的家庭结构对孩子的影响。

A先生和A太太都受过高等教育，思维活跃，头脑灵活，对学术和成就有着极高的要求。当帕蒂出生后，他们十分高兴，当然也很自然地对她寄予"厚望"。她成长的每一个阶段都收获了满当当的赞扬和鼓励。当帕蒂在10个半月大跨出第一步时，A太太的骄傲简直要溢出来了。她才1岁出头时，就把如厕训练完成得很好了。父母俩都为他们这十分聪明的孩子而欢欣鼓舞。帕蒂感受到了父母的认可，于是更加努力地维护这种认可。在她14个月大时，斯基珀出生了。他打一出生，看起来就比帕蒂更虚弱。他更瘦弱，换牙也比帕蒂晚得多。爸爸曾憧憬过一个壮实、有男子气概的儿子。他为斯基珀而忧心忡忡。同时，帕蒂也在研究眼下的情况。随着斯基珀长大，她也意识到了，她可以做得更多。但斯基珀始终是一个威胁，一种阻碍。她要怎样做才能保住在父母心中的位置？自然，帕蒂并没有运用理性思考或者把事情想明白。她只是感到了当下的局面，然后下意识地做出了反应。她感到了爸爸对这个脆弱的儿子的失望，通过自己活跃的表现抓住了机会。但每一次斯基珀有些成绩的时候，帕蒂都会感到警觉。现在，她必须做成些事情才能保持领先，保持住第一的位置。随着时间的流逝，帕蒂越来越执着于满足她父母的标准，表现得比斯基珀更优秀。她逐渐形成了一种错误的信念，她必须做第一，做最好的。她还发现了一些阻碍和打击斯基珀的方法，会贬低斯基珀的能力。

但同时，斯基珀对内部和外部环境的感知也在增强。他开始感受到，他在一定程度上没有满足父母的期望。他也感受到了并且讨厌姐姐的聪明和优秀。他尝试了很多东西，但都不太成功。他从很早开始就失去信心，多少已经放弃了。他慢慢形成了一个错误的观念，认为自己不行。当妈妈或者爸爸说，"帕蒂在你这个年纪就能做到！为什么你不行？"，他会感到一阵绝望，并对帕蒂产生了一种类似怨恨的情绪。他不但没有被激起更努力的想法，反而认为这些话更加证明了自己的观点，他就是不行。

当家庭关系发展到了这一步，我们可以看到斯基珀对帕蒂早已算不上威胁了。她通过加倍努力获得成就解决了这个问题。斯基珀刚出生时所处的外部环境和帕蒂是不同的。尽管他们拥有同样的父母，父母也有着同样的成绩标准，但他还有一个已经满足了父母期望的姐姐。虚弱的体质成了他的阻碍，斯基珀评估着自己的处境，摸索着自己的道路，然后遇到了对他而言不可逾越的阻碍，灰心丧气，最终坚信自己没什么机会胜过姐姐的成就。他怎样才能找到自己的位置？好吧，爸爸妈妈确实对他的能力不足表现出了很多担忧，他们围着他忙前忙后，忙着劝诫、催促、强迫他上进。面对爸妈对他的笨拙表现出的不耐烦，他的反应是大哭一场。爸爸妈妈又为他难过，他因此得到了很多关注。所以，就这样吧。

帕蒂3岁又3个月大的时候，凯西出生了。帕蒂意识到，现在又有一个女孩成为她的竞争者。她对生命的认识已经有了很大的提高，她已经清晰地意识到了婴儿是多么无助。她在帮助妈妈照顾这个无助的生命时表现出了令人惊喜的能力。但随着凯西的长大和能力的发展，帕蒂开始警觉了。现在，家庭结构有了新的变化。帕蒂必须要比弟弟妹妹两

人都更优秀。两人中任何一人的任何成就都会威胁到她作为家里那个能干的孩子的地位。当弟弟妹妹成功赢得父母的赞赏时，她开始对两人产生怨恨。然而，表达这种"嫉妒"会让她受到责备。为了克服这个困难，她开始发展出一种伪装的艺术。

在斯基珀看来，凯西是又一个聪明的女孩子，她的到来让他的处境更加绝望了。男孩的身份并不能帮到他，因为不知为什么，他并不特别有男子气概。斯基珀现在成了夹在中间的孩子，更惨的是，他还是个古怪的孩子。他既不是聪明的女孩，也不是有男子气概的男孩。他一遇到挫折和不如意就哭。所有人都因为他的女孩子气责备他。这让他更加退缩，只是心不在焉地打发着日子。比起凯西，他和帕蒂玩得更多，但他总是顺从的那个，任由帕蒂"指使"他。

凯西可爱又讨人喜欢，在整个婴儿时期都是家里的中心。有四个成员任她差遣。随着她对环境意识的增强，她感受到了父母对成就的标准，也意识到了帕蒂的遥遥领先及斯基珀的差强人意。但最重要的是，她观察到帕蒂和斯基珀都挨了不少责骂。帕蒂被指责爱使小性子，反复无常（这是为了报复父母过于关注其他孩子）；斯基珀被指责粗心大意，动不动就哭。凯西长到2岁时发现，她可以做家里那个快乐、心满意足的"乖宝宝"。于是，她就这样找到了自己的位置。

帕蒂6岁半时，正因为能去上学又是妈妈的好帮手而感到志得意满。艾琳就是在这时候出生的。尽管艾琳对帕蒂来说也是一个威胁，但这种威胁感并不那么强烈，因为现在她对自己的地位已经十分自信了。然而，对她来说最稳妥的还是想尽一切办法让她永远做个宝宝。年复一年，妈妈总是要求帕蒂"帮艾琳"做这做那，而帕蒂非常乐意为无助的艾琳帮忙。可当妈妈要帕蒂教艾琳系鞋带时，帕蒂犹豫了。在假装像模像样地教艾琳的同时，她又会告诉艾琳她有多笨。斯基珀几乎无视艾琳。又一个女孩！同样的故事又来一次。妈妈经常抱怨斯基珀总是一副没睡醒的样子。凯西总是自己一个人玩，很有创意，几乎不惹麻烦，也不怎么挨训。她没什么拔尖的地方，但也不会给任何人找麻烦。艾琳依旧是家里的"宝宝"，她的要求也得到了家里所有人的大多数关注。

到艾琳3岁时，这个家庭的结构就是：有着高标准的活跃的父母；9岁半的帕蒂，一个聪明、能力强的孩子，前途光明的学生，坚信只有成为第一、出类拔萃，她的人生才有意义；8岁半的斯基珀，虚弱、没什么能力、又灰心丧气，坚信自己存在的意义就是成为家里的"哭包"，让别人为他难受；6岁的凯西，是中间的孩子，家里的兄弟姐妹都不和她亲，但是个知足常乐的"好孩子"，用良好的举止讨人喜欢而不在意成绩；3岁的艾琳，可爱的笨"宝宝"。每个人都有自己独特的位置和角色，非常明确自己应该如何生活。

毋庸置疑，并非所有有四个孩子的家庭都会有同样的发展。我们的例子仅仅展现出了一个家庭的情况。情况也完全可能是第一个孩子变得灰心丧气，而第二个孩子成功超越了老大。举个例子，第一个孩子可能是一个相当平凡的女孩，而第二个孩子却十分可爱，成功吸引了很多的注意，令姐姐黯然失色。家庭结构的形成取决于每个孩子对现状和机会的判断及对此做出的决定。我们所举例的家庭也可能呈现出完全不同的画面。如果帕蒂认为父母的标准超出了她的能力范围，如果她认为弟弟带来的威胁太大难以应付，她也可能会选择在有限的领域里获得成就，甚至放弃。那样一来，或许斯基珀就会觉得自己有机会在学业上有所成就，作为对健康不足的补偿，他或许会在学校里表现出色。凯西也可能决定成为那个身强力健、爱做恶作剧的"假小子"，家里的"小恶魔"。这可能会导致艾琳成为家里的"乖宝宝"。

家里的每个成员都会根据他或她所理解的家庭地位做出相应的行为。同时，每个人的行为又会对其他孩子的行为

产生微妙的影响。一个孩子的行为会给其他所有孩子带来相应的问题,而其他孩子就需要面对问题,决定要如何处理这个问题。这个决定会受到每个孩子对自己家庭地位的理解及其他孩子行为的意义的影响。如果孩子的理解有误,那么就很容易让事情往错误的方向发展。而孩子的理解通常都是错误的。如果父母能意识到孩子的错误认知,他们就能更好地引导孩子做出正确的评估。可惜的是,大多数父母对孩子的行为的意义知之甚少。本书剩余的部分将会向读者揭示如何做到这一点。

这个夏天,10岁的乔治和8岁的戴维共同承担了维护草坪的任务。妈妈要求他们必须先把前天晚上修剪过的草坪打理干净,否则就不能去游泳。戴维负责前面,乔治负责后面。中午,戴维进屋骄傲地说:"妈,我是个好孩子,已经把我的活干完了。乔治一直在街上玩,什么都没干呢。"妈妈回答:"好的,宝贝,你总是那么听话。你能去找乔治,让他来见我吗?"戴维找到乔治告诉他:"妈妈找你,你有麻烦了。我已经把自己负责的草坪清理好了,而你什么都没干。"乔治转身打了戴维一拳。两人当即干了一架。等他们到家后,戴维大哭着奔向妈妈告了一状,哭诉他"没来由"揍了自己。妈妈看着自己的长子:"乔治,你怎么这么不懂事?为什么你不肯干活,还对自己的弟弟这么凶?你们就不能相亲相爱一些,不要打架吗?"

戴维出生后不久,两个男孩子的关系就始终令父母十分头痛,当时2岁的乔治开始变得完全不服管教。

哥哥乔治	弟弟戴维
他变得粗鲁,不听话,破坏性强,总是惹麻烦。 妈妈总是得"追着"他跑。	而戴维却是个格外好脾气的孩子。他总是会很快地回应妈妈的爱意。 妈妈总是一再夸奖他有多么乖巧。她隐约明白乔治在嫉妒这个孩子,却不明白这是为什么,因为她依旧投入很多时间来照顾他。
在乔治看来,弟弟戴维抢走了他在妈妈心中的位置。既然妈妈对弟弟的"乖巧"如此印象深刻,他就干脆完全放弃了做个好孩子。他放弃了培养新的技能来打动妈妈,而选择"变坏"来吸引妈妈的注意。	尽管戴维是好孩子,他却巧妙地设计乔治和他打架,这样一来他就可以让乔治显得更坏,从而确保他"好孩子"的地位。

> 乔治愿意和戴维打架，因为这样就可以报复他抢走了自己的位置。
>
> ⬇
>
> 两个孩子都让父母围着自己团团转，尽管方法并不一样。两个孩子都按照对自己地位的认知行动，和对方打配合维持着一种平衡。

自然，两个孩子都没有意识到自己错误的认知，也没有意识到自己在这场持续不断的家庭内部竞争中起到的作用。

○ 中间的孩子

在一个三孩家庭中，老二，曾经也做过那个被偏爱的宝宝，可现在已经被取而代之，成了那个中间的孩子。他的位置是十分艰难的。

老大和老三往往会结成同盟对付共同的敌人，而老二则是那个排挤游戏中的夹心。他忽然发现，他依旧享受不到年长的福利，但他也不再拥有做婴儿的特权。结果就是，他往往会感到自己被轻视，被错待。他感到生活和人是不公平的。

为了证明自己的想法是合理的，他可能会变得激进。如果他找不到改变看法的方法，他就可能一生带着这样的信念生活，认为人是不公平的，而他在生活中毫无机会。

然而，如果中间的孩子碰巧比自己的兄弟姐妹都更成功，他可能就会通过更关心公平问题来获得好处。在一个妈妈提出高标准的家庭中，如果她的女儿正好是两个男孩中间的孩子，女孩就会模仿她，成为同样的完美主义者。她可能会利用自己的女性特质来获得优越性，先是在家庭里，接着在以后的生活里。但如果一个家庭更重视男性气概，那么中间的女孩子为了和兄弟们竞争，就会成为"假小子"，甚至比任何一个兄弟都更有"男子气"。

同样地，如果父母由于没有儿子而感到失望，女孩子就可能会尝试通过男孩子气的行为来获得偏爱。如果是一个男孩夹在两个女孩子中间，情况则可能正相反。如果他能通过做一个"真正的"男孩来表现得比女孩子们更出色，即使他是中间的孩子，他也可以获得巨大的优势。

但是，如果妈妈是家里做主的人，而中间的男孩感受到了她对软弱的爸爸的轻视，他可能会觉得自己的处境也十分艰难。他可能会退缩，认为男人不算什么。

他也可能和妈妈结成同盟来对抗爸爸，变得更有男子气概。或者他也可能和爸爸结成同盟来巧妙地打败妈妈，推翻她的权威。他的成长取决于他对自身局势的解读和其潜意识的决定。

在四孩家庭里，第二个孩子和第四个孩子经常会结成同盟。当我们看到两个孩子表现出类似的兴趣、行为和性格特征时，我们就能意识到这种同盟。孩子在兴趣和个性上的根本性差异正是他们之间竞争的表现。至于孩子间的同盟和竞争会如何发展，是并没有普遍规律可参考的。然而，这对于家庭的整体氛围却是极为重要的。所有孩子之间的任何相似性都表现出了整体的家庭氛围；而他们的个性差异则是各自在家庭结构中的角色的结果。

◯ 唯一的男孩或女孩

对于几个女孩中唯一的男孩，不论他的家庭地位如何，他的性别要么会成为优势，要么会成为劣势，这取决于家庭内部对男性角色的重视程度及他对于自己是否能胜任这一角色的认知。对于一群男孩中唯一的女孩也是同样的情况。

对于一群健康孩子中那个病弱的孩子来说，如果家人都同情他，他或许会发现作为病弱者的优势。但如果他的家庭重视健康而轻视病弱者，那么他就会面临一些障碍。他可以选择放弃，陷入自怜自伤的情绪中，认为自己没有立足之地，生活亏待了他。他也可以选择努力战胜病痛，和普通人一样生活,甚至比普通人做得更好。

在一个充满活力的家庭中,两种选择都会带来困难。举例来说,如果他患有先天性心脏病,那么无论如何努力,他都不可能在健康的孩子中赢得一席之地。如果他放弃,他又会受到轻视。他或许可以通过一条完全不同的道路来获得地位,成为一群运动健将中的学者。

○ 在哥哥或姐姐夭折后出生的孩子

如果一个孩子在第一个孩子夭折后出生,那么他将会面临双重危险。他实际上是第二胎生的孩子,而在他之前却有一个幽魂挥之不去。但同时,他现在又有了家里的第一个孩子的位置。此外,由于他的妈妈经历过失去头胎孩子的痛苦,她很可能会保护欲过剩,恨不得用棉花絮把他整个包起来。他可能会选择坦然沉溺于这种令人窒息的氛围里,也可能选择反抗,争取独立。

○ 家里最小的孩子

家里最小的孩子有着独特的地位。他很快会发现,由于他在初生时的无助,他会获得许多仆人。假如父母不能有所警觉,宝宝就很容易选择沉溺于这种特权地位,让其他家庭成员继续围着他团团转。"无助的小可爱"这一角色会认为接受比做事更有吸引力，这样当然很轻松，但也很危险。

◇ 独生子女

独生子女会遇到尤其困难的局面。他是成人世界里唯一的孩子，被巨人环绕的孤单侏儒。他没有兄弟姐妹，无法和自己的年龄相仿的孩子建立关系。他的目标可能就成了取悦和操纵大人。他要么会养成成人的观点，过于早熟，总是急切地希望能达到成人的水平；要么永远成为一个绝望的巨婴，总是比别人差。他和其他孩子的关系往往很紧张，充满不确定性。他无法理解他们，而他们则认为他"女孩子气"。如果不能早早加入团队中体验生活，他在孩子中就找不到归属感。

并不存在"理想"的家庭规模。不论一个家庭有多少个孩子，总会有特定的困难。具体的困难因家中孩子的数量而异，也因每个孩子对自己在家庭内部的地位解读而异。不论一个家庭有几个人，家庭成员间都会不断相互影响，造成压力。并没有那种会影响任何孩子成长的唯一因素。所有孩子都会相互影响，也会影响他们的父母。

正如我们在乔治和戴维的例子中看到的，每个孩子都会主动行动，影响自己和其他孩子的成长。从乔治的立场来看,弟弟戴维是掠夺者,抢走了妈妈的全部关心和爱。因此,做一个"好"男孩是没用的。做一个捣蛋鬼至少可以获得妈妈的关注!在他看来,比起被忽视,他宁愿被责骂。这听上去可能很矛盾,乔治想要变"坏",因为这帮助他实现了在家庭中获得自己的位置的目标。"我是那个'坏孩子'。他们拿我没辙。这就是我的意义。"当然,乔治并没有想到这些话。但这就是他所相信的。乔治开始变坏是为了赢回妈妈的注意。他并不快乐。在遇到了他认为不可逾越的障碍之后,他开始丧失信心,用消极的方法来寻找问题的解决方案。乔治认为没有其他方法可以克服戴维带来的障碍。他没有认识到自己的优势,比起无助的婴儿,他可以做到更多事。而当妈妈每次都对他的不良行为做出反应时,她就是在鼓励这种行为。当爸爸也训斥他说"为什么你就不能像你弟弟一样乖?",乔治进一步证实了,他可以通过变"坏"来赢得关注,也进一步证明了弟弟是"好孩子"。而随着戴维渐渐长大,也越来越"好",就会给乔治施加压力,刺激他进一步违背爱护弟弟的指令,乔治已经把戴维当成了掠夺自己地位的敌人。戴维通过做"好孩子"同时刺激乔治做"坏孩子"来维持自己的地位。而爸爸妈妈责备"坏孩子"、赞扬"好孩子"的做法,也刺激孩子陷入了对立的关系。因此,家庭成员的关系是彼此交织、不断相互影响的。

从上文可以看出，孩子对于外部环境的各个方面可以做出千百种不同的反应。父母并不能依靠任何经验去判断会发生什么。但是，理解家庭结构的父母就可以据此去解读很多之前看上去云山雾罩的细节。敏锐的观察可能会带来出人意料的理解。当我们洞察到一个局面时，我们就能更好地应对它。

孩子的反应

关于"塑造孩子的性格"，人们已经写过很多，也发表过不少评论了，就好像孩子是任人搓捏的泥土，而我们有责任把他们捏成社会可以接受的人类的样子。这是一个严重错误的观点。

我们已经证明，事实恰恰相反。早在我们之前，孩子就已经在塑造他们自身、他们的父母，以及他们所处的环境。每个孩子都是主动且充满活力的个体。他平等地影响着自身和环境中每个人的关系的建立。每一段关系都是独一无二的，完全取决于关系中的每个人的决定。每段关系都会通过两个人之间的行动和反应，或者说互动，而发生变化。成人之间、儿童之间，成人与儿童之间，都是如此。任何一方都可以改变两人关系的元素，从而改变整段关系。

　　孩子利用自己的创造力和聪明才智来找到自己的立足之地，从而形成与他人的关系。一个孩子会先做一些尝试。如果成功且适合他，他就会把它保留下来作为找到个人身份的一种方法。有时候，这个孩子会发现同样的技巧可能并不适用于所有人。现在，他面前就有了两条路。他可以退缩，拒绝配合这类人。他也可以选择新的技巧，发展一种完全不同的关系。

　　9岁的基思是独生子。他在家里总是和和气气的，讨人喜欢。他帮妈妈做家务，尽自己所能让父母开心。他安静，礼貌又听话，把房间收拾得井井有条，玩具总是放得整整齐齐。然而，他在学校遇上了麻烦。老师认为他"过于内向"。他从不搞破坏，但是他整天做白日梦，也不做作业。他需要老师不断提醒。基思在班上没有朋友，拒绝加入任何球类游戏，也不为班级活动做贡献。

　　在家里，基思是成人世界中唯一的孩子，他通过取悦身边的大人来获得归属感。在学校，他身边都是因为被自己忽略疏远而取笑自己的孩子。一开始，他尝试通过自己的努力去取悦老师，给她留下深刻印象，可他失败了。老师并不认为他很优秀,也没有赋予他有别于其他孩子的特殊地位。他完全不知道该怎样应付和同学间的游戏带来的竞争。他无法完美地投球,也无法用他的乖巧给同学留下好印象。他急急忙忙地退回了自己的白日梦中,逃避建立新的关系。

孩子可以和父母建立完全不同的关系。

5岁的玛格和7岁的吉米总是把妈妈气得晕头转向,还常常恶作剧。一个没想到的,另一个总能想到。每次他们想要点什么,他们会先咕咕囔囔地提出请求,然后开始哭,最后大发脾气,非要得到自己想要的才罢休。然而,当爸爸在一旁的时候,他们总会表现得很乖巧。爸爸一个眼神,他们就会乖乖听话。爸爸理解不了回家之后妈妈告诉他的那些事。"他们跟我贴心。"他炫耀道。

孩子们知道妈妈总会满足他们的要求,而且也不太因为淘气就教训他们。但爸爸是说到做到的。他既和蔼又严厉,孩子们在他面前很有分寸。可他们在妈妈面前是无所顾忌的。

在一个家庭中,无论不同成员的性格导致了怎样的困难局面,只要全家人能齐心协力,一起维护和谐生活,就都能得到改善。世界上不存在完美关系。我们所能期待的无非是努力去改善人际关系。

> **试试这样做吧**

> ○ 如果父母了解到中间的孩子感觉被排挤了，那么他们就能够有目的性地帮助他找到并融入自己在家中的位置。
>
> ○ 如果父母了解老大因为老二的快速进步而感到受挫，他们就可以加倍鼓励他，让他对自己的能力更自信。
>
> ○ 如果父母了解到家里最小的孩子可能在有意地施展手段让全家都为其服务，他们就能够帮助这个孩子意识到，他也可以有所成就，而不必通过让别人为自己服务来获取自身的价值。

一个孩子对自己在家庭中的地位可能会有千百种解读，继而表现出千百种不同的反应。敏锐警觉的父母可以研究具体情况，然后问问自己："我的孩子对他的处境是怎么想、怎么看的？"很多时候，我们成年人很容易把我们自己在类似的情况下的结论强加到孩子身上，而没有认识到孩子"个人的逻辑"。但只有"个人逻辑"才能解释孩子的行为。

外部环境中的第三个影响因素是主流的训练方法。

随着我们继续探讨有效且合适的训练方法，前文提到的几个因素的重要性也会越来越清晰。但现在,显然我们依旧需要剥离出来,退一步好好观察我们的孩子。

- 孩子是如何应对内部环境的?
- 他形成了哪些补偿,甚至过度补偿?
- 他从自己的观察中得出了怎样的结论?
- 他在家庭中有怎样的定位?
- 这对他有什么意义?

关于这些问题的答案,我们将在后续关于训练方法的讨论中看到更多蛛丝马迹。

第 3 章 鼓励孩子

  鼓励是育儿过程中最重要的一点。可以说，鼓励的缺位正是导致孩子行为脱轨的根本原因。其重要性就可见一斑了。行为不当的孩子往往是灰心丧气的孩子。正如植物需要水的灌溉，每个孩子都需要持续的鼓励。没有鼓励，他就无法成长，也无法获得归属感。

  遗憾的是，我们所使用的育儿技巧却带来了一系列令人受挫的体验。对年幼的孩子来说，大人看上去格外高大、能干，几乎无所不能。可即使在这些印象下，孩子也可以仅凭自己的勇气就不完全放弃。孩子的勇气多么神奇啊！

  假设让我们处于类似的局面，生活在一群无所不能的巨人中间，我们能表现得像我们的孩子一样好吗？孩子在面对各类困境时表现出了强烈的欲望，想要学习技能，克服自身的渺小和不足。他们极度渴望成为家中不可或缺的一员。然而，在尝试获得认可、找到属于自己的位置的过程中，他们却不断遭遇挫折。而主流的教育方式往往只会进一步加深他们的挫败感。

4岁的佩妮跪坐在厨房的桌子前，看着妈妈整理杂物。妈妈把放鸡蛋的容器从冰箱里拿出来放到桌上，然后从购物袋里拿出一盒鸡蛋。佩妮伸手去拿鸡蛋，想把鸡蛋放进容器里。这时，妈妈大喊："别动，佩妮！你会把鸡蛋打碎的。放着我来吧，宝贝。等你长大点再做。"

妈妈是无意的，却给佩妮当头浇下了一盆丧气的冷水。她让佩妮深深地感觉到自己太渺小了！这会对佩妮的自我认知造成怎样的影响？她是否明白，其实就连2岁的孩子都能稳稳地放好鸡蛋？我们看到过一个孩子小心地把鸡蛋一个接一个放进鸡蛋盒的空格里。当任务完成之后，他脸上的神情是多么骄傲得意！而妈妈又多为他的成就而高兴啊！

3岁的保罗正在穿厚外套,准备和妈妈一起去商店。"过来,保罗。我来帮你穿。你太慢了!"

面对妈妈做什么都利落的超能力,保罗感觉到了自己的无能。他挫败地放弃了,让妈妈帮他穿上外套。

我们以千百种微妙的方式,用我们的语气和行为向孩子暗示,我们认为他没有能力,不够成熟,总的来说就是不如大人。但面对这一切,他依旧尝试想找到自己的位置,做出些成绩。

比起让孩子通过各种方式去测试自己的力量,我们不断用我们的偏见,即对他们能力的质疑,与他们对峙,然后又规定了一大套不同年龄层的孩子能做好什么的标准来让自己的行为更合理。

○ 当一个2岁的孩子想帮忙清理桌面时,我们会迅速夺走他手中的盘子,告诉他:"不行,宝贝。你会把它打碎的。"为了一个盘子,我们打碎了一个孩子对自己萌芽中的能力的自信。你难道认为塑料盘子是一个手很小但迫切想要帮忙端盘子的人发明的吗?我们阻碍了一个孩子探索自己的力量和能力的尝试。我们高高在上,显得高大、聪明、有效率、能干。

○ 孩子穿上鞋子。"不。你穿错脚了!"

○ 当他一开始尝试自己吃饭的时候,他把脸、婴儿椅、围嘴、衣服都弄得一团糟。"你看你搞得乱七八糟的!"我们边喊边从他手里拿走了勺子,开始给他喂饭。我们向他表明了他有多无能,我们又有多聪明。更糟的是,当他用拒绝张嘴来报复我们时,我们会对他大发雷霆!

我们一点一点摧毁了孩子试图通过做成一些事来找到自己的位置的尝试。

我们无意识地打击了孩子的自信。首先,我们拒绝他们的帮忙,因为他们更弱,不如我们。这种态度本身就会营造一种消极的氛围。我们对孩子目前的行动能力缺乏信心。我们假设当他"更大了",他就能够做好事情了;但由于他现在还这么小,他还不够成熟,是做不到的。

当孩子犯了错或者没有达成某个目标的时候,我们必须避免在语言或者行为上让他认为我们觉得他失败了。"真可惜这次没成","很遗憾你这次没有成功"。我们必须把行动和行动者分离开来。我们必须谨记,每一次"失败"都仅仅意味着技巧的不够成熟,绝对不会影响到行为者的价值。一个人在犯错和失败之后不自卑，这就是勇气。孩子和大人都需要这种"承认不完美的勇气"。没有它，就难免灰心丧气。

鼓励孩子这件事有一半在于避免因为羞辱或者过度保护而使孩子丧失信心。任何会让孩子更加缺乏对自己有信心的事都是令人挫败的。另外，我们还需要明白如何鼓励孩子。每当我们支持孩子建立勇敢自信的自我认知时，我们就在鼓励他们。这个问题无法一言以蔽之，而需要家长去认真研究和思考。我们必须观察训练项目的结果，然后不断问自己："这种方法对我孩子的自我认知有帮助吗？"

孩子的行为正是了解他的自我评价的线索。一个孩子会在自己的缺陷中表现出对自己的能力和价值的怀疑。他不再试图通过变得有用、有参与感、有贡献来获得归属感。深陷气馁之余，他开始做出无用或者挑衅的行为。他深信自己能力不足，无法做出贡献，但他决心不论用什么方法都要让别人注意到自己。被揍也好过被无视。被当作"坏孩子"也有一些优势。这样的孩子坚信自己不可能通过合作来获得一席之地。

因此，鼓励是一种持续的过程，是为了让孩子获得自尊和成就感。从出生之后，他就需要大人的引导，通过获得成就来找到自己的位置。

7个月大的芭芭拉每次被独自留在婴儿围栏里都会发脾气。她的妈妈很惊讶,这么小的孩子就有这么大的脾气。她弓起身子,疯狂踢腿,用力尖叫到小脸发紫。作为五个孩子中的老小,芭芭拉从小就是被关注得最多的。她通常就坐在妈妈的腿上靠在桌旁,或者在妈妈的眼皮底下躺在围栏里。如果妈妈不得不离开房间,就会要求其他几个大一些的孩子逗芭芭拉玩。到了午睡或者晚上,芭芭拉直到困极了才会被放到床上。她只会在睡着之前短暂地哭上一会儿。妈妈时刻注意着她有没有醒,只要她一动就会在她身边。芭芭拉高兴地和她打招呼。妈妈认为她是一个快乐的宝宝。

在只有7个月大的时候,芭芭拉就表现出了缺乏自信的迹象。她认为只有别人来逗她开心的时候,她在这个家才有一席之地。如果没人注意她,她就会不知所措。如果不能成为家里的焦点,她就无法参与到家庭中。

有人可能会问,"但婴儿能干什么呢?"任何人遇到的第一个要求都是能够照顾自己。一个孩子需要学习如何照顾自己,这个学习的过程从出生就开始了。芭芭拉需要学会如何让自己开心,不再依赖于家人长久的关注。

妈妈很爱芭芭拉，希望她能成为一个快乐的孩子。但是她过于保护芭芭拉了。芭芭拉很快察觉到了，哭可以达到结果。妈妈会尽全力不让她哭，避免她感到不快。在她用尽全力鼓励芭芭拉成为一个快乐的孩子的同时，妈妈不自觉地阻碍了芭芭拉学会照顾自己。

妈妈应该停止向芭芭拉的脾气妥协，她要哭就让她哭，给她玩具，然后让她自己待着。这是一种鼓励。她应该在每天都留出固定的时间让芭芭拉自己照顾自己。也许开始这个新计划的最佳时机是上午的一段时间，这时哥哥姐姐们还在学校，妈妈也在忙家务。

然而，无视一个哭泣的婴儿是一件很困难的事。芭芭拉的妈妈如果能意识到爱孩子就应该做为她好的事，那么她就会更有勇气了。一个只有在成为家人焦点时才快乐的孩子并不是一个真正快乐的孩子。真正的快乐不会依赖于他人的关注，而是基于自给自足由内而发的。家里的宝宝比其他人更需要明白这一点，因为作为那个小宝宝，在她之前有太多人可以为她料理好许多事了。

3岁的贝蒂想帮妈妈摆好晚餐的餐具。她拿起一瓶牛奶，尝试把奶倒进玻璃杯里。妈妈抓住了瓶子，温柔地说："不，亲爱的。你还太小了。我来倒牛奶，你可以把这些纸巾放好。"贝蒂看起来很沮丧，转身离开了房间。

孩子生来有着巨大的勇气,迫切希望尝试其他人做过的事情。假设贝蒂确实洒了些牛奶,损失一点牛奶和损失自信比起来就不值一提了。贝蒂有勇气去完成新的挑战。妈妈可以表现出对贝蒂的信心来鼓励她。如果牛奶洒了,贝蒂会面临失败,需要马上获得鼓励。妈妈应该认可她尝试的勇气,擦掉洒出来的牛奶,平静地告诉贝蒂:"再试一次,贝蒂。你能行。"

5岁的斯坦在离家两个街区的游乐场上无精打采地玩沙子。他安静、瘦弱,绷着一张小脸,慢慢地把沙子从一只手倒到另一只手上。他的妈妈坐在附近的长椅上。这时,斯坦问她:"我可以荡秋千吗?""想就去吧,"妈妈回答,"把手给我,这样你就不会受伤了。"斯坦从沙地上站起来,牵住了妈妈的手。"我们必须小心点,往后站,这样才不会被秋千打到。"妈妈在靠近秋千时解释说。斯坦坐在秋千上。"你要我推你吗?""我可以晃吗?"斯坦问。"你可能会掉下来,"妈妈回答,"来,我推你。现在,抓紧绳子坐好。"斯坦安静地牢牢地抓住了绳子,妈妈则推着他。很快,他就玩累了,从秋千上滑了下来,"小心点,亲爱的,"妈妈说着再次牵住了他的手,"小心别被其他秋千打到。"他们通过了旋转杆。斯坦站在那儿看着其他孩子玩秋千,他们还会转身,弯着腿挂在秋千绳上荡。"我能这么玩吗,妈妈？""不行，斯坦，那太危险了。过来玩滑梯吧。上去的时候要小心，别摔下来。我在底下接你。"斯坦慢慢地、小心翼翼地爬上滑梯。他坐下来，紧紧扶住滑梯两侧，一寸一寸慢慢滑了下来。他的嘴角露出一丝微笑。"先等一下，等其他孩子滑下来。他们可能会撞到你。现在可以上去了。"又玩了几次滑梯之后，斯坦说他想回家了。他累了。他牵住妈妈的手，一起离开了。他从没大声喊过，笑过，跑过，跳过。他并不是很开心。

斯坦妈妈对他的过度保护打击了他的自信。她害怕斯坦可能受伤，这种害怕限制了男孩的行动，让他不敢朝任何方向前进。他无法融入同龄人的活动。他自己做不了任何决定，总是得先询问妈妈能不能做什么。当他获得准许，他才会半推半就地去做，可也是无精打采的，感受不到乐趣。这种怏怏不乐的严肃模样是极度不自信的表现。

生活中的颠簸和意外都很平常。孩子需要学会如何应对生活路上的痛苦。摔伤的膝盖会愈合，但瘀伤的勇气可能会持续一生。斯坦的妈妈需要意识到，她对儿子的保护实际上是在告诉他，他是多么无能，这只会增加他对危险的

恐惧。

尽管父母不该让孩子一个人待着，但一个5岁的男孩完全有能力在游乐场上照顾好自己。他完全可以在游乐设施上用力玩耍，然后对自己躲避晃动的秋千、独自通过旋转杆的能力感到自信。他为什么不能体验快速滑下滑梯带来的刺激呢？

孩子需要空间去成长和测试自己应对危险情况的能力。我们也不必变成粗心的家长，如果任务挑战过大，我们完全可以在旁边陪伴孩子。

8岁的苏珊和10岁的伊迪丝带着成绩单回家。苏珊安静地走回房间，而伊迪丝跑向了妈妈。"妈妈，快看，我拿了全A。"妈妈翻看了她的成绩单，高兴地夸了她的好成绩，然后问："苏珊在哪儿？她的成绩单呢？"伊迪丝耸了耸肩说："她的成绩没我好。她太笨了。"妈妈看到苏珊的时候她正往外走打算去玩。妈妈叫住她："苏珊，你的成绩单呢？""在我房间里。"她慢吞吞地回答。"你成绩怎么样？"苏珊没有回答，站在那儿盯着地板看。"我猜你门门都考砸了，是吧？把成绩单拿给我看看。"苏珊拿到了3个D，两个C。妈妈爆发了："我都为你害羞，苏珊。没什么借口好找的。伊迪丝总是能拿好成绩。为什么你不能像你姐姐一样？你就是懒，还不用心。全家都因为你丢了脸。不许出去玩！回你的房间去！"

苏珊的成绩不好是失去信心的结果。她是第二个孩子，觉得自己没机会达到妈妈的期望，比不上"聪明的"姐姐。妈妈又进一步打击了苏珊的信心。

> ✡ 首先，妈妈还没看到成绩单，就表示她觉得苏珊的成绩不好。既然妈妈对她也没有信心，苏珊自然就放弃了，认为自己很失败。

> ✡ 接着妈妈又说以她为耻。苏珊就认为自己没有价值。

> ✡ 然后，妈妈又表扬了伊迪丝的好成绩，她话里话外再次佐证了苏珊对自己的怀疑。妈妈说苏珊应该学伊迪丝，又给了她一个不可能的目标。苏珊心中已经深信自己不可能像伊迪丝一样优秀。比她大两岁的伊迪丝，始终都领先于她。苏珊甚至不认为有理由应该尝试赶上伊迪丝。

> ✡ 妈妈批评苏珊，说她懒，这又证明了她自己是没有价值的。

✡ 接着妈妈说苏珊给整个家庭蒙羞,进一步打击了她的自信。苏珊知道伊迪丝认为她很笨。伊迪丝想一直做那个聪明的孩子,因此她打击苏珊,这也是压倒苏珊自信的一根稻草。

✡ 但最重要的是,妈妈剥夺了苏珊出门玩的权利,以此来惩罚她。

与主流观念相反,刺激两个女孩子互相竞争并不能鼓励她们。相反,一方面这会让受挫的孩子产生更强烈的绝望情绪,另一方面则会让胜利的孩子认为自己有可能被超越。她会产生不切实际的野心,给自己设定无法实现的目标。如果她不能始终领先,那她也可能会认为自己很失败。

试试这样做吧

为了鼓励苏珊,妈妈必须停止把伊迪丝当作榜样。所有的比较都会带来伤害。苏珊只能按自己的能力去行动,而不可能成为另一个伊迪丝。妈妈必须对苏珊有信心,还得让苏珊知道这一点,否则她就不可能帮到她。眼下来看,苏珊的行为正是所有人期待她会做的。只有先帮她重塑信心,她的能力才能有所提高。妈妈应该克制自己少批评苏珊,从小事开始多多称赞她,不论多细枝末节的事都可以。

让我们重现一下同样的情节，来看看怎样给一个自信心深受打击的孩子提供鼓励：

苏珊和伊迪丝带着成绩单回到家。苏珊安静地走回房间，而伊迪丝跑向了妈妈："妈妈，快看，我拿了全A。"妈妈翻看了她的成绩单，签了名："不错，你喜欢学习，我很高兴。"（这里妈妈评论的重点是学习而非成绩。她把之前过度的赞美改成了对女儿优秀成果的认可。）意识到苏珊在逃避问题，妈妈一直等到和苏珊独处的时候："你要我给你的成绩单签名吗，宝贝？"苏珊不情愿地把成绩单拿给她。妈妈仔细看了成绩单，签了名，然后说："我很高兴你喜欢阅读。很有意思，对吗？"她抱了抱苏珊，然后问她："你想帮我一起摆好碗筷吗？"苏珊一边布置餐桌，一边显得很不安。最后，她说："伊迪丝拿了全A，可我几乎全是D。""但这并不重要，你不需要像伊迪丝一样。可能也有一天你会忽然喜欢学习了，到那时候你可能会发现自己远比你想的能干得多。"

我们很难想象如果妈妈忽然改变了语气，苏珊会有怎样的变化。一开始，苏珊可能不会相信她。妈妈推翻了目前为止约定俗成的看法，那就是只有伊迪丝有能力拿到好成绩。苏珊坚信自己在学习上是做不出什么成绩的。在她看来，自己的任何努力都是徒劳。尽管如此，她还是努力在阅读上拿到了C。从这也看得出她的力量。当妈妈认可这个勇敢的努力之后，她就给了苏珊一个重新评估自己的家庭地位、减少过度竞争的机会。这样一来，也是鼓励苏珊更加努力。苏珊就可以看到自己的C是有一些意义的。她会感觉到："如果这样的结果也是好的，而不是绝望的，那或许我可以做得更好。"这一点极微小的希望鼓舞苏珊做更多的尝试。

10岁的乔治不论在家还是在学校都是个一刻不停的孩子。他做事总是虎头蛇尾的。他在学校的成绩只能勉强算是平均水平。他是三个男孩中的老大，老二8岁，最小的只有3岁。乔治喜欢和小弟弟玩，但总是和弟弟吉姆打架。吉姆的成绩好，做事总能有始有终，尽管他的兴趣远没有乔治那么广泛。一天，乔治差不多完成了一对正在做的书挡。他的妈妈对他虎头蛇尾的做法一直很担心，就想着鼓励他把事情做完。"这些书挡真好看，乔治。你做得真好。"但让她格外震惊的是，乔治突然哭着把书挡扔到了地上，大喊："它们一点也不可爱。它们很可怕！"然后，他从手工室冲回了自己的房间。

很明显，妈妈在尝试鼓励乔治。她表扬了他。然而，乔治的反应向她表明了赞美并不能鼓励他，还起了反作用，反倒打击了他的信心。为什么？夸奖孩子的成就应该是一种鼓励，不是吗？

这个例子证明了，在鼓励孩子这件事上，没有一个统一的答案或者刻板的规则。一切都取决于孩子的反馈。乔治的目标过高，给自己定下了不可能完成的任务。他在妈妈表扬他时大发脾气，这是因为他不相信自己能做得足够好。妈妈的夸奖在他听来反而像是嘲笑。乔治希望自己的成品能够十全十美。然而，熟才能生巧，由于技巧不足，他的努力远达不到理想的效果。他盼着自己能一下子做到完美，因此对任何稍逊的结果都无法满意。当他的妈妈夸奖了他自认为比自己期望的目标差得多的作品时，他的感觉是："连妈妈也不懂。没人知道我有多差劲。"因此，他感到非常愤怒。

乔治迫切需要被鼓励。他认为自己在任何事上都是个绝对的失败者。

他开始做一件又一件事，营造出忙碌和活跃的假象。而只要不完成任何事，他就不必面对自己的不完美带来的失败。比他小一些的成功的弟弟又加重了他的自我贬低。实际上，正是因为觉得自己被吉姆超越了，他才给自己定下了不切实际的目标。除非他能"领先于"吉姆，否则他就一事无成。但认为自己必须比弟弟更优秀的想法本身就是一个错误的目标。当乔治知道了保持领先需要的努力之后,这个目标就更加成了一个不可能完成的任务。他认为自己只能是一个失败者。多少对他在做的事的赞美都不能鼓励到乔治。即使妈妈告诉乔治他不用做到完美也没有用,这只会更让他觉得没有人理解自己。他感到自己必须是完美的。他认为他所做的就代表了他是怎样的。即使他在某件事上成功了,他也会认为这不过是个巧合。任何会加深他不切实际的期待或者对自己作为失败者的自我判断行为都会进一步打击他的志气。乔治需要改变他的注意力,不再固执地期待十全十美,而是能为自己有所作为而满意。然而,在乔治看来,如果他的作为是不完美的,他就是失败的。

乔治需要更切实的帮助来改变自我认知,重新认识自己的家庭地位。父母很可能是有责任的,乔治的完美主义不是凭空形成的。父母一方,或者双方,可能设立了过高的成绩标准。他们可能会告诉乔治他不必是完美的,但是他们自己作为榜样却与这种论调背道而驰。这个家庭需要和所有孩子公开讨论,一个孩子应该做到多好才是"足够好"。比起夸奖乔治,更有用的做法可能是告诉他,"我很高兴看到你享受做书挡这件事"。

5岁的埃塞尔正开心地忙着铺床。她手忙脚乱地拉着床单，终于把它按照自己想要的样子铺好了。妈妈走进房间，看到铺得不太理想的床单，就说："我来铺吧，宝贝。这些床单对你来说太重了。"

妈妈这样说不仅暗示了埃塞尔因为年纪小能力更差，她熟练地铺平床单的做法还证明了自己的优越性，而这时埃塞尔却丢脸地站在一边。面对妈妈的妥帖干练，她因为完成了铺床单这件难事产生的快乐消失了。埃塞尔很快会觉得："有什么用呢？妈妈做得要好得多。"

试试这样做吧

○ 如果妈妈对埃塞尔铺床的渴望表现出满意，告诉她"你能自己铺床单真是太好了"，或者"看看我们家大姑娘都会自己铺床了！"，埃塞尔会获得成就感，并且希望继续尝试。不论她铺的床单有多皱，妈妈都应该克制自己避免向女儿展示出自己能做得更好，等到孩子不在的时候再把床单铺好。不论什么时候，她都不应该让埃塞尔注意到自己留下的褶皱。

○ 在她独立整理过几次床铺之后，妈妈可以巧妙地提一些建议来进一步鼓励她，比如，"如果你把所有床单都卷起来，一次铺一个怎么样"或者"如果你把它拉到这儿会怎么样"。到了换床单的时候，妈妈可以建议一起铺床单，顺便聊聊天。

○ 永远不要去批评孩子，要一直给出一些正面的建议。"现在我们都抬起床垫的一角，然后把床单塞到底下去。我们一起拉，把床单的边缘拉到和床板齐平。你好吗，床板先生。"诸如此类。这样一来，学习就成了一个愉快的游戏，因为妈妈从没表现出认为埃塞尔不知道怎么做的想法。母女俩一起开心地完成了一些事情。

4岁的沃利陪妈妈一起去拜访邻居，邻居家有个18个月大的女儿帕蒂，正在客厅的地板上玩玩具。"去和帕蒂玩，沃利。做个好孩子，别惹帕蒂。"沃利耸肩脱下外套，冲进了客厅，两个妈妈就坐下来一起喝咖啡。没过多久，帕蒂就开始尖叫。两个妈妈赶紧跑进客厅。沃利洋洋自得地站在一边，帕蒂的娃娃挂在他胸口。帕蒂正在大声哭泣，额头上渐渐露出一个小小的红印。帕蒂的妈妈跑过去把她抱起来，抱住她亲了亲。沃利的妈妈则抓住沃利："你这个皮孩子！你对帕蒂做了什么？你抢了她的娃娃还打她了是吗？你怎么这么坏？现在轮到你挨揍了。"她重重揍了沃利两下，沃利也哭了起来。她对朋友抱怨："说实话，我真不知道拿他怎么办了。"而帕蒂在妈妈的安抚下平静了下来。"他对年纪比自己小的孩子总是很刻薄。"沃利沉着脸看妈妈试图逗帕蒂笑。帕蒂把头转开，埋在妈妈的锁骨下凹处。帕蒂的妈妈只说："我们回去喝咖啡吧。她没事了，我来抱着她就好。"沃利妈妈又开始指责沃利："你怎么这么皮！欺负比你小的孩子真是丢脸。你就坐在这椅子上，不许乱动，否则我还揍你！"

在这场意外中出现了很多行为，但在本章中，我们只会讨论到关于孩子信心的部分。发生的第一件加深沃利负面自我认知的事是他的妈妈暗示认为沃利会做坏事。每当我们警告孩子要"做个好孩子"时，我们的言下之意是我们认为他会做坏事，我们不相信他想做个好孩子。接着妈妈告诉他不许惹帕蒂，暗示她认为他会做怎样的坏事。此外，妈妈没有把沃利的行为和沃利本人区分开来。她说沃利是一个顽皮、刻薄的孩子。妈妈的预设、缺乏信心和评论让沃利的自我认知进一步恶化。沃利采取了不友善的行为，因为他对自己获得妈妈正面的注意缺乏信心。只有在让自己成为捣蛋鬼的时候，他才能感受到自己的位置。每个霸凌别人的孩子最初都是一个失去信心的孩子，他认为只有能够展示力量的人才是大人物。他只是失去信心，而不是顽皮又刻薄。我们必须把行为者和行为区分开来。我们必须认识到孩子的不当行为其实是失去信心而导致的错误观念的结果。妈妈表现得像是更关心那个可爱的宝宝的笑容，这对于失去信心的孩子而言是在伤口上撒盐。

解决这个局面的好方法是避免一切打击孩子的话。这些话"教"不了孩子任何事。

想让沃利相信自己能够好好和帕蒂玩，比起负面的揣测评论，肯定的态度会更有用。"我们现在去隔壁，如果你愿意的话，可以和帕蒂一起玩。"我们需要的其实只是表达出一种愉快的期待。到了邻居家后，妈妈可以让男孩自己决定是不是想和帕蒂一起玩，还是坐在自己身边。当冲突发生后，妈妈可以安静地走进房间，牵住沃利的手："我很难过你今天这么过分，孩子。既然你不想玩了，我们先回家吧。"当然，这就让妈妈必须牺牲自己和朋友的相处时间了。但这个过程可以"教会"沃利如果他愿意好好表现，他才可能和妈妈再一起到邻居家玩。否则，她可能会把他留给一个亲戚或者另一个邻居，而他可能会反思自己的行为。

> 试试这样做吧

如果沃利的妈妈能避免我所指出的所有打击沃利的行为，她在不打击沃利信心这件事上就成功一大半了。如果她能在沃利做出不好的行为时依旧表达对他的喜爱，那她就能在不姑息他的错误行为的同时给予鼓励。当她给了他做错事的权利之后，她也赋予了他对自己行为的责任，这意味着他必须要承担起后果。当她建议在他准备好之后再来时，她表达了自己相信他会反思，会改过，会想和帕蒂一起玩。

我们会在针对如何处理争执的章节讨论处理这个意外的其他方法。

两个妈妈因为这个小事故表现出的对帕蒂的过度关心也打击了帕蒂的自信。帕蒂额头上的小包并没有严重到需要妈妈马上做出夸张的反应，把她抱起来，为此大惊小怪的。帕蒂会从这种经验中得出一个结论，她忍受不了一点点小痛，而且必须马上得到安慰。她对妈妈的依赖变得更加强烈，她的勇气和独立能力被削弱了。她会很容易形成一种印象，认为自己是一个容易受伤的宝宝，必须依赖他人的保护。我们的成年生活充满了痛苦和不适。这些都是生活的一部分。除非孩子能忍受疼痛、冲撞和不适，否则他们就会在生活中吃大亏。我们无法保护我们的孩子不受生活之苦。因此，我们必须帮助他们准备好应对生活。为孩子感到遗憾是我们可能表现出的最具严重破坏性的态度之一。这样做向孩子和大人都深刻地展示出了我们对孩子及他们应对困难的能力缺乏信心。

如果帕蒂妈妈能更从容地面对这个意外，这可以帮助帕蒂学会如何接纳痛苦。这并不意味着我们永远不能为其痛苦和压力提供慰藉。

那太冷漠了！重点在于我们以怎样的方式提供安慰。"我很难过你被撞了。但是很快就会好的，宝贝，你很坚强，你能忍住的。"妈妈不必马上抱起帕蒂，她可以通过观察发现这只是个小伤。她可以再次向帕蒂保证："你没事儿，亲爱的。只是轻轻碰了一下。"然后就让这件事过去了。帕蒂眼下并不是可以被逗乐的心情。任何在这个时候逗乐她的努力都会刺激她寻求进一步的痛苦，因为这会让妈妈一直围着她转。在提供了安慰之后，妈妈可以安静地帮帕蒂整理好玩具，然后收回注意力，好让帕蒂有空间处理自己的问题。帕蒂才是受伤的人，她不仅需要忍受疼痛，还需要适应友善环境被打破的不适感。如果妈妈对她有信心，给了她机会，她会很快恢复，同时发现自己的勇气和忍受不适的能力。

瑞秋正在学刺绣。她原本正兴致勃勃地投入学习中。她心满意足地举起手巾欣赏自己的作品。接着她带着手巾去找母亲，因为有一针她不确定该怎么绣。"那是菊叶绣，瑞秋。但，说真的，宝贝。看看你的回针。我觉得你能做得更好。它们太长了，看上去乱糟糟的。为什么你不把它拆了重新绣一遍呢？那样才好看。"瑞秋从原来的兴致勃勃一下子变得很不开心。她叹了口气，嘴角抽动了几下："我不想再绣了。我想出去玩。"

瑞秋原本对自己的作品感到满意自豪，但妈妈的评论令她很沮丧。"你可以做得更好"永远都不会成为鼓励。它意味着已经完成的事并不够好，没有达到标准。瑞秋认为好看的作品在妈妈看来"乱糟糟"。这让瑞秋感到泄气。建议她拆掉重做远远超出了瑞秋的承受范围。她把整个活丢下，选择转向其他事情。如果瑞秋的妈妈看到她的神情，她可以很容易观察到自己的话对瑞秋的影响。

更好的做法是妈妈亲自向她展示怎样绣菊叶绣，并且能分享瑞秋对自己的作品的热情。

"这真漂亮，亲爱的。你绣得真好……"妈妈指着瑞秋绣得特别好的几处，"等你绣好了我们一定得把它挂到浴室里。"这样一来，妈妈也分享了瑞秋对刺绣的热情，并且认可了瑞秋的作品是有用的。当妈妈指出瑞秋绣得好的小细节时，她就鼓励了瑞秋继续打磨精进自己的技能。只有力量才能成为发展的基石，软弱是没有用的。优秀的刺绣是力量。瑞秋的注意力应该被引导到她的作品的亮点上。

有时候，父母也需要很大的勇气才能放手让孩子去获得一些全新的体验。

7岁的彼得刚刚从父母那里收到零花钱，他想买一个在热闹的购物中心的手办店里看到的飞机模型。但妈妈告诉他，"我现在不能带你去店里，彼得。我们明天去。""我可以自己骑自行车去，妈妈。""可你从来没骑车去过市郊,你知道那里的交通很乱。""我可以照顾好自己的,妈妈。很多孩子自己骑车去那儿。"彼得的妈妈想了一会儿。她想到了手办店外经常绊倒她的自行车流,想到了繁忙危险的交通状况。接着,她考虑到彼得每天会骑车上下学,而且做得很好。"好吧,宝贝。去吧,去买你的模型。"彼得快乐地冲出家门。妈妈努力压下了不安的情绪。她想,他还那么小。可也足够他学会吸取教训了。差不多一个小时后,彼得带着他的包裹兴冲冲回到家。"看,妈妈,我买到了!"妈妈笑着对他说:"我很高兴,彼得。现在你可以独立去买东西了。这很棒,对吗?"

不论彼得的妈妈有多不安,她都意识到了彼得独立的需求。她克服了自己的恐惧,表现出了对彼得骑自行车的能力的信心。男孩也回应了母亲的信任。接着,妈妈又认可了彼得的独立能力。最后,她承诺彼得以后可以自己购物,赋予了他独立的自由。

6岁的本尼老是扣错毛衣扣子,扣子老扣不对称。妈妈并没有马上干预这个问题。有一天她对本尼说:"本尼,我有个主意。你为什么不试着从下往上扣扣子呢,这样你更容易看清楚。"本尼很高兴有了个新方法,他接受了妈妈的建议,当他发现最上面的扣子也对上了之后,他开心地笑了。在这次成功的建议之后,妈妈把同样的方法用到了另一个问题上。本尼习惯把睡衣挂在衣架上,但他每次都会把裤子揉成一团塞在挂钩上,所以他的睡衣每次挂上没多久就会掉下来。妈妈建议他:"为什么不试试先把睡裤抖一抖,然后拿住松紧带的位置挂到挂钩上呢?"本尼思考了一下,捡起掉在地上的睡裤,拿住裤头松紧带的位置,抖了一抖,然后把它挂到挂钩上。挂住了!他的笑容一点点变大:"嘿,成功了!"

本尼的妈妈找到了一种不必指出行为上的错误就可以鼓励本尼改变行为的方法。她的做法是基于本尼的冒险精神和他想要尝试新方法的渴望。本尼会看到结果。妈妈不必向他点明任何事。她的微笑和眼里闪动的光芒已经告诉他,她为他的能力感到高兴。

这些例子展现出了鼓励的重要性,同时指出了一些我们不自觉会踩的坑。我们会在本书余下的章节中一再提到鼓励,其重要性也就不言而喻了。自然,我们不能指望一次鼓励就起到多么持久的效果。我们必须用持续的鼓励来促使一个产生了错误认知、失去信心的孩子做出长久的改变。

称赞是一种鼓励孩子的手段,但父母在采用这种手段时必须十分小心。正如我们在乔治的例子中看到的,称赞也可能是危险的。如果一个孩子认为称赞是奖励,那么父母对他或她的称赞不足,就会变成对孩子的轻视。这类孩子做事的动力是希望获得奖励,而不是因为自己有所贡献而感到满足。因此,称赞会很容易反过来打击孩子的自信,因为它会加强孩子的错误观念,即除非能被称赞,否则他就没有价值。因此,评价最好简单一些,比如:"我很高兴你做到了!""真不错!""我觉得你做得不错。""看,你做到了。"

> 父母之爱最好的表现方式是不断鼓励孩子独立。我们需要从孩子一出生就开始,并在孩子整个童年中持续鼓励他们的独立。我们通过在孩子生活的每个瞬间表现出对他们的信心和信任来强化这一点。这是指导我们面对所有日常问题和孩子童年各种状况的态度。我们的孩子需要鼓励。让我们帮助他们获得并维持勇气。

在本章的末尾,我们想要给父母一些鼓励。在读这本书的过程中,你们会发现我们在许多方面提供了有意义的技巧,同时我们也指出了你们像多数父母那样犯下的错误。只有认识到自己的错误,才能进步。我们指出当下父母在育儿中常犯的错误,并不是为了间接地提出批评或者谴责当代的父母。你们也是脱离控制的意外情况的受害者。我们只是希望提供帮助，向你们提供解决困难的道路。我们绝不希望再去打击已经十分困惑泄气的父母的士气。

父母的勇气同样是十分重要的。任何时候，当你感到失望，或者出现"天呐，我全搞砸了"的想法，请迅速意识到这是你自己失去信心的表现；然后马上调整你的注意力，用一种客观科学的方法思考怎样把事情做得更好。

当你尝试一种新的技巧而且成功之后，你应该开心。当你又回到旧习惯时，不要责备自己。你必须不断加强自己的勇气。记住，软弱是没有用的，只有力量能帮助你。谦虚地承认你一定会犯错，承认错误，但不让它影响你的个人价值。这样做可以大大维持你的勇气。

最后，请记住我们追求的并非完美，而是改善。仔细观察那些细小的进步，当你发现它们，放轻松，对你继续改善的能力有信心。要落实本书中提出的原则是需要时间的。你不可能一口吃成个大胖子。向前的每一步都会成为鼓舞人心的力量来源。

第4章 孩子的错误目标

妈妈正在写信。3岁的乔伊丝正坐在一旁的地上玩玩具,她忽然跳起来,跑到妈妈身边,想和妈妈抱抱。妈妈回应了她,然后说:"为什么不把你的娃娃放进小车里,带她去逛一圈呢?""我想你和我一起玩!""过一会儿,乔伊丝。我得先把这封信写完。"孩子慢慢回到了玩具边。过了几分钟,她问:"你能和我玩了吗,妈妈?""还不行,亲爱的。"妈妈心不在焉地回答。又安静地过了几分钟。"妈妈,我要去卫生间。""好的,乔伊丝,去吧。""但是我不会脱连衣裤。""不,你会,"妈妈抬起头回答,"知道吗,你是个大孩子了。"乔伊丝勉勉强强地自己试了几次。"好吧,宝贝。过来。这次我来帮你。"乔伊丝离开了房间，妈妈继续写她的信。眼下小姑娘又回来了，需要妈妈帮她再穿上连衣裤。妈妈还是帮了她，然后又回去继续写信。安静了几分钟后，乔伊丝又问："你能陪我玩了吗？""几分钟，亲爱的。"很快，乔伊丝走到妈妈面前，抱住她的膝盖说："我爱你，妈妈。""我也爱你。"妈妈回应道，又抱了抱她。乔伊丝回到玩具边上。妈妈写完了信，开始陪乔伊丝玩。

这个故事似乎描绘了一个耐心又慈爱的妈妈，和自己的孩子有着良好的亲密关系。那我们为什么要把它放在这里？让我们仔细分析一下妈妈和孩子的行动。乔伊丝在干什么？她用一种甜美而讨人喜欢的方式要求着妈妈持续的关注。她的行为在说："除非你在关注我，否则我什么也不是。只有当你围着我转时，我才有了自己的位置。"

孩子迫切渴望获得归属感。如果一切顺利，孩子的勇气没有受损，他就不会表现出太多问题。他会根据具体情况做出行动，通过自己的贡献和参与来获得归属感。但如果他的勇气受到了打击，他的归属感也会变得有限。他的兴趣会从参与群体活动变成从他人身上获取自我认知的迫切尝试。他的所有经历都会投入这个目标上，不论是通过令人愉快还是不安的行为。因为，不论通过什么方法，他都必须找到自己的位置。这类孩子往往会追求四种"错误的目标"。我们必须理解这些错误目标，才能引导孩子重新形成建设性的社交融入方案。

对于自信受挫的孩子来说，他们的第一个错误目标是认为获得过度的关注就能帮助他们获得归属感。

由于孩子错误地认为只有在成为人群的焦点之后自己才有价值，他们会发展出娴熟的获取关注的技巧。他会找出一切可能的方法来让其他人围着自己转。他可能很会说话又招人喜欢，也可能是个腼腆招人疼的孩子。但是不论他有多么讨人喜欢，他的目标都是获取关注，而不是参与。

在上文的例子里，看起来乔伊丝想要参与感。她想要妈妈陪她玩。我们怎么判断乔伊丝的行为是有问题的？很简单。参与意味着根据实际情况的需求进行合作。勇敢自信的孩子会感觉到妈妈有事要做，不能陪自己玩。但乔伊丝不这么看。她认为妈妈在忙着别的事，她已经把自己给忘了。乔伊丝相信她只有获得关注，才能确保自己的地位。

如果讨人喜欢不能赢得关注，孩子就会转而采取一些捣乱的方式。他可能会哭哭啼啼，欺负别人，游手好闲，用蜡笔在墙上乱涂乱画，打翻牛奶，或者尝试各种能吸引关注的法子。至少当他的父母对他暴跳如雷的时候，他能确定自己就在他们眼中！这样的孩子有错误的自我认知。每当我们对他获得关注过度的需求妥协时，我们就加强了他这种错误的自我认知，让他更加坚信这种错误的方法能够帮他获得想要的归属感。

孩子当然需要大人的关注。他们需要我们的帮助和训练，共情和爱。但是，通过观察自己，我们会发现，我们鲜少会因为孩子想获得长久而且过度的关注的努力而被打动，这样一来我们就可以相当确信这就是孩子希望我们做的，这是他找到属于自己的位置的一种错误的方式。

乍一看可能很难知道如何区分合理或者过度的关注。秘诀就在于能够认识到符合实际情况的要求。参与和合作的前提是家中每个人都以实际情况为中心，而不是以自我为中心。父母可以在心理上后撤一步，观察孩子的做法。如果孩子的行为和反应似乎与情况的要求不符，就好像乔伊丝的故事里表现的那样，那么这个孩子就很可能在索取过度的关注。我们往往可以通过观察我们自己的反应来判断孩子潜意识的意图。由于两人间的互动发生在潜意识层面，我们只是"自然地"对孩子的设计做出了反应。但当我们意识到了这种互动并且习得了解读这种互动的技能，我们就把一切带到了有意识的层面，由此也就有了给孩子提供引导、改变方向的方法。

5岁的佩吉正在看电视。她已经被提醒三次过了睡觉时间了。每次妈妈来叫她，她都会哭着请求再看一会儿，看完"这个节目"。妈妈让步了，因为这是一个不错的节目。然而，当这个节目要结束了，妈妈再次提醒佩吉回去睡觉的时候，佩吉无视了妈妈，她换了频道，准备开始看其他节目。妈妈走进房间："佩吉，早过了你的睡觉时间了。现在做个好孩子，回去睡觉。""不要！"妈妈走过来弯下腰，生气地对她说："我说了，去睡觉。现在就去！""但妈妈，我想看……""你是欠教训了吗？"妈妈打断了她，关掉了电视机。佩吉立马开始尖叫："你这个刻薄的老东西！"她冲到电视机前，想再把它打开。妈妈抓住佩吉的手，给了她一耳光，然后把她强行拖回了

房间。"我真是受够你这孩子了!现在马上去睡觉。把这些衣服脱了!"佩吉尖叫着反抗她,整个人扑上床把脸埋进床里。妈妈走出房间,气得直抖。二十分钟后,妈妈又回来查看情况,发现佩吉还穿着衣服在看书。她彻底气昏了头,打了佩吉的屁股,又脱掉她的衣服把她放上床。

首先,佩吉知道到时间该睡觉了。但通过拖延和要求再看一会儿电视,佩吉实际上挑战了妈妈的权威。因此,当妈妈让步答应佩吉晚点再睡,她正如了佩吉的意。佩吉的行为似乎在说:"让你按我想的去做体现了我的重要性。"她哄骗妈妈答应让她晚睡,得到了自己想要的结果。她成功展现出了压过妈妈一头的能力。

对权力的渴望,就成为第二种错误的目标。

这种目标通常出现在父母尝试强行阻止孩子对关注的需求一段时间之后。之后,这类孩子就会决心获得权力来打败父母。他在拒绝做父母希望他完成的事时会获得巨大的满足感。这类孩子认为,如果他顺从父母的要求,就等于是向更强大的权威妥协,就失去了个人价值感。这种害怕被更强大的权力压制的恐惧对一些孩子来说是一种毁灭性的现实,并且会让他们为了展示自己的权力而做出一些可怕的行为。

当佩吉的妈妈坚持让她在节目结束后睡觉时，妈妈和佩吉之间形成了一股权力的角力。接下来的故事展现了两人如何向对方展示自己才是老大。每当妈妈感到挫败，每当她打了佩吉，她就把胜利拱手让给了佩吉。而在胜利面前，妈妈的惩罚带来的羞辱和疼痛都足以被抵消了。因为佩吉让妈妈感到筋疲力尽，让妈妈被愤怒冲昏头脑，这正是我们的父母在感到被打败、失去控制时会做的。我们的行为在说："我除了体型和力量上的优势已经一无所有了。"孩子察觉到了这一点并抓住了机会。你记忆中是否有这样的时刻呢？你让父母感到由衷的挫败，生气到极点，表面上你又哭又叫，可你的内心却笑了。

试图压倒一个醉心于权力的孩子是一个严重的错误，而且也没什么用。在之后的战争中，这种对峙成为持久战，孩子只学会了如何更好地使用自己的权力，而且更有理由相信只有通过展现权力，才能获得价值。这个不断发展的过程会让孩子最终认为，只有成为霸凌者，成为独裁者，才能获得满足感。

由于平等观念的变化，权力博弈在当今社会也变得越

来越常见。我们会在第十六章里进一步讨论这个问题。

目前为止,我们只需要认识到,当父母和孩子都试图向对方展示谁是老大时,就存在权力的博弈。

渴望关注和展示权力之间的一个重要区别是孩子被纠正后的行为。如果他只是想获得关注,那么至少在被训斥之后,他会暂时停止捣蛋的行为。但是如果他的意图是展示权力,那么父母制止他的尝试只会让他更加叛逆。乔伊丝和佩吉的例子就很清楚地呈现了这个区别。

妈妈在厨房,爸爸在地下室。5岁的罗伊和3岁的艾伦正在客厅里玩耍。艾伦忽然发出了痛苦的叫喊。妈妈和爸爸赶到现场,发现艾伦蜷缩在角落里还在尖叫,而罗伊还拿着一个点着的打火机放在弟弟的胳膊下面。伤害在父母赶到前已经造成。罗伊已经让艾伦遭受了可怕的烧伤。

权力斗争的白热化催生出了第三种错误的目标。当父母和孩子之间的权力博弈日趋激烈，双方都尝试压制对方，就可能会导致激烈的报复行为。

受挫的孩子可能会继续寻求报复，把这当作自己获得重要性和存在感的唯一手段。到目前为止，他坚信他不会被喜欢，也没有任何权力。他坚信只有伤害别人，才能让他显得有权威，因为他感觉自己被他们伤害了。于是，他形成了错误的目标，决定报复和伤害别人。罗伊在争取家庭地位的过程中屡屡受挫，认为自己是一个不讨人喜欢的坏孩子。而因为他的行为令人十分不快，这让大人们也深信他就是个坏孩子。这样的孩子是最需要鼓励的，但获得的鼓励却最少。父母需要真正地理解和接纳这样的孩子的本来面目，才能帮助他重新发现自己的价值。如果妈妈或者爸爸惩罚罗伊，他们只会让他更相信他是个坏孩子。这还会进一步刺激他，导致更多的报复和互相伤害。

第四种错误的目标出现在彻底灰心丧气的孩子身上。他想让自己看起来完全格格不入。

8岁的杰伊在学校遇到了困难。在一次家长会上，老师告诉妈妈，他非常不擅长阅读，而且所有科目的表现都不太好,不论他怎么努力,不论她为他提供了多少额外的辅导,他似乎都没什么进步。"杰伊在家会帮你做什么家务吗?""我已经不会要求他做家务了。他什么也不想做。即使做,也很笨拙,表现得很糟糕,所以我就不再叫他做什么了。"

一个完全气馁的孩子彻底放弃了。他认为他无论如何都做不好一点事。他变得无助,同时开始利用这种无助,他夸大一切真实或者想象中的弱点或缺陷,并且逃避一切他认为会因为失败而让自己丢脸的事。看着笨拙的孩子往往都是气馁的孩子,利用笨拙作为逃避任何努力的手段。这些孩子就像在说:"我做任何事都会让你发现我是多么没有价值,所以就别管我了。"这些孩子不再让别人为他们做什么,他们只是放弃了。每当妈妈说:"我放弃!没必要让他做任何事,"她可以很确信这正是孩子希望她感受到的。就好像孩子在说:"放弃吧,妈妈。没用的。我没有价值,毫无指望。别管我了。"当然,这个孩子对自己的看法是由一系列经验导致的错误的看法。他将这些经验视为不可逾越的阻碍,因此变成了现在气馁的自己。可任何孩子都是有价值的!

当我们认识到了造成孩子不当行为的四个可能的错误目标之后,我们就有了行动的基础。在任何情况下,告诉孩子我们怀疑他有怎样的错误目标都没有任何好处。这可能是最糟糕的做法。心理学知识只能被用作我们行动的基础,它不能付诸语言成为对付孩子的武器。孩子对自己的目的是完全无意识的。我们当然可以让孩子意识到自己的潜在目标,但这种揭秘行为应当留给受过训练的专业人士完成。不过,一旦我们认识到了孩子的错误目标,我们就能够认识到他的行为的目的。过去看起来毫无意义的行为开始有了意义。现在,我们能够采取行动了。如果我们不给出孩子想要的结果,他的特定行为就没有意义了。如果孩子无法实现自己的目标,他可能会重新考量行动的方向,做出新的选择。

试试这样做吧

当我们意识到孩子在寻求过分的关注时,我们可以避免满足他的需求。寻求一个消失的妈妈的关注的意义何在?当我们发现自己陷入与孩子的权力博弈时,我们可以退出这场斗争,而不是任自己陷入其中。成为一个没有对手的优胜者同样是没有意义的。当孩子尝试伤害我们,我们可以先意识到他的气馁,避免感到受伤,避免惩罚带来的报复。我们也可以停止对"无法自理的"孩子表现出挫败情绪,安排

> 一些体验帮助他发现自己的能力。如果妈妈就是不相信自己的孩子是无能的，那放弃又有什么用呢？

接下来的章节将会详细描述这四个目标会引发的行为，以及使它们无效化的可行的手段。然而，我们必须意识到，这四种错误的态度只有在年幼的孩子身上才会明显表现出来。在幼年时期，孩子的注意力都集中在发展和父母及其他大人的关系上。他把自己视为成人世界中的孩子。这段时期内，孩子的四种错误目标在知情的观察者看来是相对明显的。然而，当孩子满 11 岁后，他和同龄人的关系变得更为重要，为了确定在同龄人中的位置，他会追求更多样化的行为模式。因此，上述四种目标已经不足以充分解释一些令人不安的行为了。当然，这些行为始终都是探索个人定位的错误尝试。青少年和成人的争议性行为有时也可以用这四种错误目标来解释，但是显然还有其他的错误态度，例如寻求刺激，对男性特质的过度关注，物质上的成功等，并不一定就可以归咎于这四种目标。

另外，我们也必须时刻谨记，作为父母，我们只能尝试刺激孩子做出行为上的改变。即使我们的做法没问题，我们也不可能一直成功。不论如何，指望自己常胜不败都是不现实的！

每个孩子都会自己决定要做什么。家庭外部的影响，尤其是来自同龄人的影响，会给他留下深刻的印象。假设我们引导他改变方向的尝试没有效果，我们必须谨记他是一个独立的个体，会自己做选择和决定。我们不能代劳，这是属于孩子的权利。这也是平等的含义的一部分。

生活是由当下构成的，因此如果我们在当下做了正确的事，我们就会通往进步。相反，如果我们不能因地制宜，那么进步的机会确实就很小了。

当然，我们并不是总能立刻找到问题的解决方案的。当下的一刻只是一系列事件中的众多时刻之一，既可能带来解决方案，也可能会推迟甚至阻绝方案。对孩子来说，每个时刻要么会有助于对他的训练，改善人际关系，要么则相反，会导致有害的态度的形成，不利于他融入社会。

孩子表现出的许多问题都可以循序渐进地解决。在本书中，我们尝试指出在特定冲突中，哪些方案可能有利，哪些又会加剧冲突。在多数情况下，对于大多数父母而言，知道在特定情况下什么该做，什么不该做，似乎就足够了。在过去，这种所有母亲都知道的知识构成了我们代代相传的所谓育儿传统。我们眼下的工作是搞明白哪些方法在民主社会中是有效的，从而找到一种新的育儿传统。

在很多情况下，构成孩子的不当行为的错误观念和目标会根深蒂固地刻在他心里，因此仅仅能够对各种挑衅行为做出正确的反应还不够。我们可能不得不努力对孩子的基本认知和个性模式进行深刻的重塑。我们需要更全面地了解孩子的行为动态。

> 如果有必要，参加咨询中心的家长学习小组或者接受个人咨询都是有性价比的做法。家长可能也需要研读更多关于儿童心理学的理论读物。
>
> 我们希望帮助家长搞清楚一些日常的解决方案，为不堪其扰的妈妈提供一些帮助。她们必须先意识到自己在影响孩子上的巨大潜力，才能明白该如何对待孩子。

家长越是学会真正了解孩子，就越能帮助孩子重新定位，形成更精确的人生图景，接纳实现和谐协作及满意的生活所必需的社会价值观。

第5章 惩罚和奖励都不可取

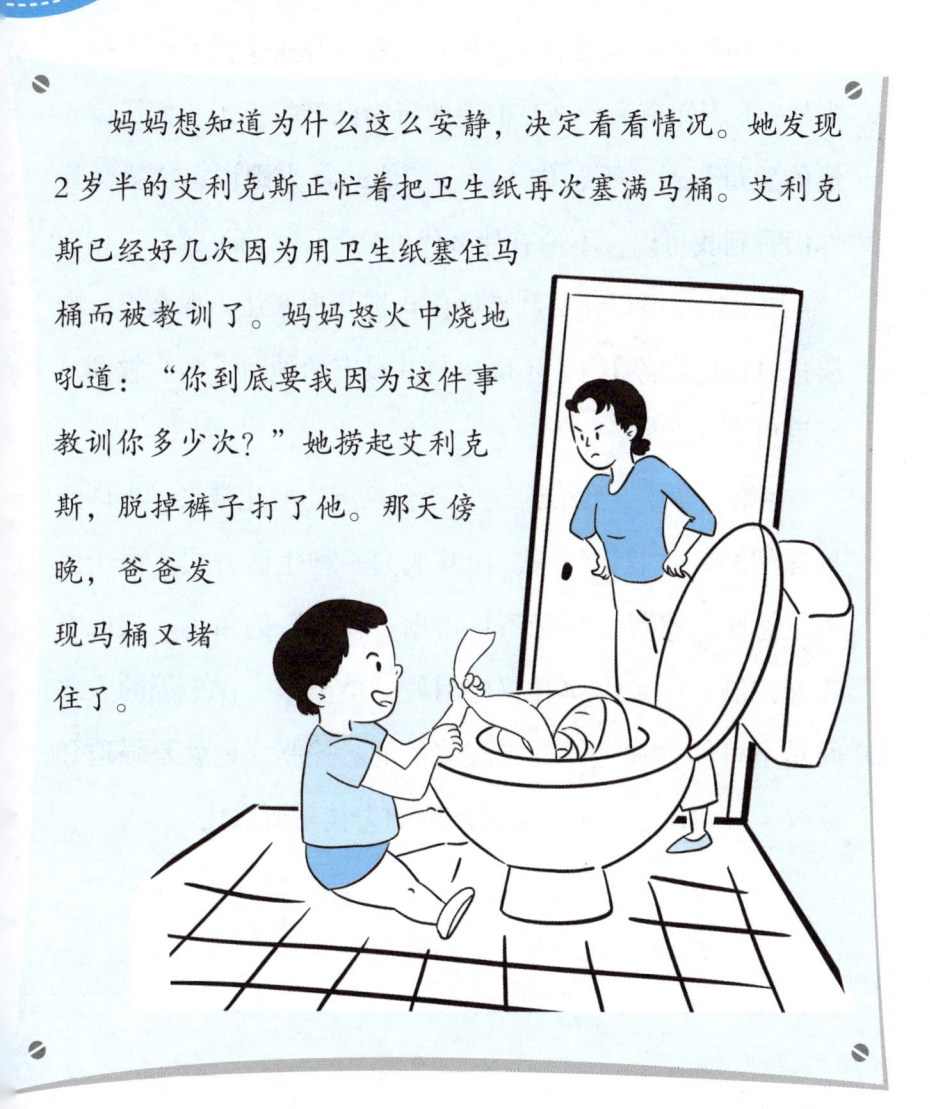

妈妈想知道为什么这么安静,决定看看情况。她发现2岁半的艾利克斯正忙着把卫生纸再次塞满马桶。艾利克斯已经好几次因为用卫生纸塞住马桶而被教训了。妈妈怒火中烧地吼道:"你到底要我因为这件事教训你多少次?"她捞起艾利克斯,脱掉裤子打了他。那天傍晚,爸爸发现马桶又堵住了。

在因为同一个行为被打了那么多次后,艾利克斯究竟为什么选择继续?他是太小了还不懂事吗?完全不是。艾利克斯很清楚自己在做什么。他是故意重复这个捣乱行为的。当然,他不知道为什么!但他的行为已经告诉了我们原因。他的父母说:"不,你不能。"他的行为则说:"我会让你们看到我可以,不论有什么代价!"

如果惩罚可以让艾利克斯停止把马桶塞住,那么第一次挨打时他就会停下了。不断挨打并没有给他留下多少教训。哪里出了问题?

在第一章中,我们讨论了社会氛围的变化带来了更广泛且深刻的民主意识觉醒,使其成为一种生活方式。由于民主也意味着平等,父母不再占据"权威"的角色。权威意味着控制:一个个体有权控制另一个个体。在平等的人之间是不可能存在这样的支配关系的。控制,也就是强迫和威权,必须被基于平等主义的影响力技巧所取代。

以前，惩罚和奖励在专制社会体系中都是理所当然的	今天，我们的整个社会结构已经不一样了
权威者享受着统治地位，拥有根据功绩赋予他人奖励或惩罚的特权。只有权威者有权决定谁该受赏，谁该受罚。 　　由于专制社会体系的基础正是统治权力的牢不可破性，统治者的这种裁决也被接受为生活准则的一部分。 　　孩子们小心翼翼地观察，等待着，期望有一天他们也能成为拥有特权的大人。	孩子获得了和成年人平等的社会地位。*我们不再享有优越性。我们凌驾于孩子之上的权力已经消失。 　　而不论大人是否意识到这一点，孩子是明白的。他们不再认可大人是更优越的权威者。 　　我们必须认识到，把我们的意志强加给孩子是徒劳的。再多的惩罚也无法带来永远的顺从。

*（平等的概念是很难理解的。尽管取得了平等，但我们并没有一个约定俗成的看法去定义它。我们在寻找让一个人优于或者低于另一个人的单一品质，但这些评估的手段都已经过时了。）

　　现在的孩子愿意接受任何程度的惩罚来维护他们的"权利"。困惑窘迫的父母错误地期待惩罚会最终实现他们希望的结果，没有意识到他们的方法实际上没有任何成果。他们充其量只能通过惩罚得到暂时的结果。如果同样的惩罚需要被一再重复，那么很明显它并没有效果。

惩罚只会让孩子酝酿出更强大的反抗力量。 而对年幼的艾利克斯来说，他在这么小的年纪就已经走上了一条可怕的反抗之路。

6岁的丽塔整个上午都表现得很暴躁。她拒绝吃早饭，因此被妈妈骂了。丽塔和4岁的妹妹打架。妈妈把她关进房间，禁闭半小时。丽塔把花连根拔起。妈妈又骂了她并威胁要打她屁股。丽塔把邻居的猫绑在晾衣绳上，差点勒死它。妈妈罚丽塔坐在厨房的椅子上。最终，丽塔把午餐的牛奶打翻在地。这次，妈妈把丽塔拉回房间，重重地打了她的屁股，然后告诉她整个下午都只能待在房间里。一个小时后，家里静悄悄的，妈妈觉得丽塔可能睡着了，偷偷朝她的房间看了一眼。令她大为震惊的是，丽塔把自己够得着的窗帘都剪成了丝丝缕缕的。妈妈惊呆了，喊道："丽塔，我该拿你怎么办？"

丽塔把她的心灰意冷藏在了"大胆"的伪装背后。她的行为在说:"至少当我变坏的时候,你会知道我就在旁边。"接着,当妈妈不断变换惩罚手段时,最终丽塔用她的行为告诉妈妈:"如果你有权伤害我,那我也有同样的权利伤害你!"随之而来的是可怕的报复。妈妈惩罚得越多,丽塔的报复也越多。这就是惩罚的结果。不幸的是,孩子比成年人更灵活,更顽强。他们可以比父母更聪明,更强壮,更坚持。结果是父母的耐心告罄,摇着头,痛苦地哭喊:"我不知道该怎么办了!"

惩罚,或者任何诸如"只能服从我"的独裁想法,都需要被相互尊重和合作的态度取缔。即使孩子不再处于劣势,他们也是缺乏训练和经验的。他们需要父母的引导。

一个好的引导者会激励和刺激他的追随者做出符合实际情况的行动。父母就应该做到这样。我们的孩子需要我们的引导。如果他们知道我们尊重他们,把他们当作平等的人,有平等的权利决定想做什么,他们就会接受我们的引导。

当一个孩子被打的时候,他的自尊会受到极大的伤害,而对妈妈来说,当她走到了打孩子这一步,作为母亲的尊严也不剩多少了,尤其是如果她在事后感到特别内疚。

作为父母，我们可以学习用更有效的方法来刺激孩子，让他能自发地希望遵守秩序。我们可以创造一个互相尊重、互相体谅的环境，给孩子一个机会学会如何舒适愉快地和他人共处。我们应该以尊重孩子和自重为前提给他们安排学习的情境。最重要的是，我们可以在不展示权威的情况下做到这一点，因为权力会激起反抗，破坏培养孩子的目标。

然而，如果在重新训练自己用新的方法引导孩子的时候，我们发现自己被激怒，惩罚甚至打了孩子，我们应该诚实地承认这是为了减轻我们本身的挫败感，而不是试图自欺欺人说我们惩罚孩子"是为了孩子好"。

同时，我们可以承认，孩子确实有点讨打。他的挑衅行为是他目标的一部分，他的目标就是证明自己"坏"，或者把我们卷入权力博弈，又或者为了之前的"不公正"报复我们。当我们惩罚他时，我们其实正如了他的意，掉进了他的陷阱。

试试这样做吧

问题在于，作为人类，我们是不完美的。我们时不时会表现出人类的不完美,变得不像教育者。最好的办法是愉快地接受我们的弱点,然后继续努力,以做出建设性的努力为长期目标。我们必须有承认不完美的勇气。

当孩子不断使我们挫败时,我们也有权利在挫败他们时享受短暂胜利的瞬间,我们也不必在事后为此感到愧疚。愧疚是我们负担不起的奢侈品。在这种时候,我们内心的声音在说:"是,我打了他。我认为这是不对的。但只要我感到愧疚,我就不算一个真正的坏家长。"说也奇怪,但如果我们坦率地承认,"是的,我打了他。但这是他应得的。我知道打人对训练孩子是没用的,但是这样能让我好受一点。现在我可以收拾心情重新开始了",这种想法反而可以极大地鼓舞我们的士气,让我们更相信自己能够处理好和孩子的关系。

妈妈给了8岁的比尔1美元,要求他在自己去

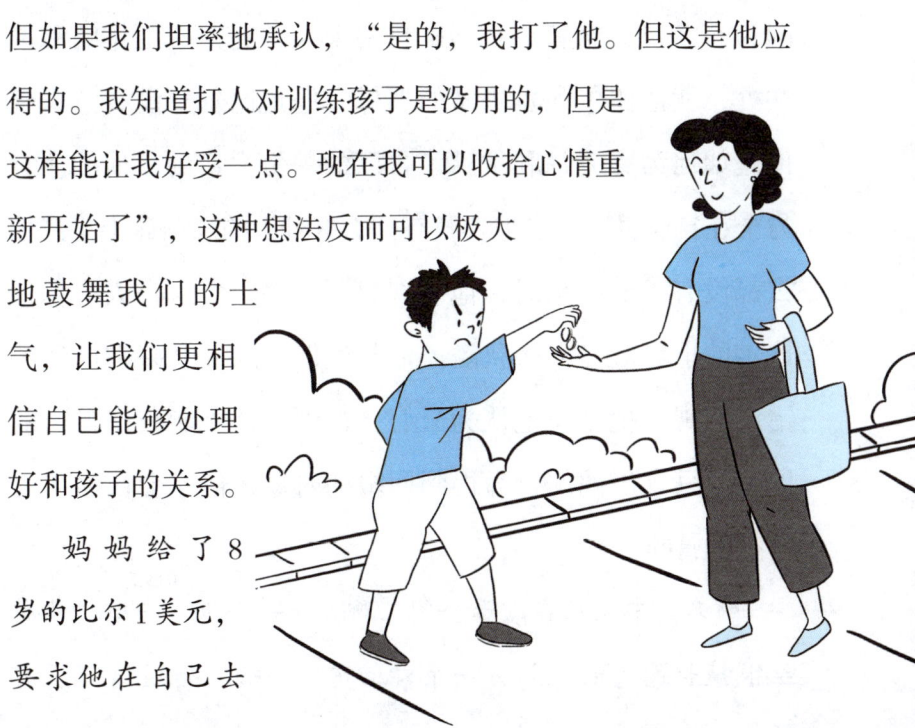

超市的时候去面包店。等他们在外面碰头的时候,妈妈向他要找的零钱。"你竟然要拿回零钱?"比尔大叫道。"怎么了,比尔!我需要零钱。"男孩生气地把零钱倒在妈妈手上。比尔生气地说:"我不明白。我帮了你的忙,不是吗?"妈妈困惑地看着他:"是的,你帮了我,儿子。一个忙。"在往车子走的路上,比尔用全身表达着自己的愤怒。

针对孩子良好行为的奖励制度和惩罚制度一样都不利于他们人生观的形成。这种制度同样表现出了尊重的缺乏。我们因为获得帮助或者因为良好的行为而"奖励"我们的下级。在一个人人平等互相尊重的体系中,工作被完成是因为有需要,而满足感则来自两个人一起完成工作的和谐共处,就像比尔和妈妈做的那样。但是比尔并没有意识到他是如何为家庭福利贡献了自己的一份力量的。他的注意力全在自己身上。当他"我有什么好处"的想法碰上了"什么都没有"的结论时,他表现出了愤怒。多么令人震惊!比尔的世界观是多么狭隘。他与生俱来的社会兴趣已经被错误的观念扼杀。他认为只有"得到",才能获得自己的地位。只有当他的行为得到回报的时候,他才会认为自己是有归属的。

两名高中生正在演奏会间隙聊天。一个说:"嘿,马威丝很擅长德彪西。"另一个却回道:"哈,她对这可没有多少热情。"他接着又说:"你不知道吧?她每练一个小时琴,她妈妈就给她一美元。""你开玩笑的吧!""不,我才没有。马威丝说整个夏天她每天弹八个小时琴,就为了能拿到那些钱。""这可真是个练琴的好理由了!难怪她没什么'兴趣'。她根本不是为了兴趣弹琴的。真见鬼。我弹琴的时候特别投入,我家里人总得大喊着让我停下来,好让他们可以休息。""是啊!我明白你的意思。我也经常瞎摆弄。"

这正是青少年有敏锐的洞察力的一个例子!

外面下了场大雪,爸爸要求10岁的麦克和8岁的斯坦铲掉人行道上的雪。"你要给我们多少?"麦克问道。"嗯,"爸爸犹豫了一下,"你认为这值多少?"麦克想了一下报价说:"唔,每人一美元二十五美分。"爸爸犹疑地问:"这个价格包含车道吗?"麦克不想把事情扯得太远,谨慎地回答:"是的,我想是的。""好吧,那就这样。"爸爸同意了。"哇唔!"男孩子们尖叫着跑走了。

为什么要付钱给孩子让他们做家务?他们住在家里,吃喝穿用都是家里供给的,一起享受着家里的好处。如果他们正如自己所言的和大人是平等的,他们就有义务分担家务。

但通过奖励制度,麦克和斯坦认为如果没有好处,他们就不需要做任何家务。在这种情况下，他们就不可能养成责任感。他们对"我有什么好处"的关注已经使得我们给不出令人满意的奖励了。可悲的是，并没有能让他们完全满意的奖励。孩子应该全面地分享家庭生活。他们也有份开销，通常是以零花钱的形式。这是他们的一份钱，他们应该被允许用这个钱做任何想做的事，但是在家务和零花钱两件事之间不应该存在任何关系。孩子做家务是因为他们应该为家庭的共同利益做贡献。他们得到零花钱是因为他们共享家庭的收益。

妈妈把两个小女儿留在了停在停车场的车子里，好方便她顺利去杂货店买东西。她一下车，孩子们就开始哭。"现在，乖一点，我就会给你们带一个玩具。"3岁的女孩问："什么样的？""哦，我也说不好，就是玩具。"妈妈犹豫地回答，离开了车子。

妈妈试图通过提供物质奖励来得到孩子的配合。孩子们并不需要贿赂来做个好孩子。实际上，她们本就希望做好孩子。孩子会表现出良好的行为，因为她们希望获得归属，希望能做有用的贡献，希望和大人合作。当我们贿赂一个孩子好好表现时，我们实际上是在告诉他，我们并不信任他，这也是一种打击信心的方法。

奖励并不能让孩子获得归属感。 它或许是父母在当下这一刻对孩子的认同的标志，但下一刻呢？妈妈和爸爸还认可孩子吗？或者说需要另一个奖励吗？想想人生有多少个瞬间，奖励很快就会不够的！如果我们扣留了一个特殊奖励，对孩子来说他就是做了白工。

如果孩子因为在问了"我有什么好处"之后没有得到答案而拒绝配合，家长就会面临严峻的问题。除非他认为奖励足够令他满意，否则他为什么要配合呢？如果他不能得到任何特殊的回报，他为什么要费心去做这些应该做的事情？

就这样，可怕的物质主义在他脑海中迅速滋生，家长不可能满足他索取的胃口。孩子已经建立起了完全错误的价值观，因为在他看来所有人都欠他的。

如果奖励没有自动出现,他就会"给他们点厉害瞧瞧"。这就是一个认为遵守高速公路规则来保护自己的生命在自己的一套价值观中毫无意义的 16 岁青少年的感受。他更喜欢无视一切规则去开车。他为什么要遵守高速公路的规则?有什么奖励吗?他有他的车。对他来说,更大的乐趣在于那些刺激的体验,在于做他喜欢的事情而且不被抓到,这能让他显摆自己多么聪明。另外,就算他被抓到了,这惩罚又是多么微不足道?反抗规则带来的刺激绝对值得。而且,爸爸总会把事情搞定的。

这就是奖惩制度的最终结果。"他们没有奖励我,我要惩罚他们。如果他们惩罚我,我就反击。我会给他们点颜色瞧瞧!"

> 满足感来自贡献感和参与感,这是一种在我们当下这种通过物质奖励孩子的制度中无法获取的感觉。
> 当我们错误地希望通过奖励来赢取孩子的合作时,我们实际上阻碍了孩子从生活中获得最基本的满足感。

第6章 顺其自然和逻辑结果教育法

既然惩罚和奖励都没用,那么当孩子做错事,我们该怎么办?假如妈妈忘记了烤炉里的蛋糕,会发生什么?正常来说,蛋糕就烤焦了。这是她的遗忘所导致的合理后果。如果我们放手让孩子体验自己行为的后果,其实是给他们提供了一种真实的学习环境。

10岁的阿尔弗雷德经常忘记带午餐去学校。很快妈妈就发现了他的午餐,她会把午餐送去学校并确保它送到阿尔弗雷德手上。每一次出现这个问题,妈妈都会大声责备阿尔弗雷德的健忘,然后提醒他自己把午餐送到学校费了多大功夫。面对妈妈的长篇大论,阿尔弗雷德只会用坏脾气来回应,依旧不记得带午餐。

一个人忘记带午餐的正常结果是什么?挨饿。

> 妈妈可以告诉阿尔弗雷德，她不认为自己有责任给他送午餐。下次他忘记带午餐的时候，她可以无视他的抱怨。毕竟，这不是她的问题。
>
> 阿尔弗雷德肯定会生气，因为他认为确保他吃上午餐是妈妈的责任。
>
> 但妈妈可以平静地回答："很抱歉你忘了带午餐，阿尔弗雷德。"这里可能需要争取学校的配合，好保证不会有其他人帮他买午饭。
>
> 但是，如果妈妈加上一句"或许这能让你吸取教训"，那她马上就把"结果"变成了惩罚。
>
> 我们在选择用词时必须注意，要向孩子传达出他有能力解决好自己的问题，而不是他必须做我们决定的事。

但让孩子挨饿对很多家长来说都是个可怕的主意。实际上，挨饿是不愉快的。但偶尔错过一餐并不会对身体造成伤害，而这种不适的体验或许可以有效地刺激阿尔弗雷德不再忘记带午餐。它可以帮助消除阿尔弗雷德和妈妈之间的摩擦和不和谐，后者的伤害可比挨饿大得多。我们并没有权利代替我们的孩子去承担他们的责任，也没有权利去承担他们行为造成的后果。这些都是属于孩子的。

4岁的爱丽丝体重不达标，很容易感冒。妈妈和爸爸都相信只要有足够的营养，她就会变得更健康。爱丽丝坐在餐桌前享受地吃了头几口。她喝了一点牛奶，随着父母开

始聊天，她慢慢对眼前的食物失去了兴趣。她把胳膊靠在桌上，双手撑着脑袋。她无精打采地扒拉着盘子里的食物。爸爸督促道："加油，宝贝。把晚餐好好吃掉。"他的语气温柔又慈爱。爱丽丝高兴地笑了，放了一口食物到嘴里，但没咽下去。爸爸又开始和妈妈聊天了。爱丽丝的腮帮子动了一两下。"哦，宝贝。把它咽下去。"妈妈打断了和爸爸的对话。"你想做个健康的大孩子，对吗？"爱丽丝积极地咀嚼起来。"这才是我的好孩子。"爸爸鼓励道。可爸爸妈妈一开始说话，爱丽丝就不吃东西了。整顿饭就是父母不断地哄爱丽丝吃东西。

爱丽丝的坏胃口就是为了让父母一直围着她。只要我们观察父母的行为就很容易发现这一点。

进食帮助我们维持生命。这是一个正常的功能。每一个不好好吃饭的孩子背后都有一对处理不当的父母。吃饭是孩子自己的事。父母应该操心自己的事,不要越俎代庖。

教爱丽丝吃饭最简单的方法就是让她"自己"吃。

如果她拒绝吃饭	父母应该保持友好的态度,不再出声提醒,等其他人都吃完之后把饭菜从桌上撤走,让爱丽丝自己去发现会发生什么。如果不吃饭,我们就会饿。到下一餐再提供食物,不要提前给。
如果爱丽丝还是磨磨蹭蹭不好好吃饭	父母什么也别说,在餐桌上保持愉快的氛围。这样做的暗示是:"如果你想吃,食物就在这里。如果你不想吃,那我只能假设你不饿。"
如果孩子只玩不吃	父母也可以装作不在意地清理掉食物。这里既没有惩罚的威胁,也没有用奖励,比如甜点,来贿赂孩子。
爱丽丝可能在一小时后抱怨肚子饿,然后讨要牛奶和饼干	妈妈会回答:"我很抱歉你饿了。但我们六点才吃晚餐。你还得等那么久,那可真糟糕。"

⇩

不论挨饿的爱丽丝可能有多可怜,妈妈都必须让爱丽丝饿着,因为这是不吃饭的正常结果。打屁股造成的疼痛是一种惩罚,因为这是由父母造成的。但挨饿带来的不舒服并不是大人强加的，而是不按时吃饭的后果。

　　为什么父母可以毫无愧疚地打孩子的屁股让他们疼，却不能面对孩子自己造成的挨饿带来的痛苦？看来父母深刻地认为自己有责任供给食物，并且在看到孩子挨饿而自己没有作为时自责自己不是好爸爸或者好妈妈。然而，我们对吃饭的过度关注，我们对孩子的胖瘦和健康深深的焦虑，往往只是面具。父母可能完全相信自己是负责任的，但实际上这只是控制孩子的目的的伪装："我希望让我的孩子按照我希望的那样吃饭。"控制欲驱使着很多父母。当这种"权威"被消除，而爱丽丝不再有任何反抗对象，不吃饭并没有任何好处，她可能就会吃了。这可能需要一点时间。当然还需要耐心。

　　如果原本符合逻辑的结果被用作威胁或者在怒火中被"强加"给孩子，它们就不再是自然的发展，而是惩罚。孩子会很快辨别出区别。他们会正常地接受符合逻辑的结果，而在被惩罚时做出反抗。

爱丽丝的父母决定顺其自然。她不好好吃饭，妈妈不高兴，但没说什么。爸爸妈妈在聊天，但没什么精神。他们的问题就坐在眼皮子底下，磨磨蹭蹭，扒拉食物。妈妈和爸爸差不多吃完了。爸爸慈爱又耐心地对爱丽丝说："爱丽丝，来，把午饭吃了。如果不吃的话，你会在晚饭之前饿肚子的，中间也没有任何东西吃。你不会想饿肚子的，对吗？""我不想再吃了。"爱丽丝说。"好吧，你会饿的。而且你得记住，晚饭前没有东西吃了。"

这不是顺其自然，这还是惩罚。爱丽丝"被威胁"会挨饿。妈妈和爸爸还是担心她的吃饭问题，而且微妙地表现了这一点。他们依旧想"让"爱丽丝吃。聪明的爱丽丝，察觉到了自己挨饿会让他们多难受。所以她拒绝吃午饭，选择"忍受"饥饿来惩罚她的父母。

突破这个困境的唯一方法就是爱丽丝的父母能够真正放下对爱丽丝吃饭这件事的担忧。这是她的事。她必须自己解决。她可以吃或不吃，她可以选择挨饿或者不。这是她的选择。让她自己承担后果。

当我们说"顺其自然"的时候，家长常常会把它误解成一种把自己的要求强加于孩子的新手段。孩子们一眼就能看穿，这不过是经过伪装的惩罚。秘诀就在于执行的方式。父母需要做出正确的判断，放手让这些事件能够有顺其自然发展的空间。这对两种选择都适用。不吃饭自然就会因为饿肚子而不舒服。吃饭了自然就会因为满足而感到舒适。

对卡萝的妈妈来说，每天的午餐时间都是个麻烦，她需要让6岁的卡萝及时出门赶上下午的幼儿园。然后，她就了解到了顺其自然的方法论。卡萝妈妈承认，让卡萝准时去幼儿园是为了她自己的骄傲。她很难接受因为卡萝迟到而让自己面上无光。然而，有一天她让女儿看了眼时钟上的时间，然后坐下来和她一起吃午饭。卡萝开始磨蹭。这一次，妈妈在吃完饭以后离开饭桌，到另一个房间坐下开始看书。尽管她其实什么也没看进去，但她装出一副沉浸在自己的世界中的样子！卡萝终于在半小时后出发去学校。当她回家后，妈妈不经意地发现尽管她迟到了，可什么也没发生。然而，第二天妈妈又重复了整套操作。第三天，她给老师写了一张纸条请求老师的配合。那天，卡萝迟到了四十五分钟。她到家的时候还在哭，因为她迟到了。"我很难过你迟到了,亲爱的。或许明天你可以做得更好。"从那天之后,卡萝就像鹰一样警惕地盯着时钟,而妈妈再也不用担心她能不能准时到学校了。

同样的技巧也可以用来让孩子在早上准时起床上学。妈妈可以给孩子一个闹钟,然后告诉孩子以后她不再负责叫他们起床,监督他们准时上学。妈妈又不上学!她不再盯着他们,放手让孩子磨蹭,忘记课本和作业。如果还需要乘校车,迟到的孩子就必须自己走去学校,不管有多远。他们有的是力气。

很多时候,我们只需要小小的思考就可以发现一个行为的正常后果会是怎样的。我们只需要问自己:"如果我不干预的话会发生什么?"不完成作业会让老师生气。弄坏的玩具就没有了,不会有新的。没放进篮子的衣服不会被清洗。诸如此类。有时候,我们可能需要巧妙地对后果做一些安排。

3岁的凯西在院子里玩时老是跑到大街上。妈妈不得不一直盯着她,把她带回院子里。打骂都没有用。

在这个例子中,符合逻辑的结果是什么?自然,在孩子被撞之前,我们都会尝试控制她的行动。在大街上随便玩耍的结果当然是被撞。因此,我们需要安排一种符合这种秩序被破坏的情况的结果。

> 试试这样做吧

- 凯西第一次去街上的时候，妈妈问她能不能待在院子里。如果她跑走了，妈妈会安静地接她回家，坚定地把她带进屋子里。"既然你不想在院子里玩，你就别出去了。你可以在准备好之后再试一次。"

- 最好的办法是给凯西在家里划出一片固定的游玩空间。在禁止凯西在户外玩耍时一定不能表现出任何怨恨。当妈妈说"既然你不想在院子里玩"时，她在暗示凯西自己的感受。妈妈不能让凯西觉得喜欢待在院子里，但是她可以制造界限和后果。

- 只要凯西表达出门的意愿，她就可以出去。如果她跑到街上，她就会被带回家，在屋子里度过这一天剩下的时间。为了避免陷入权力博弈，妈妈可以在这种情况连续出现三次后让凯西连续几天待在家里。

最关键的是要不断给孩子再试一次的机会。这会让他们觉得自己还有机会，也暗示了妈妈对孩子及其吸取教训的能力的信任。凯西可能会在被带进屋子时抗议，为不能按自己的方式而抗议。这个时候，妈妈要保持冷静。她要对孩子的反抗视若无睹，因为我们一次只能解决一件事情。

3岁的贝蒂忘了刷牙。为了让她刷牙，妈妈每次都要跟着她，强迫她。这个争执让妈妈和贝蒂都很失落。于是妈妈想到了一个后果，她告诉贝蒂，如果她不想，可以不刷牙。但是由于糖果会毁掉没有刷过的牙，贝蒂就不能吃糖了。之后，妈妈没提过一句关于刷牙的话。一周里，贝蒂既没有刷牙，也没有吃糖。其他孩子都吃过糖和冰激淋。一天下午，贝蒂宣布她想要刷牙，然后吃点糖。"现在不行，贝蒂。早上才是刷牙的正确时间。"女孩没有任何抱怨，接受了这个观点。第二天早上她主动刷了牙。

孩子做的许多惹我们生气的事都是出于同一个原因，就是让我们围着他们转。逻辑结果教育法在这种情况下非常有效。

4岁的盖伊总是把鞋子穿反。这让妈妈相当生气。"我的天哪，盖伊。你什么时候才能学会穿鞋！过来。"接着妈妈让他坐下，帮他穿好鞋子。

盖伊知道鞋子穿反了。如果妈妈考虑一下自己对此的反应，她就可以相当确定她儿子行为的目的。他正在向妈妈展示他可以用鞋子来令妈妈为自己服务。当妈妈说"你什么时候才能学会……"时，她在暗示盖伊很笨。事实远非如此：就算有人笨，也不是这个孩子。妈妈可以停止关注盖伊是怎么穿鞋的,从而让自己和盖伊脱离这个矛盾局面。那是他的脚,不是她的。如果她不插手,盖伊会不可避免地体验到穿反鞋子带来的不适。当妈妈第一次注意到盖伊穿对了鞋子时,她可以平静地表达自己很高兴盖伊会穿鞋子了。这样说就足够了。这会让盖伊认识到他的成果和勇气,可以继续努力。

10岁的艾伦把他的棒球手套忘在了球场上,等他回去找的时候,手套已经不见了。他心碎地哭了起来。爸爸责怪他说:"这是你今年夏天丢的第三副手套了。你觉得钱是从树上长出来的吗?"在一段关于照看好自己的东西的长篇大论之后,他让艾伦保证一定会保管好下一副手套。"好吧,明天我会给你一副新手套。但记住,这是你今年夏天的最后一副手套了!"爸爸在艾伦第二次丢掉手套之后就说过这段话,甚至包括最后一句。但是他就是忍受不了看着艾伦这么伤心的样子!

父母有过很多绝佳的机会允许孩子的不当行为顺其自然地带来后果，但是由于他们对孩子的怜惜或者"保护"孩子的欲望，他们剥夺了这个后果，转而带着责备或者说教，用自己的方式来惩罚孩子。

> 试试这样做吧

爸爸可以说："我非常难过你丢了手套，艾伦。""但我必须有一副手套！"艾伦大声说。"你有钱买一副新手套吗？""没有，但是你可以给我钱。""你会在规定的时间拿到零花钱。""但那不够！""抱歉，但我做不了什么了。"爸爸必须保持友好，但坚定立场。

运用符合逻辑的结果意味着改变我们的思考方向。我们必须意识到我们已不再生活在"控制"孩子的专制社会，而是需要"引导"他们的民主社会。我们不再能够把自己的意愿强加给孩子。

现在，我们必须"刺激"孩子做出恰当的行为，而不是强迫。在我们有足够长的时间去适应这些新技巧、把它们变成我们的习性之前，我们会感受到这个重新定向的过程有多么艰难。这需要大量的思考，需要频繁地运用我们的想象力。

✡ 有时候，可以任由事件自然地展开，不需要大人的干预。这就是所谓"顺其自然"。举个例子，如果孩子睡过了头，那他就会上学迟到，并且不得不面对老师的怒火。

✡ 还有些时候，我们可能需要有意地构建在不当行为出现后发生的事件。这些事件都是"符合逻辑的后果"。自然的后果反映出了现实的压力，其中没有任何父母的特殊参与，因而总是有效的。相比之下，除非极其小心，符合逻辑的后果一般也不能被运用到权力博弈中，因为它们通常会恶化为惩罚性的报复行为。因此，顺其自然总是有正面效果，而有意为之的逻辑结果教育法也可能适得其反。

假设妈妈因为鲍比拒绝扔垃圾就不让他看最喜欢的电视节目，两者是没有任何逻辑关系的。不论妈妈用什么方式去表达，鲍比听到的都是："你没有扔垃圾，所以我要用不让你看电视来惩罚你。"这个情景下符合逻辑的结果可以是，妈妈不愿意在充满垃圾的厨房里烧饭。此外，如果鲍比没能在球队集合之前完成周六的家务，那么在完成任务之前不能去玩是相当合理的。

> 对符合逻辑的后果的精确和持久的运用通常会带来相当好的效果，可能大大减少摩擦，提高家庭和谐。
>
> 孩子会很快察觉到符合逻辑的发展的公平性，他们通常乐于接受，而且毫无怨恨。父母越少讨论"后果"，它就越不像是一种惩罚。当然，有时候可能并没有可行的发展，我们就必须静待时机。有时候，我们甚至可以通过和孩子讨论问题来解决它，看看孩子有什么办法。

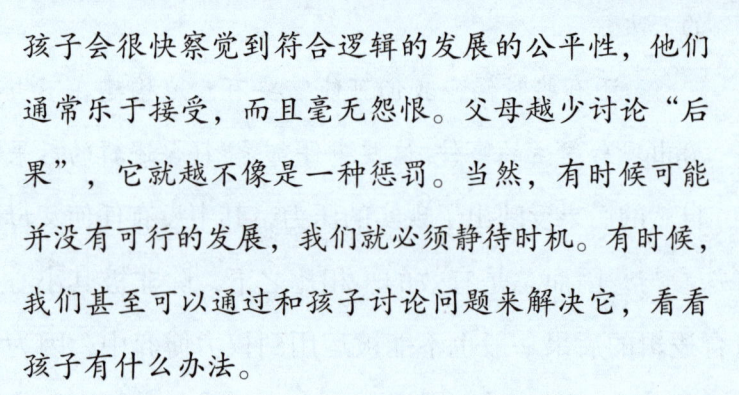

然而，如果父母陷入了与孩子的权力博弈，他们就更倾向于利用符合逻辑的后果作为惩罚，因此抹去了这种方法的效果。我们必须始终保持警惕，不落入这种陷阱。我们必须不断提醒自己："我没有权利惩罚一个和我拥有平等地位的人，但是我有义务去引导他。我没有权利把我的意志强加于人，但是我有义务不向他的过度要求妥协。"

第 7 章

坚定立场的非独裁者

有时很难理解坚定立场和控制欲之间的区别。对孩子需要态度坚定。坚定的态度提供了界限。没有界限，孩子也会觉得不太舒服。没有界限，孩子就会不断向外探索，试探自己能走多远。通常的结果是孩子的行为最终发展成暴行，然后镰刀就落下了。随之而来的是令人不快的情景，和谐被彻底打破。

妈妈在开车，5 岁的双胞胎朱迪和杰瑞开心地在旅行车后座玩闹。他们越来越吵，分散了妈妈的注意力，妈妈好几次让他们安静一些。他们每次安静了一分钟，就又开始打闹起来，而且玩得越来越凶。杰瑞忽然重重推了朱迪一把，朱迪整个人甚至撞到了妈妈的脑袋和肩上。"你们真是够了！"妈妈大吼一声，把车子停在了马路边。两个孩子看着都吓坏了，不知该怎么办。妈妈重重地打了每人一下屁股。双胞胎彻底呆住了，因为妈妈很少使用暴力。

妈妈对双胞胎的活泼好动非常宽容，这让他们觉得"干什么都没关系"。如果我们一时允许孩子违反秩序，一时又对这样的行为大发雷霆，这是在教我们的孩子只在我们使用暴力的时候尊重我们。

任何时候，车上都不是孩子可以疯玩的地方。妈妈可以不使用暴力就在车上建立起秩序；她可以坚定立场，但不控制孩子。

具体怎么做呢？

秘诀就在于知道如何坚定立场。控制意味着我们试图把自己的意志强加给孩子。我们告诉孩子什么应该做。如果妈妈尝试把自己的意志强加给双胞胎,她只会成功激起他们的逆反。

而另一方面,坚定立场表达了我们自己的行为。妈妈一直都可以决定自己要做什么,然后坚定执行。只要孩子们不守秩序,她可以不开车。她可以说:"只要你们一直不好好表现,我就不开车。"接着她可以安静地坐着,直到孩子们恢复秩序。不需要其他任何解释。妈妈已经表明了立场,并且对自己的决定很坚定。

(掌握了这个技巧的妈妈可以带着她的两个孩子——分别只有10岁和7岁,完全轻松愉快地开车完成一次3200多公里的旅途。整个旅途期间不会出现任何摩擦或者无秩序的情况。)

坚定立场但不控制需要双方都表现出尊重。我们必须尊重孩子决定想做什么的权利。我们自己则要靠不受任性的孩子的摆布来获得他们的尊重。

7岁的艾瑞克是中间的孩子,他非常挑食。当爸爸开始分全家人最爱的炖牛肉时,艾瑞克瘫坐在椅子上,任性地说:"我不喜欢这些菜。""艾瑞克,你先试试看。"妈妈恳求道。"你知道我不喜欢把所有事物混在一起煮,"艾瑞克抱怨

着,"我不会吃的。""好吧,好吧,我给你做个汉堡。"妈妈在做汉堡的时候,艾瑞克拿着餐刀玩。爸爸和其他孩子吃完饭,离开了餐桌。妈妈和艾瑞克吃饭的时候,他们谈论了白天在学校的事。

艾瑞克操纵着整个局面,妈妈不但为他准备了特别的食物,而且把所有注意力都放在他身上。他让妈妈围着他团团转。

艾瑞克有权拒绝吃炖牛肉,而妈妈必须尊重这个权利。但是出于做一个"好"妈妈的愿望,她落入了奴隶的角色。妈妈和爸爸可以坚定地决定自己会做什么,让艾瑞克自己照顾自己。我们来看看如果父母能坚定些,事情会怎样发展。

艾瑞克宣布他不想吃炖牛肉。"好吧,孩子。你可以不吃炖牛肉。"爸爸回答。他接着分牛肉,但略过了艾瑞克。"好吧,但你不准备给我点吃的吗?"男孩问。"我们今晚吃炖牛肉,"妈妈回答,"如果你不吃,你可以先离开。""但我不喜欢炖牛肉！"艾瑞克叫道。"那我也没办法了。"这是妈妈唯一的回答。到了这时，爸爸妈妈都坚定地回避了一场口水战。他们无视了艾瑞克接下来任何关于食物、饥饿等的话，接着吃晚餐。艾瑞克生着气离开了餐桌。之后，艾瑞克走进厨房，想喝点牛奶，吃点薄脆饼干。"抱歉，艾瑞克。这里不是餐厅。我只在饭点提供食物。"艾瑞克在下一顿饭之前都没得到任何食物，他的所有抗议都被妈妈无视了。父母两人在接连几次状况中都坚定了自己的立场。艾瑞克很快开始和家人一起吃晚饭。

尊重孩子的需求和愿望是最基本的。我们需要培养足够的敏锐性去认识到需求和心血来潮之间的区别。而实际情况的需求就是对我们的引导。

3岁半的凯西病了几天了，夜里也需要陪护。到她好了之后，她还是要求爸妈在晚上陪床。过了几晚，妈妈决定要叫停。她和爸爸就接下来的行动达成了一致。妈妈给了凯西一个晚安吻，然后说："今晚爸爸和我要去睡觉了，如果你再叫我们，我们就不会回应你了。"当凯西醒来呼唤爸妈时，两人都没有回应她。在这次经验之后，凯西就能一觉睡到天亮了。

妈妈说明了自己的做法，让凯西自己来做决定。当凯西试探她时，妈妈坚持了立场。

妈妈和莎伦正在从游乐场回家的路上,莎伦忽然决定想去阿姨家玩。妈妈拒绝了,她们正在回家的路上。莎伦哭着恳求妈妈。妈妈不为所动地往前走。莎伦躺倒在人行道上,又哭又叫。妈妈依旧平静地往前走,没有回头。忽然,莎伦跳起来跑向妈妈,开心地蹦蹦跳跳。剩下的回家路上,她们都很开心。

妈妈用行动表明她已经决定要回家。她既没有和莎伦争论或解释想要压制她,也没有对她的需求妥协。但孩子看出妈妈已经下定决心回家之后,她尊重了妈妈的决定,并且跟随了她。

坚定立场代表了我们拒绝对孩子的过分要求妥协,拒绝满足她们所有的心血来潮把她们宠坏。一旦我们做出了一个符合秩序的决定,我们必须坚持。孩子会很快跟上的。

秩序的维护需要一定程度的坚持,甚至沉默的压力,尤其是对年纪更小的孩子。当妈妈说"不"的时候,她必须确保限制被执行。

> 责骂，威胁，甚至打屁股，都不会有效果，因为尽管这些带有敌意的行为有可能短暂地制止孩子不恰当的行为，但其中任何一种通常都会导致矛盾升级，刺激孩子做出更多挑衅行为。
>
> 只有父母坚定的立场才能让孩子真正明白限制的意义。
>
> 如果孩子不愿意穿合适的衣服去学校，妈妈可以阻止他上学。
>
> 如果他太吵又不愿意消停，可以要求他离开房间。

不过，出现这类造成压力的行为时，也必须给孩子一个选择。"如果你保持安静，就可以留在这里。"如果他还不安静，妈妈可以让他选择自己离开或者被带离房间。直接要求他离开会显得很专制。然而，如果孩子被给予了其他选择，而且这种要求是合理的，那么这个要求就不会显得专制了。

> 如果父母和孩子之间的关系始终是友好的,那么只要父母没有用长篇大论的解释、道歉或者说教把小事化大,孩子就很可能给出回应。安静的坚持对年纪小的孩子来说既很有必要也格外有效。

有时候,沉稳的一瞥就足够了。孩子能够察觉到父母是认真的。就像一个妈妈在小组活动中说的那样:"每次我不确定自己是否够坚持的时候,芭芭拉都能得到自己想要的。但是当我明白自己很坚定的时候,她甚至不会费心去尝试。她会直接放弃。"

第 8 章 尊重孩子

民主生活的基础是相互尊重。如果一段关系中只有一方获得了尊重,那就不存在平等。我们必须百分百确保展现出对孩子及其权利的尊重。这要求我们有敏锐的洞察,能够在期待过低和期待过多之间达到平衡。

妈妈和爸爸非常为他们的第一个孩子,两个月大的格里高利骄傲。他们会抓住每个机会唤醒格里高利,展示给羡慕的朋友们。

格里高利有睡觉的权利。当爸爸妈妈忽视了这种权利的时候,他们表现出了对他的不尊重。

格里高利经常哭,而且睡眠很差。只要他一哭,父母就喂他吃东西,即使他在一小时之前才刚吃过。

格里高利的身体健康和发育依赖于规律的作息和进食。在作息规律的情况下,胃部会适应消化和休息的模式。这

有利于对食物的充分吸收，建立起持续一生的基本秩序。孩子在刚出生时能做的似乎只有进食。他最早接触到的秩序体系就是他的进食规律。孩子和他的胃部都有权利建立起规律和秩序。孩子甚至可以参与到进食的规律化中。

> 儿科医生对于喂食安排各有不同的建议。遵守"需求喂食法"（demand feeding）的妈妈会发现如果她够放松，能够自信地控制喂食，孩子会在每餐之间形成规律的间隙期。
>
> 然而，如果她很紧张，孩子一有动静就喂食的话，她就无法帮他养成规律的作息，并且会刺激他产生过度的需求。不规律的喂食是对孩子和秩序的不尊重。

9岁的彼得是家里的独生子，非常渴望取悦他的父母。他们对他的行为和学业都有极高的标准。他们给他安排了各式各样的活动，而且期待他在所有领域都取得出色表现。任何低于"A"的成绩都是一场灾难。他必须成为童子军活动中的领头人，在Y的运动员项目中大放异彩，在钢琴课上表现完美，知道收藏中每一块石头的名字，制作出完美无瑕的飞机模型，一点不差地记诵下《圣经》的段落。他必须时刻表现出毫无指摘的行为，并且着装得体。所有认识彼得的人都认为他是一个聪明优秀的孩子。但是他有一个父母无法纠正的错误：他咬指甲都咬到肉了。他还做噩梦，而且一紧张就抖肩。

妈妈和爸爸在提出他们的"远大志向"时表现出了一种无意识的残酷。由于彼得本就受到取悦父母的欲望的驱使，他很容易就会过度努力。由于他本就比一般人聪明，又非常努力，他成功满足了父母的期待。

但是他也表现出了内心的叛逆和焦虑的迹象。

- 他认为只有能取悦父母，名列前茅，自己才有意义。

- 他不敢承受公开反抗他们的需求的后果，害怕可能失去自己的地位。

- 他只能在睡梦中反抗。彼得正朝着灾难靠近。

爸爸妈妈对于作为人的彼得极度缺乏尊重。他们只把他当成一种延续自己声望的手段。而当彼得的整个生活都是为了父母望子成龙的渴望而服务时，彼得也无法尊重自己。

只有当我们信任一个孩子和其能力的时候，我们才会表现出对他的尊重，但这并不意味着我们可以提出那些满足我们自己欲望的需求。

18个月的帕姆试着爬上客厅里的一把椅子。她滑了下来，撞到下巴还磕疼了嘴。当看到血滴下来时，妈妈依旧保持着平静。她欢快地说："再试一次，帕姆。你能行。"帕姆舔了舔出血的嘴唇，又开始了新的尝试。

残忍吗？完全不。如果妈妈因为这个伤口大惊小怪，帕姆就会失去信心。但由于妈妈表现得毫不在意，帕姆完全能够承受这点伤口。这是多么宝贵的一课！

9岁的杰夫用他的岩石收藏中一颗珍贵的晶球交换了一颗价值低得多但对他来说要有趣得多的化石。当爸爸知道了这笔交易时，他很生气。原因有二。首先，对方是一个14岁的男孩，更懂得这些岩石的相对价值了。其次，杰夫没有来咨询过他。爸爸"理清"局面，导致了两个男孩友谊出现裂痕，让杰夫感到被小看，感到自己低人一等。

交易的决定是杰夫做的，这个决定应当被尊重。爸爸完全可以换一种处理方式，尊重杰夫，让他保持自尊。

> 试试这样做吧

○ 当杰夫向爸爸展示化石的时候，爸爸本可以表现出像往常一样的兴趣，暂时放下这件事。

○ 某一天，爸爸可以帮杰夫理解这些岩石的相对价值，而不必提起这笔交易。杰夫会觉得自己获得了爸爸的"认可"，没有受到羞辱。

当爸爸"处理"这笔交易时，他暗示了杰夫本应做得更好，而他却错得厉害。然而，杰夫从没经历过这类事，他又怎么能知道呢？爸爸对杰夫的期望太高了。

○ 爸爸还必须向男孩表明，一旦做了决定，就必须遵守。这样一来，原本的冲突被转变成了一个经验，而友谊也得以维持。

在一次去游乐园的家庭外出中，11岁的罗伯特缠着妈妈再玩一次碰碰车。9岁的露丝和7岁半的贝蒂想去投币区。一家

人开始朝着投币区走，而罗伯特还在央求妈妈。妈妈生气地拒绝了。每当罗伯特感到兴奋或者紧张的时候，他都会出现语言缺陷，听上去像个牙牙学语的婴儿。他越是恳求，他的语言缺陷就越明显。最终，妈妈转过身来，学着他讲话，取笑他。露丝和贝蒂大笑起来，罗伯特紧抿着唇，强忍着眼泪，落到了其他人后面。

不论出于什么原因，羞辱孩子都是极不尊重孩子的表现，当然更不是一种正确训练手段。

罗伯特在感到压力时会出现语言缺陷，这一点表明他已经陷入了困境。父母的取笑加重了他的错误认知，认为他无法面对困境，失去希望。

妈妈可以拒绝接受他对自己的错误评价，以此表现出对罗伯特的尊重。一句轻轻的"我们现在要去投币区，孩子"就能解决罗伯特不断恳求的问题。

家庭矛盾在游乐园里很常见，而且很容易解决。

> **试试这样做吧**

> ○ 在离开家之前,必须就每个人能花多少钱做出明确的决定。每个人都必须明白自己只能花那么多,不能超额。
>
> ○ 出于安全考量,在离开家之前也必须决定好哪些设施是不能玩的。

如果家长获得了孩子对他们的坚定立场的尊重,那么外出就可以是快乐的。之后,孩子就可以自由决定玩什么,什么时候从一个设施转战另一个设施。

这样一来,他们可以迅速学会如何分配自己的钱和时间,让自己的快乐更持久。而父母不断的提醒和警告则会导致冲突和争吵,最终所有人都失望而归。

> 尊重孩子意味着我们把他们视为拥有同等决策权的人。但类似的"权利"也不是说孩子就可以做大人做的事。家庭中的每个人都有不同的角色,每个人都有权获得对自己角色的尊重。

第 9 章 引导孩子尊重秩序

一旦我们帮助孩子建立起了对家长的坚定立场的尊重，同时表现出了我们自己对孩子的尊重，就更容易引导孩子进一步学会尊重秩序。

如果一个孩子被过度保护而接触不到无序导致的结果，他就不会尊重秩序。孩子如果被刀割伤，自然就会小心利刃；如果失误被火烧伤，就会小心火；如果骑车时失去平衡导致自行车侧翻，就会小心骑车；如果没能躲过棒球被砸中，就会小心棒球。这一切都是孩子无法辩驳、无法躲避的秩序。当他在自行车侧翻时把脚甩出来的时候，他实际遵守了引力的规则。当他在向上击球时蹲下躲过了一个击飞的棒球时，他表现出了对飞来的棒球的敬畏。他学着在物理世界的界限之内生活，也学着把物理规则运用到生活中。任何空谈都不可能教会孩子如何保持自行车平衡。他只能通过经验学习。我们可以在他的自行车上装上辅助轮来帮助他，但是他只能靠自己学会平衡。因此，在任何需要尊重规则的领域，孩子都必须通过经验，通过行动，而不是空谈来习得技能。我们有义务给他装上辅助轮，然后在他的技巧逐渐熟练后拆掉它们。我们必须利用好每一次能给孩子带来经验的真实场景。

9岁的格蕾丝正坐在客厅的桌前写字。7岁的威尔玛坐在地板上剪纸偶。碎纸片撒了一地。"玩好了记得清理干净地面，孩子们。"妈妈经过客厅时说道。"我们会的。"威尔玛带着强烈的不耐烦回道。她脸上的表情在说："我们再开始玩吧！"妈妈再一次经过客厅的时候，两个女孩都在看电视。桌上堆满了纸，地板上撒满了无人问津的废纸片和纸偶。"记得要收拾好客厅，孩子们。"妈妈再次告诫道。"好的，妈妈。"两个孩子立马齐声回答，但语气中依旧带着不情愿。不一会儿，妈妈注意到两个女孩吃了零食，把她们的玻璃杯落在了电视柜上。饼干屑掉在地板上。"天呐，你们能收拾好吗？看看你们弄得这一团乱！""好的，妈妈，"格蕾丝用生气的语气回道，"我们会的。"

过了没多久，妈妈发现格蕾丝躺在床上看书，威尔玛则在外面玩。客厅里一片狼藉。她把威尔玛叫进客厅，然后生气地爆发了："动起来，把这里清干净！晚上有客人来吃晚餐。你知道我想要客厅干净整洁。你自己早上才帮我把这里打扫干净。为什么你不能在事后把这里收拾干净？在你去做其他事情之前，你应该把你手边的事做好。你知道的。"妈妈一遍又一遍地继续着愤怒的说教。格蕾丝和威尔玛闷闷不乐地把东西聚在一起收拾干净，而妈妈始终生气地监视着她们。

格蕾丝和威尔玛当然知道她们应该收拾客厅。但是她们并不尊重妈妈的话，也不在意实际情况的需求。在她们这个年纪，妈妈还在提醒她们收拾整理，这个事实本身暗示着数年的谈话说教并没有任何作用。到了7岁和9岁的年纪，两个女孩子依旧无视规则和秩序。妈妈每次讲话，她们都用自己不打算遵守的承诺来敷衍她，肉眼可见地厌恶妈妈的提醒。

孩子不尊重规则和秩序是当代父母最常抱怨的问题之一。似乎孩子们普遍会用这种方式来反抗大人。所有父母都会命令孩子收拾整理,而大多数孩子都讨厌这个要求。妈妈表现得越在意整洁问题,她在面对孩子们的抵抗时就会越不堪一击。孩子们需要感受到秩序是自由的一部分。没有秩序,所有人就都不可能拥有自由。

这构成了一个相互尊重的问题。对女孩子们的尊重否定了妈妈把自己的秩序观"强加"给她们的权利。她对自己的尊重则否定了她帮孩子们收拾,追着她们,让她们使唤自己,帮她们完成应该做的事的权利。相反,她可以引导女孩子们尊重秩序。怎么做呢?她可以决定自己要做什么。

试试这样做吧

如果她发现属于女孩子们的东西没有放在原处,她可以把东西拿起来放到一边,这不是为了女孩子们,而是为了她自己,因为这些东西挡了她的路。

然而，由于是她捡起了东西，也只有她才知道东西放在哪儿。而由于孩子们没有收拾好自己的东西，她们又怎么能知道东西在哪儿呢？妈妈可以保持友好，但态度坚定地拒绝告诉她们东西在哪里。这不是惩罚。不收拾好东西的合理结果就是不知道东西在哪儿。

纸偶消失了。纸和笔也是。既然没人收拾零食盘和玻璃杯，客厅里也不会有零食了。这一切都是愉快地完成的，没有怨恨，也没有长篇的说教。这些行为绝对不能表现得像是惩罚或者报复。女孩子们在她们自己的房间里可以想怎么乱就怎么乱。妈妈不必为她们在自己的房间里造成的混乱担心，但她可以让她们体验混乱的后果。

她不必因为自己不能让女孩子们保持整洁而感到挫败，相反，只要房间是一团乱，她就可以拒绝合作，拒绝更换床上用品或者打扫房间。女孩子们可能很快就会受不了，尤其是当她们找不到袜子或者裙子的时候。

为了避免混乱导致过度挫败的情绪，如果女孩子们需要帮助，妈妈可以每周帮她们打扫一次房间。当她和孩子们一起打扫的时候，她必须避免对房间里的混乱发表任何评价,比如"看看这有多可怕。你们怎么能受得了"。所有对话都应该是愉快的,可以讨论除了混乱之外的任何话题。

渐渐地,当女孩子们发现她们的混乱不会让妈妈失落而且妈妈拒绝和她们玩"谁赢了?"这个有趣的游戏时,她们或许会觉得秩序更让人舒适。如果她们在家里其他地方造成的混乱导致她们自己的东西不见了,她们可能会更小心地收拾好个人物品。

3岁的吉恩把她的三轮脚踏车忘在了车道上。妈妈喊她把脚踏车带回后院。吉恩无视妈妈继续在沙坑上玩。妈妈生气地把她拽起来,打了她的屁股,然后跟着她去找脚踏车。"我告诉过你骑完脚踏车要把车放好。我是认真

的!"然后,妈妈一只手拖着那辆脚踏车,另一只手拖着她哭泣的女儿。

妈妈的强迫并不能让吉恩理解秩序的必要性,只会造成敌意和反抗情绪。

试试这样做吧

> 沉默的坚持会更有效。妈妈可以把脚踏车带回家,然后把它放在一个3岁孩子在没有帮助的情况下很难取出来的地方。当孩子又想起脚踏车的时候,妈妈可以说:"很抱歉,吉恩。但既然你上次骑车之后没有把它放好,这一次你就不能骑它出门了。今天下午你可以再试一次。"最后一句话给了吉恩一些鼓励,这样她或许会想在下一次骑车之后把脚踏车放好。或者妈妈可以牵着她的手,两个人一起把脚踏车放好。

11岁的克莱晚餐经常迟到。他对他的健康男孩活动如此沉迷,这让妈妈每次都会原谅他。当克莱来吃饭时,妈妈就会帮他加热晚餐,然后等他吃完再收拾厨房。

克莱成功了!妈妈是他忠实的仆人,自发地付出大量心血来满足他的愿望。他认为这种额外的服务是他应得的。

但由于没有被要求遵守任何秩序，他对秩序没有任何尊重。他已经明白妈妈很赞同和男性之间良好的玩乐关系以及健康类活动。为什么他需要重视晚餐时间？这个时间是可以为了适应他的需求而变化的。

试试这样做吧

> 克莱健康的身体和他跟朋友们的关系是重要的。但即使他学着尊重秩序，也不会对这些有任何影响。妈妈可以告诉克莱，家里以后六点吃晚饭，然后拒绝在超时之后给他提供食物。他可以选择要不要准时在家吃晚饭。如果妈妈不再担心他的食物摄入，那么这个决定对他来说就会变得重要。

朵丽丝的妈妈很难让她明白必须收拾好自己的东西。这个家庭还有一个14个月大的孩子凯文，一起挤在一个小公寓里。一天，妈妈去了儿童引导中心。那天晚上，她和爸爸讨论了自己听到的一个想法。爸爸同意支持妈妈。第二天早上，朵丽丝像往常一样把睡衣扔在地上，玩具也到处乱丢。临近中午时，妈妈问："你想收拾自己的东西吗？""不想。""如果今天一天你不必收拾东西，你觉得怎么样？""那太好啦！"朵丽丝说。"好吧，那我也

可以像你一样一天什么都不收拾吗?""当然。"朵丽丝耸了耸肩回答。这一天剩下的时间里,妈妈没有收拾任何碰过的东西。除此之外,她像往常一样和女儿聊天玩耍。她向朵丽丝提议她们检查一遍她所有的衣服,看看有哪些需要缝补。朵丽丝同意了,她们一起检查衣服。不过,妈妈把所有衣服都摊在了孩子的床上。凯文的衣服、玩具和奶瓶也都扔在外面。当爸爸回到公寓时,家里一团乱。他把大衣搭在玩具车上,把领带挂在灯上,随意地脱掉鞋子扔在路中间,然后他坐下像往常一样陪孩子们玩。他表现得像是一切如常一样。在准备晚餐的同时,妈妈喂凯文吃东西。桌上扔满了朵丽丝的纸、蜡笔和画,所以没有地方放晚餐了。妈妈走进客厅开始看杂志。"晚餐呢,妈妈?"过了一会儿爸爸问道。"煮好了。"妈妈回答。"好的,那不如我们开始吃晚餐吧?""不行。"妈妈举着杂志回答。"为什么不行?""没地方放盘子。"爸爸开始读报纸。"我饿了,妈妈。"朵丽丝说。"我也饿了。"妈妈回答。朵丽丝安静地盘算着局面，走进厨房看着桌子，然后回到了客厅。她玩了一会儿脚边的积木，接着回到了厨房。妈妈和爸爸还在看杂志，很清楚朵丽丝正在整理桌子。很快朵丽丝又回来了，她静静地说："妈妈，我们现在有地方吃饭了。"妈妈马上摆好了晚餐，她们一起开心地聊天。

等朵丽丝准备睡觉的时候，她找不到睡衣了。"我很难过你找不到睡衣，宝贝。""而且床上有这么多东西我怎么睡呀？"孩子要求道。"那确实挺尴尬的，对吗？""妈妈，我不喜欢这样！"朵丽丝哭了起来。"那我们怎么办呢？"妈妈问。"我想我们最好把这里整理干净。"女儿回答。

有三件事促成了这次成功的经验。

首先，妈妈始终很友善，保持着愉快的气氛。

其次，她克制自己没有进行任何说教。她很少谈论手边的事情，几乎简化到了速记的程度。但她谈到了其他事情。

最后，也是最重要的一点，妈妈感受到了教学经验的本质。她并没有强制朵丽丝整理的隐藏意图，也没有任何报复的意思。

像这样熟练而巧妙的引导场景只能在极少数时候被应用。它的价值在于整个家庭所共享的混乱体验带来的强烈影响。如果这种体验被过于频繁地反复提供，这种影响就会消失。

另一个处理孩子不收拾个人物品的办法是准备一个大纸箱子,把所有东西放到纸箱里。妈妈收拾的是挡在她面前的东西,而不是孩子乱扔在自己房间里的东西。所有东西,不管是橡皮还是玩具,都放进纸箱子里。从这个箱子里捞东西出来会相当费力。

如果孩子的房间变得太乱,妈妈可以不去他们的房间。当干净的衣服需要被放好的时候,妈妈可以把它们放到其他地方,因为她不喜欢进入这么乱的房间。另外,她怎么知道该把干净衣服放到哪儿呢?

在大多数严重不尊重秩序的情况下,父母和子女之间的关系也会存在严重的失衡。像逻辑后果教育法这样的手段并不能修正这种失衡。父母必须制定计划来修正这种错误的关系。

第10章

引导孩子尊重他人的权利

6岁的卡里看起来对音乐很感兴趣,很喜欢用他自己的播放器听唱片。一天,妈妈很惊讶地发现她的儿子在用客厅的HIFI音响放她的唱片。他没有放好唱针,磨花了好几张好唱片。妈妈向他解释了唱片的价值,应该怎样保养唱片,它们对她多么意义重大。男孩不安地晃动身体。最终,妈妈从他那儿获得了一个承诺,再也不碰她的唱片了,但卡里可以等妈妈回来后,和妈妈一起听唱片。然而,第二天卡里就打破了承诺,又在音响上播放了妈妈的唱片。

卡里没有权利播放妈妈的唱片。妈妈必须坚持这一点。所有的解释，甚至获取承诺的做法，都是徒劳的，而且也没有抓住重点。

试试这样做吧

> 妈妈只需要说："卡里，这些是我的唱片。只有我可以播放这些唱片。"每次卡里试图使用HIFI音响的时候，妈妈可以问他是否愿意自己离开房间，还是被带出去。这个方法表现了对孩子做决定的权利的尊重。

妈妈坚持决定让卡里离开房间，但怎样离开由他决定。这展现出了独裁和维护个人权利之间的微妙区别。差别在于两者的意图。妈妈并没有要求卡里放自己的唱片。她向他表达了自己的意图，希望他尊重她本人的权利。

每次4岁的艾伦对妈妈的做法感到不快时，她就会对妈妈又打又踢，甚至咬她。妈妈并不崇尚打孩子，但对自己女儿的行为非常不安。她向艾伦展示自己有多受伤，希望能引发她足够的歉意从而终止这种行为。但孩子无动于衷。

可怜的妈妈！她认为孩子拥有一切权利！在一个双方平等的情景下，每个人都有同样的权利。如果艾伦有权利对妈妈又打又踢又咬，妈妈也有同样的权利。妈妈有义务向艾伦表明这一点。秘诀就在于表现的方式上。

> 试试这样做吧

当艾伦打她时，妈妈可以高兴地说："我明白了，你想玩打人游戏。"妈妈打了艾伦，当然没有下重手。她真的打了。孩子可能会非常生气，再次还手。妈妈依旧抱着游戏的态度打了她，但这一次妈妈的力气变大了。妈妈可以继续这个游戏，直到艾伦停手。

根据我们的经验，很少有孩子会想要玩第二轮这个游戏！他们可能会在事后忘记，又故态复萌地打人，但是当他们第二次听了这个打人游戏的说法，他们在动手时就会犹豫退缩了。

有时，父母可以做孩子会认为是自己的特权的事。这在很多情况下都效果卓然。当妈妈看到6岁的女儿吃大拇指的时候，她什么也不必说，也开始吃大拇指。女儿讨厌这个情形！女儿认为自己有权利这样做，但妈妈没有。我们看到孩子会在妈妈养成同样的习惯时放弃吃大拇指。当然，我们不能仅仅依赖这个办法！

每当爸爸妈妈邀请朋友来家里打桥牌时，7岁的佩妮和

5岁的帕特就会变得讨人厌。他们穿着睡衣在屋子里到处跑,用尽一切方法"引人注目",拒绝睡觉。妈妈和爸爸会先忍耐一阵子,但最终爸爸会打两个人的屁股,生气地把他们扔上床。

妈妈和爸爸有权利和朋友们一起度过一个不受孩子干扰的晚上。

试试这样做吧

在客人到达之前,他们可以告诉孩子:"我们希望不受打扰地和朋友在一起。你们可以礼貌地和他们问好,但接着你们必须离开客厅。现在,你们希望今晚我们把你们送到阿姨家(如果没有阿姨,也可以聘用一位保姆和孩子们一起待在他们的房间里),还是你们会好好表现,和我们一起留在家里?"孩子的权利必须得到尊重。

如果他们决定留在家里但表现不佳，那么下一次他们就不会获得选择，而是被直接送走。这之后再下一次，他们又获得了选择。

在本书的第七章，我们展示了凯西是如何被教会尊重父母睡觉的权利的。

杜绝批评，减少挑错

8岁的查尔斯刚刚写完给奶奶的感谢信。妈妈要求先看一下。男孩不情愿地把感谢信推到她面前。"哦，查尔斯，看看你的字多难看。为什么你不能把每一行写直？你拼错了三个词。这里！再写一遍。你不能把这种东西送给奶奶。"妈妈在单词上写上了正确的拼写，查尔斯开始重新写信。他不断出现更多错误，丢掉一张又一张草稿，终于，他哭着发起了脾气，把笔丢在一边。

"我就是写不对！"他哭喊着，"到此为止，"妈妈要求道。"接下来半小时你可以去做其他事情，然后再回来写信。"

我们对错误的强调是灾难性的。查尔斯在写信时原本很开心，不论里面有几个错误，奶奶也会很高兴看到这封信。而现在，他恨这封信及它带给他的痛苦。当妈妈把注意力集中在这些错误上的时候，她把查尔斯的目光从积极的一面转向了消极的一面。他变得害怕犯错。这种恐惧如此强烈地压迫着他，令他只能犯下更多的错误。现在，他真的失去了勇气。灾难就在于此。当我们始终关注孩子的错误的时候，我们令孩子失去了信心。软弱是没有用的，只有力量能让我们有所建树。

试试这样做吧

○ 如果妈妈能够称赞查尔斯写感谢信给奶奶的体贴细心，那对查尔斯来说是多么大的收获呢！这样做强调了积极的一面，让他感受到了巨大的快乐。他会更倾向于去做更多体贴的事情。

○ 另外，妈妈可以找到一些写得好的信，然后给予称赞和认可。"我看到你这个字母 C 写得很好看。这很棒。你在进步。"查尔斯会感到受到鼓舞去写出更好看的字母，因为他对自己能做到这一点的自信得到了大大的提升。

○ 妈妈可以忽略拼错的单词。他和奶奶交流的渴望才是眼下的重点。妈妈对查尔斯的要求太高了。

我们花了很多时间和孩子们在一起，观察他们做错了什么，然后马上跳出来以此责备他们。我们眼中通行的教育体系似乎是基于这样一个想法的，那就是他们必须"被训练"来避免错误，然后养成美德。然而，如果我们能停下来思考一下，我们就会意识到人其实是跟着感觉走的。如果我们的感觉指向错误，我们就会得到错误。如果我们把孩子的注意力导向他们做得好的方面，表达出对他们能力的信心，给他们鼓励，那么错误也会因为缺乏养分而消亡。

然而，事实是，我们一直在害怕孩子会长歪变坏，养成坏习惯，形成错误的态度，用错误的方式做事。我们不断监视他们，试图阻止他们犯错。我们不断地纠正，不断地警告他们。这种态度表现出了我们对孩子的不信任。这让孩子感到被羞辱，感到灰心。这样强调消极面，我们又如何期待孩子能够得到继续取得成就的能量呢？

当不断被纠正的时候，孩子不仅仅会觉得自己总是错的，还可能变得害怕犯错。这种恐惧可能会导致他抗拒做任何事，因为他可能会犯错。恐惧可能会给他带来巨大的压迫，甚至使他丧失了行动能力。他会认为除非他是完美的，不然他毫无价值。然而，完美是一个不可能实现的目标，而为了变得完美而努力鲜少能带来进步，更多时候往往会令人在绝望中放弃。

我们都会犯错，但很少有错误是灾难性的。很多时候，我们在完成特定行为看到它的结果之前甚至不会知道这是个错误！有时候我们甚至需要先犯错才会意识到这是一个错误。我们必须有承认不完美的勇气，也要能允许我们的孩子不完美。只有这样我们才能行动，进步，成长。如果我们能尽量少挑错，引导他们集中在积极的方面，我们的孩子就能保持勇气，更轻松地获得成功。"错都错了又能怎样"的态度可以带来进步，鼓舞信心。犯错的影响远比我们在犯错之后如何处理带来的影响小得多。

10岁的玛格丽特在把烤焦的饼干拿出烤炉时哇哇大哭了起来。她是完全按照包装盒上的指示做的，但现在她的饼干毁了。妈

妈闻着焦味来到了厨房。"怎么了，亲爱的？""我的饼干焦了。"玛格丽特抽泣着说。"是的，我看到了。我们来找找原因。我知道你不是故意的。但哭是没有用的，甜心。你肯定很失落，不过我们来找出原因好吗？"面对妈妈提供的前进的方向，孩子停止了哭泣，开始检查情况。她和妈妈回头检查了指示和她的步骤，直到她们发现玛格丽特算错了自动计时器的时间。"哦，我知道我错在哪儿了。""很好，"妈妈说，"现在我们把这里打扫干净，然后你可以再试一次。"

  妈妈把一场灾难和失败的证据变成了一次成功的育儿场景。她没有因为食材的损失而训斥玛格丽特，也没有批评她的错误。她实事求是地向玛格丽特表明了一个错误不是一切的终结，应该做的是搞明白是什么错误的判断导致了错误的发生。她承认了女儿的错误，但没有过度强调，而是通过和她一起找到出错的原因来引导她走出错误。接着她马上鼓励玛格丽特再试一次。妈妈的支持和同情驱散了玛格丽特的失落和灰心。

  很多时候，孩子出错是没有经验或者判断错误的缘故。他可能已经因为结果感到失落了。责备他只会雪上加霜，伤害他的自尊。

  爸爸去工作台拿螺丝刀。眼前看到的场景让他火气直冒。

一个飞机模型被放在他的工作台上,螺丝刀、钳子、锤子,还有扳手被丢在桌上。飞机模型、整个工作台表面和所有的工具都被覆上了一层银粉漆。银粉漆喷罐被扔在一边的地板上。怒火中烧的爸爸喊来了10岁的儿子。"看看你弄得这一团糟!"他在斯坦过来的时候大吼:"你为什么就不能学着干净点?你为什么把我的工作台弄成这样?我所有的工具被被涂上了漆!你到底为什么这么做?回答我!"他大声吼道,把斯坦吓坏了,一声不吭地站在边上。

斯坦强忍着眼泪:"爸爸,我只是想给我的模型上色。我不知道它会喷那么远。然后我就不知道该怎么办了。""你为什么不马上告诉我这个情况,非得等到我发现?""我害怕你会发火。"斯坦小声说。"好啊,我当然会发火!你知道你做错了。这才是你悄悄溜走的原因。我得惩罚你,你要挨打了,小伙子!"

爸爸的愤怒是可以理解的。然而,工具表面的银粉漆并不会影响它们的作用。沉浸在自己的怒火中,爸爸并没有听出斯坦语气中的沮丧,他也没有意识到男孩所处的窘境。当爸爸做出那样的反应之后,他再次加深了斯坦对他的怒火的恐惧,让男孩更不可能向他寻求帮助了。打孩子并不能让工作台恢复原样,也不能教会斯坦如何使用喷漆罐。

什么样的方法才有用呢？

✡ 首先，爸爸应该克制住那一刻发火的本能，转而意识到斯坦并不是故意给整个工作台喷上颜色的。只一眼就可以清楚地了解发生的一切。

✡ 接着，爸爸可以把这个局面变成一个教育孩子的机会。斯坦能够独立去尝试喷漆的做法表明他是有勇气的。

假设事情这样发展：

爸爸把斯坦叫到工作间。"我可以看出你遇到麻烦了，儿子。你能告诉我发生了什么吗？"斯坦窘迫地回答："好吧，我试着给我的模型上色，我不知道喷漆会喷那么远。""所以你知道喷漆画和毛笔画是不同的了，对吗？""是的，我很清楚了。"斯坦回答，爸爸友好的态度让他放松了下来。"你对于下一次怎样控制喷漆有什么主意了吗？""唔，"

男孩想了一下,"我猜我可以在周围铺上纸。""如果你把纸箱的一面拿掉,把你的飞机模型放进去,然后从开口的一面向里喷漆呢?"爸爸建议。"嘿,那可太厉害啦!""现在,工作台上的工具该怎么办?""嗯,哎呀,我不知道。但我猜它们没有损伤。""如果它们被挂在自己原本所在的架子上又会怎么样呢?""它们就不会被喷到了。"面对爸爸关于收拾好东西的巧妙提醒,斯坦不好意思地笑了一下,承认了自己的错误。"那你现在想到该怎么处理这些工具了吗?""我会用松节油把它们清理干净。""松节油清洗不掉干掉的彩漆,斯坦。""那什么可以?""恐怕这些把手上的银粉漆清理不掉了。但我想用钢丝球可以把金属打磨干净。""好的,我来试一试。"

　　斯坦干劲十足地开始弥补自己造成的破坏。他的父亲和他是朋友,他们保持着和谐的氛围,而他也从错误中吸取了经验。

　　妈妈正把通心粉酱汁盛到餐盘上。"我能帮忙吗?"朱妮问。"哦,朱妮,我不确定。你这么笨手笨脚的!但,好吧,给你。看看你能不能把它一点不洒地端到桌子上。你得非常小心。"妈妈把盛满酱汁的盘子递给朱妮。朱妮走得很慢,眼睛紧盯着盘子里的酱汁,她无比专心地盯着不让一点酱汁溅出来。她的脚被椅子腿绊了一下,盘子被打翻了,里面的酱汁洒满了桌面，溅在她的裙子上，又流到了地毯上。"朱妮！你这个笨孩子！你到底怎么了？我刚刚不是才告诉过你得小心吗？为什么你总是笨手笨脚什么事也做不好？"

朱妮这么努力地避免"笨手笨脚"，可她直直撞上了椅子打翻了酱汁，成功地做到了她害怕会做的那件事。如果妈妈对朱妮能把盛满酱汁的盘子放到桌上表现出了真正的信心，那朱妮本可以沿着更准确的方向往前走。现在，她认为自己笨手笨脚的想法再一次被加深了，又一次失败成为这个想法的佐证。

孩子们会犯很多错，做错很多事，这都是很正常的。如果我们总是抱着批评的态度，我们可能会不自觉地使他们不可避免地偏离期望的行为，转而开始出现严重的并且往往不可逆转的缺陷或者错误。

举个例子，很多年幼的孩子时不时会有些结巴，但如果没人对此发表意见，这种缺陷是会消失的。然而，由于我们大人是如此热切地认为自己有责任阻止或纠正所有不理想的行为，我们认为自己必须做点什么，因此我们倾向于一看到任何"错误"行为，就跳起来对孩子指手画脚。但这种做法根本不能纠正错误，相反，我们实际上加大了困难，因为孩子会认为继续犯错对他更有利。这或者是因为他们希望获得额外的关注，或者是因为他可以借此打败我们的。因此，批评并不能"教育"孩子，它只会刺激孩子保持自己令人反感的行为或者缺陷。

为了能有效地引导孩子，我们必须对正在发生的事保持警惕。

- ✿ 这是一个错误吗？
- ✿ 造成这个错误的根本原因是因为孩子失去了信心，还是判断失误，或者缺乏知识？
- ✿ 或者这个行为的背后有什么隐藏的动机吗？

玛格丽特和斯坦的故事描绘出了经验的缺乏和错误的判断。查尔斯和朱妮则是缺乏信心。前两个孩子需要引导而不是批评，而后两个孩子需要鼓励来发现自己的能力。

然而，正如我们所展示的，有些错误的行为可能是因为错误的目标。是的，它可能是有目标的。如果确实如此，那么这就不再是一个错误，而是一种过错。

当妈妈和5岁的莎伦在公园野餐时，她遇到了一个朋友。当妈妈介绍莎伦时，她把手指塞在嘴里，紧黏着妈妈不放。"哦，莎伦，别害羞。"妈妈恳求道。接着，她转向她的朋友："我不知道她为什么这么害羞。家里其他人都不这样。"女孩更加退缩了。朋友弯下腰，试图逗莎伦回应自己。莎伦依旧没笑，垂着眼睛看着妈妈的朋友。当妈妈的朋友最终放弃，开始和妈妈聊天时，莎伦安静地站了一会儿，然后拽着妈妈爬到她的腿上，抬起脸想让妈妈亲亲她。

由于莎伦是有意表现得害羞，告诉她别害羞是没用的。关注她的过错只会让她继续加深这个过错。莎伦把自己定义成家里的"害羞宝宝"。这给了她一定的独特地位。

当我们审视她的害羞带来的后果，我们会发现莎伦因此获得了相当多的关注。人们想尽办法逗她，她成为人们关注的焦点。有时候，人们认为害羞的孩子其实在偷偷地笑大人们滑稽的举止！害羞可以达到目的。为什么莎伦要停下呢？如果莎伦没能获得这一切有趣的反应，那就没必要继续做出害羞的样子了。

试试这样做吧

妈妈可以骄傲地介绍莎伦，但态度更随意自然。如果莎伦没有做出反应，她可以继续和朋友聊天。莎伦的害羞不会被当成一件大事，就这样被忽略了。如果朋友扫兴地说："天呐，她真害羞，不是吗？"朋友很可能会这么说，妈妈可以回答："不，她不是害羞。她只是现在不想说话。之后她会说的。"

如果我们希望孩子改正错误,我们必须先搞明白行为背后的目标,然后我们不能谈论到任何相关的话题,我们故作不知地行动,确保这个目标不再得到满足。大多数时候,我们的行为包括了不作为,不反应,避免下意识的冲动本能。

6岁半的伊泽贝尔有一个8岁的哥哥弗雷德,哥哥是一个乐天但粗鲁的孩子王。伊泽贝尔大多数时候都在哭。妈妈、爸爸和弗雷德叫她"爱哭鬼"。他们公开批评她爱哭,而弗雷德总是取笑她,把她欺负哭,然后表现出看不起她的样子。有一天,一家人去了游泳池。两个孩子都跳下车,争先恐后地往前跑。伊泽贝尔摔倒了,膝盖有些破了皮。她开始抽泣,非常难过。"天呐,她总是在哭!"弗雷德轻蔑地喊着走开了。"伤口并不严重,伊泽贝尔,"爸爸严厉地说,"现在别哭了,到池子里去。""可很疼!得拿什么包一下!"女孩抱着腿哭道。"现在,别哭了,"爸爸警告道,"伤口根本没严重到要包起来的地步。等你进了泳池之后,你就会忘掉这一切了。""别老哭个不停，伊泽贝尔，"妈妈嫌弃地加了一句，"过来，开始游泳吧。"伊泽贝尔还是哭个不停，拒绝移动。这时他们正巧碰上了一个她最喜欢的阿姨，非常热情地和她问了好。伊泽贝尔的哭声提高了。伊迪丝阿姨注意到了她，对着她弯下腰，问她遇上了什么麻烦，然后安慰了她。但是孩子还在哭。最终，爸爸大声说："伊迪丝，就算你坐在那儿安慰她三个小时，她还是会一直哭。这就是她想要的。她就是个爱哭鬼。我们去游泳吧，就让她坐在那儿哭吧。"家里其他人都跳进了泳池，留下伊泽贝尔一个人和她的装备。过了一小会儿，她也加入了他们，起先还不情愿，可很快就开心地玩水了。

爱哭的孩子通常会得到我们的同情。我们的心会因为遭难的孩子而深感触动。伊泽贝尔很早就发现了这个优势。问题在于她太过分了，以至于她的家人开始感到厌烦。然而，哭依旧有其优势。他们都会注意到她哭了，会发表评论，责备她，然后通常会过度关心她。作为那个可怜的、被欺负的孩子，她依旧可以维持自己的地位。每次有人叫她"爱哭鬼"，她对自己的看法又进一步得以加强。家里其他人终于明白了，决定去游泳，就让她在一边哭，但在这之前他们已经满足了伊泽贝尔哭泣的目的。伊泽贝尔已经充分利用局面获得了自己想要的。

> 试试这样做吧

- 如果妈妈和爸爸想要帮助伊泽贝尔成长，不再做个"爱哭鬼"，他们必须首先意识到她哭的目的是获得过度关注。

- 接着他们必须停止讨论她的哭泣，停止用爱哭来定义伊泽贝尔，然后最终无视它。

- 在这个特定的例子中，父母中任何先到的一方可以不在意地检查伤势，评估伤口的严重性，然后在发现只是个小伤口之后说："我很难过你受伤了。但你很快就会觉得好一些的。准备好之后就来泳池吧。"然后他们可以都进泳池。

- 一旦伊泽贝尔看到哭泣没有带来她想要的结果，她可能就会决定改变自己的行为。她每次一哭，父母都应该采取同样的流程。

从容地认可她哭泣的权利，同时告诉她准备好了可以加入其他家庭成员。在运用这种把过错最小化、不满足孩子目的的技术时，必须同时做到在她高兴且配合的时候给予关注。

我们必须格外注意区分具体的行为和执行者。这在当下是格外重要的，因为我们已经形成了一套如此复杂的骂人的花样，"爱哭鬼""告密鬼""迷糊鬼""骗人精"等。孩子需要被认可只是一个做错事的好孩子，因为他们不快乐，或者会发现做错事会带来自己想要的效果。

> 当我们给孩子打标签时，我们会用自己的标签来看待他。他也是。他用标签来定义自己。这加强了他错误的自我认知，阻碍了他朝着建设性的方向前进。

当我们意识到孩子并不坏，只是他的行为错了时，孩子会感知到这一点，并对这种差异做出反应。他会意识到我们对他的信心，这给了他更多勇气来克服困难，随着我们的大事化小，这些困难在他看来也不再那么不可逾越了。

第12章 维护日常规则

爸爸坐下来吃早饭,问:"佩妮在哪儿?""我想她今天早上睡过头了,亲爱的。""为什么?""她昨晚睡得很晚。她想在睡觉前看到你。""但我告诉过你我会很晚到家了。""我知道,但她并不理解。所以我让她等着你,直到她自己睡着了。""那她今天上学怎么办?""哦,那没什么。这只是幼儿园。我会写个条子说她今天早上不舒服。""我不确定,梅格。在我看来佩妮应该要遵守一些规则。""哦,以后有的是时间让她学着遵守规则呢。她还这么小。"

爸爸是对的。佩妮确实需要遵守一些规则。日常规则对于孩子来说就像是屋子的墙体。它构成了生活的维度和边界。没有孩子会适应那些不知道具体会发生些什么的局面。规则带来了安全感。已经形成的日常规则也提供了秩序感，有了秩序感才会有自由。

允许佩妮"随心所欲"地熬夜实际上剥夺了她正常休息的权利，打乱了第二天的生活，令其失衡，也让她失去了体验学校生活的权利。这不是自由，而是放纵。

如果妈妈通过向学校给出一个虚假的借口来帮她避免睡过头的后果，佩妮就无法养成关于决定的智慧。

就像很多孩子一样，佩妮也会寻求界限和边界带来的舒适感。她希望搞清楚自己能走多远。而当边界如天空那般无边无际时，她会感到困惑，会要求获得随心所欲的权利，以此来试探她是否可以找到界限；接着，忽然有一天，当她做出令人实在难以容忍的行为时，终于有人向她宣战了，她惊呆了，想不明白到底发生了什么。

父母有义务建立一套常规让家庭生活能够顺畅进行，去建立并维持一种日常秩序，让孩子能够在线内生活。没有孩子会因为太小而无法感受到秩序。一旦秩序被建立，孩子能够察觉，也会理所当然地明白该做什么。

如果你希望从芝加哥前往洛杉矶，你不会坐进车里，而后开始毫无规划地驶向任何一条你觉得有兴趣的道路。你会有一个明确的驾驶路线。对孩子的教育也是一样。洛杉矶是我们为自驾旅行设定的目标。而培养孩子融入社会、自给自足则是家长引导的目标。我们只有通过正确的路线才能实现这些目标。我们拥有的选择是我们想要建立怎样的家庭常规，就像我们可以选择通过哪些高速公路到达洛杉矶。但我们需要一种常规。它不应该太过僵化以至于失去了灵活调整的空间。总是会有一些时刻，我们不得不打破常规来满足意料之外的需求。然而，这种破坏只应该是一些例外，而不是一种规则。它既不应该是为了方便父母，也不应该是为了满足孩子的一时兴起。

整个夏天，金妮和琳恩想做什么就做什么。她们熬夜，几点起就几点吃早饭，随心所欲地吃零食，喝饮料，每到该做家务的时候就立马用和朋友出去玩来逃避，指使妈妈开车东奔西跑地满足她们的要求。到了七月中，妈妈总是叹气，说："等学校开学，一切安稳下来的时候，我可得开心坏了。"

允许孩子在暑假期间不受任何作息约束似乎是一种广泛流行的做法。自然，作息和常规会有变化，但也不必落到毫无秩序的混乱之中。

对暑假作息放任自由的态度会让孩子讨厌学校或者学习，渴望"远离"这样的要求。这是一种错误的观念。

上学是孩子在生活中的职责，就像一些家庭中上班是爸爸的职责而家务是妈妈的职责一样。这些职责都需要规律，否则就会被打乱。假期是必要的。假期是常规发生变化的时刻，一种放松自己的方式，一种节奏和活动的变化。但它不能意味着完全抛弃常规。暑期常规可以和学期内的常规有所不同。睡觉时间可以重新安排，好让一家人有更多时间一起度过快乐的时光。起床时间根据睡觉时间调整，三餐时间根据新的暑期活动重新安排。一切都让从上学常规转变到暑期常规的变化显而易见。但我们依旧需要维持一定的秩序，否则就不可能实现合作和社会性的和谐。

❖ **让我们回到第四章开头乔伊丝的故事**

乔伊丝需要妈妈持续的关注。如果妈妈建立起了亲子互动的常规，那她就能在希望拒绝孩子过分的要求时拥有"退出"机制。当乔伊丝明确知道和妈妈玩耍的固定时间后，她就能更好的接受妈妈在拒绝妥协于她持续的要求时所表现出对秩序的要求。

孩子需要我们的关注。还有什么方法能比明确的、不可篡改的亲子时间更好地建立起和谐愉快的亲子关系呢？这段时间是属于孩子的。他知道他可以确定这一点。如果妈妈和孩子都意识到这段时间是一天中两人一起愉快玩耍的时间，那么不论这段时间可能发生了怎样的冲突局面，两人都倾向于放下冲突，以便最大程度地享受这段快乐时光。这会带来多么令人愉快的关系啊！可惜的是，一些孩子是如此深刻地沉溺于自己的不合作态度，以至于他们甚至不想和父母一起玩。他们并不认为父母是自己的伙伴。

❖ **我们也可以思考一下第四章提到的佩吉的故事**

妈妈和佩吉陷入了权力斗争。但如果双方能强烈感受到"规律"的存在，而佩吉也知道妈妈会坚持这一点，这完全是可以避免的。睡觉时间就是睡觉时间。到此为止。如果孩子体验到了常规的牢不可破性,他们就不太可能想要违反规则去试探底线。自然,如果已经形成了权力斗争,孩子就会抓住每一条常规作为攻击点。只有当常规以一种自然的方式,通过沉默的坚持而非口水仗被落实时,父母才能赢得家庭内部对秩序的顺从。当然,在孩子和父母共同活动中,对双方来说可以很容易地建立起常规。午餐时间就是一个例子。然而,每个家庭成员所承担的不同的职责可能会要求他们建立起不同的常规,但这些差异必须清晰地落在不同的职能范围之内,并且不能发生在所有成员朝着同一个方向行动的领域里。1 岁的孩子应该比 9 岁的孩子早睡很多,9 岁的孩子应该比父母早睡。

❖ **在第九章提到的克莱的故事中**

如果家里有确定的晚餐时间而且所有人都在那个时间吃晚饭,那妈妈就可以解决这个难题了。我们可以合理地假设,没有人会武断地把晚餐时间固定在一个会给家庭成员造成不便的时间。

每个家庭都必须制定出符合所有成员利益的常规模式。并不存在适合所有家庭的同一套常规。通常会由妈妈来建立常规，设立边界，让家人能够成长发展。每当孩子违反秩序时，妈妈有义务平静地坚持维护秩序。只有当父母不断默许孩子违规时，一个家庭才会出现严重违反常规的情况。

此外，妈妈通常也会制定家庭生活的标准。比如：在完成日常工作之前整理好床铺，在爸爸回家前收拾好客厅，在餐桌上的礼仪，礼拜日的晚餐礼仪，庆祝节日的方式等。这一切都是我们传递给孩子的文化价值的一部分。它们构成了我们日常生活的一部分。

有一次，在一个家长讨论小组里，我们讨论到孩子糟糕的餐桌礼仪已经成为一个通病。

在讨论中，大家发现在厨房随意进食的习惯可能是导致这个问题的一个因素。现场的18位妈妈全体决定试着在餐厅更正式地提供晚餐，并且在下一次讨论小组上报告结果。那些没有餐厅的家庭会尝试在厨房的用餐区域更正式地吃晚餐。在接下来的一周里，所有妈妈都震惊地发现其他人都反映出了类似的餐桌礼仪的改善。每个人都觉得，家庭氛围的改善大大弥补了额外的工作。这一点会和现在负责家务的一方在新家装潢时对餐厅的要求有联系吗？

我们所建立的这些生活习惯构成了家庭常规的一部分。细微的日常点滴累积成了一段更丰富、更愉快的家庭生活。

第13章 为训练投入时间

孩子在许多生活技能上都需要明确的训练。当然,孩子会通过观察获得很多知识,但我们不能指望他们用这种方法学会所有事。他需要通过训练来学会如何穿衣服,如何系鞋带,如何吃饭,如何洗漱,如何过马路;然后,随着他逐渐长大,学会如何完成家务。这些都不是通过附带的一两句话或者在需要完成任务时去批评或者用惩罚来威胁孩子就可以让他们学会的。训练的时间也应该成为日常规则的一部分。

每天早上,4岁的温迪都会不知所措地坐着,直到妈妈来给她穿衣服。纽扣会让她不安,衣服的前后让她困惑,系鞋带更是不可能的。每天早上妈妈都会批评她,但最终会帮她穿好衣服,再送她出去玩。

温迪已经发现了做一个没用的孩子的好处。妈妈会照顾她。但妈妈需要花时间来训练她的孩子自己穿衣服。

如果我们不能花时间训练孩子,我们就会花更多的时间去纠正自己未经训练的孩子。频繁的纠正不能起到"教育"的作用,因为这是批评,会令孩子失去信心,被激怒。作为冲突的后果,孩子会下定决心拒绝学习。另外,所谓"纠正"通常不会奏效,因为孩子把它们当成获得特别关注的手段,而且他们喜欢刺激冲突一再发生。

而自信满满的孩子会表现出尝试一切事物的兴趣。敏锐的父母会意识到这些常识并鼓励他们。然而,家长应该为这些体验设定明确的时间段。早高峰时段显然不是教孩子系鞋带的好时候。这个时段的压力只会导致妈妈的不耐烦和孩子的逆反。

试试这样做吧

○ 下午的游戏时间通常是训练新技能的理想时间,可以把新技能的训练当作游戏的一部分。玩具市场上可以找到数不清的教具。

○ 妈妈还可以自己动手,把一件破旧的连衣裙上的一排大纽扣和纽扣眼钉在木板上,作为帮助温迪学习的工具。她可以在一块纸板上画上鞋子,打上大孔，帮助温迪学会系鞋带。

○ 如果孩子也一起制造了这些工具，她们会加倍感兴趣。看妈妈做玩具总是很有意思的，能帮忙就更有意思了。妈妈还可以鼓励孩子使用她的聪明才智，从而培养她的创造力。

○ 用娃娃过家家办茶歇可以教会孩子餐桌礼仪。同时，介绍和问候客人的礼仪也可以成为茶歇的一部分内容。

○ 模拟乘车可以教导孩子如何在火车、公交或者有轨电车上行动。

表演和角色扮演都是很好的训练辅助方法，因为孩子是天生的演员。

在孩子掌握特定技能之前，任何技能的训练都应该有规律地重复进行。每个技能都应该独立教学。耐心、对孩子学习能力的信心、"再试一次，你能行"这样鼓励性的话、一个愉快的环境及对成就的认可都会让孩子和父母一起感受到学习过程的快乐。

训练孩子面对和理解不愉快的偶发事件也是一个明智的做法。

格温和鲍比将要接受扁桃体摘除手术。妈妈认为了解即

将发生的情况对手术顺利进行会有帮助。在手术预定日期之前的几天,她设计了一个游戏。"让我们假装娃娃们要去医院摘除扁桃体,"她建议,"现在,我们首先需要什么?""行李箱。"鲍比回答,并且给娃娃拿来了一个行李箱。"箱子里放些什么?"孩子们挑选了物品,然后放进行李箱里。娃娃们穿好了衣服。鲍比扮演爸爸的角色,负责开车。他们通过对话的方式模拟了护士的接待和住院流程。接着,妈妈扮演了医生的角色,和娃娃们谈话。她拿来一个玩具车,解释说这是一个担架。接着她拿了一个套着白色旧袜子的滤茶器,假装给娃娃麻醉,在操作时向娃娃解释。"现在这闻起来可能有些奇怪,贝琪(娃娃的名字),但你只需要放轻松,深呼吸,相信我。很快你就会睡得很香。"在游戏的这个阶段,妈妈巧妙地避开了真实的手术流程,因为孩子们不会意识到之后发生的事。"现在,贝琪睡得很熟。我会摘除她的扁桃体,然后把她放回担架。"在说话的同时,妈妈摘掉了娃娃脸上的"口罩",把她再次包进了她的毯子,然后把她放回了玩具车里。"现在她要回到自己的房间里。当她醒来时,她可以吃点冰激淋。""摘除扁桃体会让她受伤吗?"格温问。"她什么也感觉不到,格罗根女士,"妈妈回答道,继续扮演着医生的角色,"你看,她睡得很香。""她醒来之后会疼吗?""她的喉咙会有些疼,格罗根女士,但是我知道她可以承受。不会持续很久的。"接着妈妈问谁希望扮演下一个娃娃的医生的角色。鲍比接替了她,重复了整个故事。

第二天,孩子们继续玩"摘除扁桃体"的扮演游戏,互相充当病人的角色。妈妈提供了一个更大的滤茶器。

等到格温和鲍比去医院的时候,他们表现得很自信,而且非常配合。当妈妈表示娃娃可以承受喉咙的疼痛时,她诚实地承认了孩子们会感到疼,但是她也表现了对孩子们适应疼痛的自信。她还自然地指出了关于疼痛非常重要的一点,它不会一直持续,即使对于被疼痛折磨的人来说它可能就像永远不会结束一样!

我们在第三章阐述了对孩子独立能力的训练。芭芭拉需要学会自力更生,自娱自乐。这里则是一个相反的教育过程。在这个例子中,妈妈必须通过脱离场景来教育孩子。在许多情况下,父母需要退一步,让孩子自己练习,自己去解决一个困难的场景。

2岁半的珍妮正在气急败坏地尖叫,因为她的玩具小车的轮子撞到了椅子腿。"怎么了,珍妮?"妈妈过来查看情况。珍妮跺着脚继续尖叫。妈妈坐下来等着。女孩猛地一拽。她的小车依旧卡着。"除了用力拽你还能怎么做?"珍妮朝另一个方向拉。还是卡着。"如果你拉小车的背面又会怎么样呢?"珍妮试了一下。小车自由了!她跑了起来,拉着小车在她身后。"你自己拯救了小车,不是吗?"

妈妈花时间完成了她的训练,即向她的女儿展示有很多处理问题的方法。这个过程可能会持续数年。妈妈没有自己把玩具车拉出来,而是利用这个局面教会了珍妮她可以靠自己处理问题。

妈妈把10个月大的布鲁斯放在沙堆上,然后在附近坐下观察他。布鲁斯把手插进沙里,用手指玩着沙子,然后看着妈妈笑了,塞了一嘴沙。"布鲁斯,不,不!"妈妈跳起来跑向她的儿子,布鲁斯正手脚并用,开心地往外爬。妈妈抓住他,把沙子从他嘴里抠出来,然后又把他放进了沙坑里。这个过程在一个小时里被重复了很多次。

布鲁斯已经发现了一个令人愉快的游戏，让妈妈围着他转。当布鲁斯在外面玩时，妈妈不敢看书。她必须一直盯着他。

妈妈需要花时间训练布鲁斯不要抓住什么都往嘴里塞。多数婴儿都会这么做，这是他们探索周边世界的方式之一。这个感觉怎么样？这个尝起来怎么样？但这是一种自然的行为，并不意味着我们不应该训练他们克制自己的行为。

试试这样做吧

- 每次布鲁斯往嘴里塞沙子的时候，妈妈可以把他从沙坑里抱出来，放回他的婴儿车里。既然布鲁斯不能在沙坑里好好玩，那他就必须离开沙坑。

- 布鲁斯可能会大喊大叫来表达他的抗议。妈妈可以继续看书，让他大叫。她尊重他表达失望的权利。当布鲁斯平静下来之后，妈妈可以让他再试一次，但必须等到他平静下来之后。

- 只要他再吃沙子，妈妈就平静地把他抱起来，再次放进婴儿车里。他很快就会搞清楚状况。吃沙子就等于回到婴儿车。

○ 不需要说任何话。布鲁斯理解不了，但他能理解妈妈的行动。

随着家庭的扩展，年纪小的孩子所需要的训练可能很容易被忽略。年纪大一些的孩子可能会帮年纪小的完成他们本应自己完成的事。这一点必须要小心注意，因为年纪大的孩子可能会利用这个机会建立自己对更小的孩子的优越性。每个孩子都应该获得自己的训练时间，这会给他带来个人成就感和新的技能。

家长不应该在有客人在场或者家庭外出的公共场合进行训练。在这类场景下，孩子会按照习惯去行动。如果家长希望孩子能在公共场合举止得体，他们就需要在家里训练他。如果他的行为不能配合当前的实际情况，那么唯一实际的解决方案就是安静地让他离开。

第14章 争取孩子的合作

在换尿布时，8个月大的丽萨不停踢腿，翻滚，扭动身体，整个过程几乎是不可能完成的任务。妈妈常常会为此筋疲力尽，最终会轻轻地打她一下。丽萨会发出可怜的哭泣声，好像受了很大的委屈。

令人惊讶的是，这个8个月大的婴儿，仅凭非语言感知层面的洞察，就已经发现了一种令妈妈感到挫败的方法。我们似乎从不愿意承认婴儿的聪明才智。我们倾向于把非常聪明的孩子当成小傻瓜来对待，然后把他们养大成为愚蠢的大人！但任何懂得观察的妈妈都不得不承认婴儿甚至聪明得可很！（9个月大的诺曼是一对聋哑父母生下的健康孩子。有一天，他在地板上爬时脑袋撞到了桌子。他坐起来，转向妈妈开始大哭。他的脸皱了起来，嘴巴张得大大的，眼泪从眼眶里涌出来。但是惊讶的观

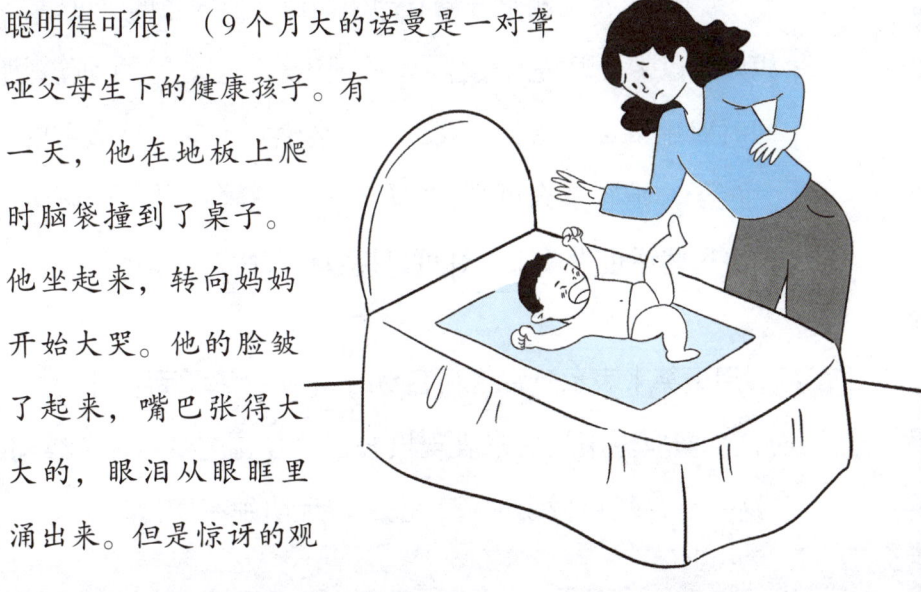

察者没有听到任何声音！她站在那里看了一会儿。妈妈奔向诺曼，把他抱起来，安慰着他。婴儿会调整情况。诺曼并不在意声音的效果，因为他感觉到了父母的耳朵听不见。聋哑父母生下的大一些的孩子会通过跺脚而不是徒劳的感觉和对震动做出反应来表现情绪的失控。）

现在，妈妈不得不训练丽萨在换尿布这件事上尽到自己的一份力。妈妈可以争取丽萨的合作。

> ○ 首先，她要意识到丽萨的目的。她就知道该怎么做，而且可以避免精疲力尽的情况了。
>
> ○ 其次，她可以重新安排日程，这样她就可以在常规的洗澡时间之外有更多的时间，用来训练丽萨。
>
> ○ 接着，每当丽萨开始有动作妨碍到换尿布的进度时，妈妈可以带着温暖的笑容，平静地用双手限制她的动作，同时对她讲话。诸如"我的宝宝会学着不动。这么乖的大孩子，她有多么可爱，安静……"之类的话。丽萨听不懂这些话也没关系，她可以接收到其中的含义！

用微笑来表示赞赏是很容易的。丽萨会感觉到这种赞赏，而且会回应。用皱眉来表现愤怒也很容易。婴儿也会感知到这一点，然后做出回应，进一步证明她有能力发火。如果妈妈没有怨恨的情绪，只有坚定的爱意，那么她的女儿也会明白。只要丽萨停止反抗，妈妈就可以放开她。如果她再次开始扭动，妈妈可以再次抓住她。这样，丽萨就会受到合作的训练。

在我们日益民主化的社会氛围下，我们常常会发现有必要评估我们使用的一些词语的含义。其中当然包括"合作（cooperation）"这个词。在过去，当权力被赋予那些被控制者时，合作意味着照某人说的做。附属的一方被要求"配合"他的上级。民主赋予了这个词新的含义：我们必须共同努力来满足实际情况的要求。当我们在一个民主的社会环境中拥有了更多的平等和自由时，我们也有了更大的责任。在失去了处于优越地位的权力之后，我们需要技巧来刺激合作。我们再也无法要求孩子"配合我"，也不能说"做我

想让你做的事"了。我们必须承认争取他们的配合的必要性。

除了每天整理好床铺之外，妈妈还给她的四个孩子都布置了每日任务。斯图尔特需要清洁浴室，吉纳维芙需要洗碗，萝贝塔需要清扫客厅，罗尼负责扔垃圾和纸。每天，妈妈先是提醒孩子们，然后开始批评他们，最后怒吼，而且妈妈经常用惩罚来让他们完成家务。她最喜欢对四个孩子说的话是："我们最好能有一些配合，不然就会有四个陷入严重问题的孩子了。"

妈妈的意思很明显："把我给你们安排的任务做好，不然的话……"她独断地决定了每个孩子应该做什么，而且试图"让"他们去完成任务。四个孩子在刺激之下都产生了逆反，反抗这种压迫式的方法，同时他们逆反式的防卫也因为妈妈的反应获得了成功。妈妈布置任务时的态度表明了她要做老大的决心。而孩子们用"强迫我试试看"的态度回应了她。这是一场权力斗争，而不是合作。就家庭生活而言，妈妈试图把她的意志强加在孩子身上，而不是赢得他们的合作。

	那么，妈妈怎样才能引导孩子们真正配合呢？	
1.	她可以花时间和所有家庭成员进行讨论。他们可以列出需要完成的家务。妈妈可以说明自己想要做什么，然后询问其他人如何安排剩下的家务活。爸爸和孩子们可以选择他们愿意承担的任务。	这样一来，妈妈就表达了对孩子们的尊重。她给予了选择及决定的权利。如果有谁忽略了选择的家务，什么也别说，当然，家务也没有人完成。
2.	在一周的怠职之后，妈妈再次召开了一个家庭会议。"这一周，斯图尔特选择了保持家里房间的整洁。但他没有完成。我们应该怎么做？"	"我们"这个词把责任给到了整个群体，给到了责任所属，使妈妈走出了独裁者的角色，转而进入了领导者的角色。所有的建议都经过了仔细的思考，最终达成了一个团体的共同决策。

团体压力是有效的，而大人带来的压力只会造成反抗。这种处理问题的方式通常是以家庭会议的形式，这一点我

们会在后文谈到。我们在这里希望指出的一点是，现在的家庭是以群体为单位行动的，这样的群体会基于所有人的共同利益去引导每个个体共同合作。群体内每个成员的注意力都会集中到家庭整体的需求上。合作意味着所有家庭成员共同行动去完成对所有人最好的事。

一个四人家庭的合作可以类比一辆四轮自驱车。每个成员都是一个轮子，而四人共居构成了这辆车。四个轮子必须同时滚动才能让这辆车平稳运行。如果一个轮子卡住了，那么车子就会剧烈晃动，甚至偏离计划好的方向。如果一个轮子掉了，那么车子在重新调整之前甚至不可能继续前进。每个轮子都同样重要，但没有一个是重要到独一无二的。车子前进的方向是由四个轮子齐心协力决定的。如果每个轮子都决定各行其是，那么车子就会四分五裂，毫无用处。家庭规模并不会带来任何差异。家庭这辆车的躯干可以由任意数量的轮子支撑起来。

当我们说到训练孩子学会配合时，我们首先假设自己是配合的。我们并不是说一方需要"屈服于"另一方，但是我们应该建立起所有人和谐地朝一个目标一起使劲的想法。当家庭生活的和谐被破坏时，我们可以确定家庭合作出现了问题，某一个轮子一定卡住了。这个卡住的轮子甚至可能是我们自己！

家里的每个人都可以学着思考什么是对这个群体最好的。"眼前的情况需要什么？"我们不能再想着要另一个人做什么。这是把我们的意志强加于人，违反了对他的尊重。我们也不能为了息事宁人就屈服于其他人过分的要求。这违背了对自己的尊重。在帮助我们的孩子学会合作时，我们必须始终谨记合作的真正含义，也就是接受和遵守基本规则。

父母采取的最不好的小技巧之一就是决定我们希望孩子在什么年龄来帮忙做家务。

当蹒跚学步的孩子想要帮忙布置餐桌时，我们说，"不行，你太小了"，然后到他6岁时，我们要求她布置餐桌。这一次，她想这么久以来没有她的帮忙我们都过来了，所以她现在为什么要帮忙呢？我们浪费了无数的机会让孩子做出贡献。然而，只有孩子被允许这样做，而不是被要求这样做，只有孩子能从一开始就贡献自己的力量，她才能享受这个过程，并且为自己的成就感到骄傲。

7岁的沃德已经患上流感一个星期了。5岁半的唐娜和4岁的洛林在这一周内独占了游戏房。周六早上是大扫除时间，所有人都需要帮忙直到完成任务。今天是沃德重新下床的第一天。当轮到打扫游戏房时，沃德说："我不明白为什么我必须帮忙，我一周没来游戏房了。我没有把这里弄乱。""是的，我想你没有，沃德，"妈妈说，"但我打赌如果你开口的话，唐娜和洛林会请你帮忙的。"沃德思考了一会儿，然后帮女孩子们整理好玩具，清理灰尘，而妈妈则用吸尘器吸尘。沃德注意到最上面一层玩具架看起来不太整洁。"我们把它整理一下，让它看起来更美观吧。"他提议。三个孩子快乐地和妈妈一起劳动。当他们完成时，唐娜惊呼，"天呐，这里看起来真不错！""当然不错。"沃德赞同地说。"而且我们也帮了忙！"他骄傲地补充道。

沃德是有道理的，他的抵触是可以理解的。不过，这个家庭已经建立起了良好的关系。妈妈的灵机一动赢得了沃德的合作，因为她认可了他的理由，但是巧妙地把他的注意力转向了实际情况的需求及他可以向妹妹们提供的帮助。她也暗示帮忙是一件光荣的事，这件事对沃德正中下怀，因为他是最大的孩子。沃德发现，通过建议整理最上层的玩具架，他可以得到领导者的角色。所有人一起度过了一段愉快的时光，完成了一些基本的家务。

有时候，为了赢得合作，我们可能需要帮助一个孩子重新获得在家庭中的地位。让我们回到第二章提到的贝思的故事。贝思没有意识到在家中的新位置。她需要帮助。妈妈为此寻求了专业的建议。妈妈得到的解释是，贝思认为只有幼小无助的婴儿才有价值。妈妈在引导下也看到了自己拒绝贝思提出的帮助是错误的。通过一个量身定制的项目，贝思将在帮助下重获价值感。

试试这样做吧

○ 妈妈纠正局面的第一步是争取让贝思帮助她照顾婴儿。她请贝思从厨房的保温器里把奶瓶带给她。贝思生气地冲出了家门。之后，贝思湿着裤子回来了。

○ 在意识到贝思的问题有多严重之后，妈妈没有指责她也没有大发脾气。她把贝思搂紧怀里，问她想不想再做她的小宝宝。贝思开始抽泣，更紧地抱住了妈妈。妈妈非常怜爱贝思，安慰着她。

○ 接着，妈妈建议贝思回到已经不再需要的婴儿床。妈妈愿意帮她换尿布，喂她喝奶，为她做一切如同对婴儿弟弟做的事。第二天早上，妈妈在照顾婴儿之前先来帮贝思换尿布，这让贝思很高兴。她在六点喝了一瓶奶。她得到了和婴儿一模一样的食物。

○ 随着时间的流逝，贝思要求妈妈给她在床上可以玩的玩具。妈妈给了她婴儿玩具。当她想要蜡笔时，妈妈回答:"一个小婴儿是不会上色的。你就是我的小婴儿。"每次贝思表达出想要一件超出婴儿期的东西的愿望时,妈妈都会用同样温暖充满情感的声音给她相同的答案。

○ 第二天中午,贝思强烈表示自己已经是个大姑娘了,不想再做宝宝了。"好吧,那你觉得自己是否大到可以帮助你无法自理的婴儿弟弟了呢?"

贝思马上有了回答。妈妈继续鼓励她做个大孩子,婴儿般的行为就消失了。在这个场景中,妈妈用行动向贝思表现出了比语言能表达的多得多的东西。她让贝思能自己发现做婴儿并不是表面上看起来那么幸福的。贝思自己发现了做有能力的大孩子的好处远比做婴儿的好处令人满足。通过行动,妈妈重新引导了贝思的动机,帮助她再次确立了能够帮助妈妈的大孩子的定位。

妈妈和 5 岁的艾迪坐上车准备去火车站接爸爸。这一天有点冷,但艾迪把车窗摇了下来。妈妈就说:"等你把车窗摇上来我们才会出发。"妈妈什么也没说,就一直等着。艾迪说:"好吧。等你把车钥匙插进去我就把窗摇上来。"妈妈依旧一言不发地等待着。她选择了精神上的撤退。艾迪最终把车窗摇了上来。于是妈妈启动了车子,笑着问艾迪:

"阳光照在雪地上是不是很美？看看它闪闪发光的样子就像是千万颗钻石。"

妈妈没有对艾迪下命令，要他"把窗摇起来"，因此避免了权力斗争。她马上表达了她在当前的情况下会做什么，而且不带任何负面情绪地坚持自己的立场。当艾迪依旧试图取乐她，让她至少在一定程度上按自己的方式做时，她选择冷眼旁观。当艾迪终于向场景的需求妥协，她用笑容认可了他的做法，并用友好的方式转移了他的注意。艾迪相当迅速的合作表明他已经学会尊重妈妈的坚定了。

9岁的帕特正在和朋友一起制作通心粉项链。妈妈抱着10个月大的兰迪走进了房间。她命令道："帕特，帮我照顾一下孩子。我得去接爸爸。""哦，妈妈，他会把我的东西搞得一团糟！为什么我总是得照顾他？""够了，照我说的做。"妈妈离开后，帕特瞥了眼兰迪，后者正朝着他感兴趣的东西爬去。他大声喝退他，给了他一只泰迪熊。兰迪把泰迪熊扔到一边，迅速地朝着装着通心粉的盘子爬去。当妈妈到家

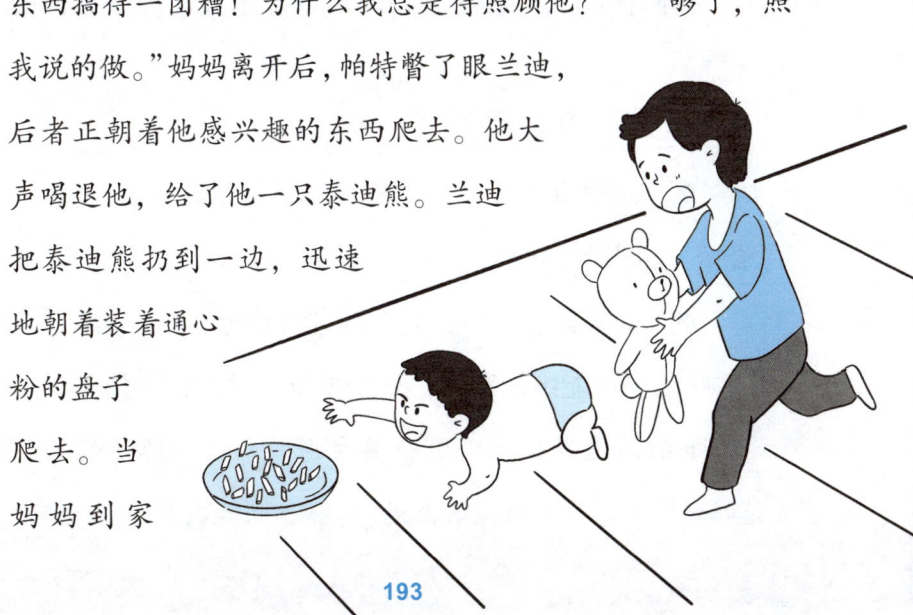

时，兰迪在尖叫，而帕特在大吼。妈妈加入了这场骚乱："你就不能心平气和地照顾他十五分钟吗？"

妈妈的语气和急匆匆的命令马上激起了帕特的抗拒和怨恨。如果她停下来思考一下，她就会意识到如果是一个和她平等的朋友把命令甩在她眼前，她马上就会反抗。

我们的语调和表达方式都是赢得合作的重要因素。有多少次我们意识到孩子可能会反抗我们的要求，要么因为时机不对，正如帕特的情况；或者因为需要完成的事情在本质上令孩子感到厌恶。在这样的情况下，我们往往会提高嗓门，加重语气，希望能以此克制孩子的抵抗。实际上，我们却加重了他们的叛逆。

仅仅凭借礼貌就可以在赢得孩子的配合的道路上走上很远了，我们在组织请求的语句时可以暗示我们理解孩子的观点。

- ❖ "我很抱歉打断你"
- ❖ "我明白你可能不愿意，但是如果你……，这会给我很大的帮助"
- ❖ "如果你能……，我会非常感谢你"

这些话更可能维护和谐，减少抵抗，并赢得合作。

10岁的阿迪斯住在没有公共交通的郊区。她最好的朋友是帕特，她觉得和帕特很亲近。可她无法步行到达帕特家，

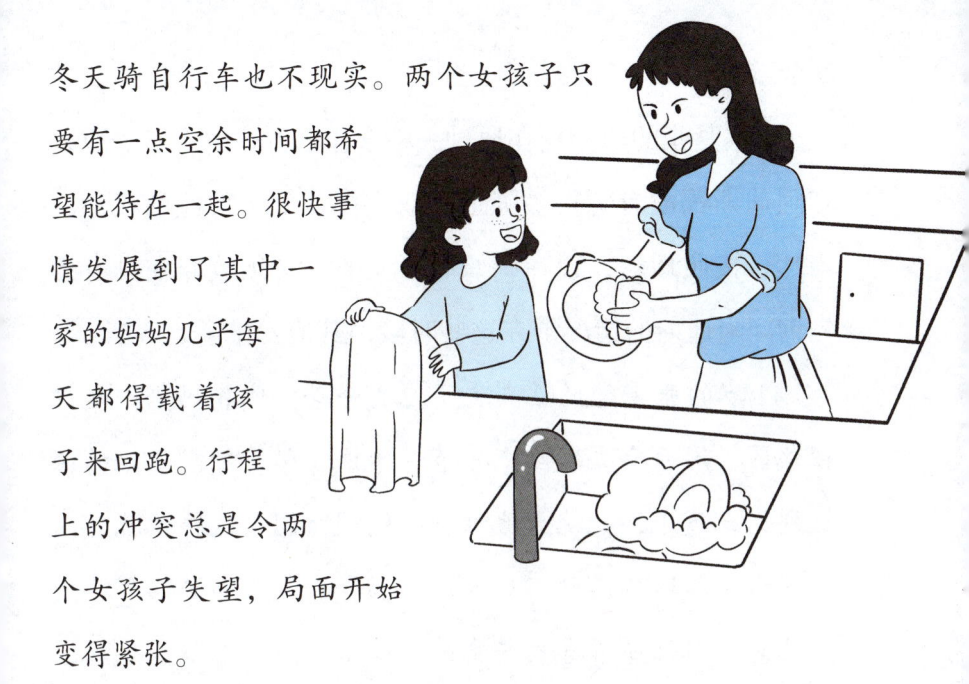

冬天骑自行车也不现实。两个女孩子只要有一点空余时间都希望能待在一起。很快事情发展到了其中一家的妈妈几乎每天都得载着孩子来回跑。行程上的冲突总是令两个女孩子失望，局面开始变得紧张。

　　这时就需要配合了。一天晚上，阿迪斯正在和妈妈一起洗碗盘，在和谐的气氛中，妈妈和女儿讨论了这个问题。她解释了她的立场。她理解阿迪斯有权看她的朋友，但同时也觉得自己太频繁地往来于两家人的家了。"你能想想我们该怎么办吗？""好吧，我想我们可以减少一些次数。""你认为每周我应该带你去帕特家几次才算是比较公平的做法？"女孩子想了一会儿："好吧，我想每周两次。如果帕特每周也来我们家两次，那就很公平了。""好的，"妈妈回答，"我会很高兴每周带你去帕特家两次。""哪两天，妈妈？"妈妈想了一会儿："周二傍晚和周六下午我通常有空。你觉得怎么样？""我觉得不错，因为这样一来我就能确定什么时候能去了。"

原本紧张的形势现在通过一种合作的方式解决了。妈妈和阿迪斯都没有觉得被强迫,双方都认可了彼此的权利。当然,按照理解,现在妈妈有了义务,必须放弃在没有事先询问阿迪斯的情况下在这些时段做其他安排了。

11岁的弗雷德最近失去了他的爸爸。他和妈妈一起住在郊区,周六要去城里上一节音乐课。弗雷德想把他的课改到周三下午,也就是他唯一的空闲时间,这样他就可以在周六参加球队活动。然而,妈妈会在周三和自己那些朋友见面,因此并不喜欢弗雷德的请求。两个人陷入了苦涩的僵局,互相都觉得受了对方的欺负。妈妈向我们寻求建议。

弗雷德表明了他的观点,对此我们理解但不认同。然而,和他争论或者强迫他屈服都没有意义。这只会增强他的受伤感,更加破坏他和妈妈的关系。我们给他的建议是,既然妈妈向我们寻求帮助,我们会建议让他在周三上音乐课。弗雷德对此并不确定。他不认为妈妈会让步,她对此太固执了。我们震惊地发现许多孩子认为父母是固执的,而父母也确信只有孩子是顽固不堪的。我们向他保证妈妈会接受我们的建议。弗雷德忽然表现出了一些犹豫。他不确定妈妈是不是应该被要求让步。"为什么不?你在周六参加球队的好处要比妈妈在周三见朋友的好处大得多。""不,"

男孩仔细考虑了一下,"不是这样的。自从爸爸去世后,这些朋友对妈妈就非常重要。对她来说错过和朋友们的聚会并不是好事。""好吧,那我们应该怎么办呢?""我想我们最好让一切保持原样。"

为什么弗雷德忽然让步了?一旦他意识到自己的理由和权利受到了理解和重视,他就不再觉得自己受到了强迫,而能够主动地审视整体形势的需求。

任何人在觉得自己被强迫的时候都会变得不可理喻。我们不可能通过把自己的意志强加于人来赢得合作。

实际上,在任何人际关系中都时时存在合作,但我们很少能看见其本质。有时候,父母需要重新安排家庭内的合作。在第二章的故事里,戴维和乔治实际上配合彼此维持了现状。当"好孩子"戴维刺激乔治变成"坏孩子",后者通过回应他的刺激完成了配合。如果他的"坏"哥哥表现得像个"好"孩子,戴维就会变得相当失落。戴维会觉得自己的地位受到了威胁。两个男孩相互配合让妈妈忙着夸奖戴维,批评乔治。在这段既定的互动或者说相互配合之间,任何变化都会改变整个局面。告诉乔治他也能做个好孩子是徒劳的。他必须被默默地引导改变他配合的方式。乔治永远不会相信他可以变"好"。另外,如果乔治变"好"了,他的弟弟会加倍努力让他变"坏"。

然而，妈妈通过她的理解，可以改变她对男孩们的行为的反应来改变这种互动。

首先，在知道乔治把自己视为"坏孩子"后，妈妈可以拒绝接受他对自己的评价。她可以停止一切有关"好"和"坏"的评论。

每次大卫表现出自己有多好时，妈妈可以安静地接受，然后说："好的。我很高兴你喜欢这么做。"每次乔治出现不好的行为时，妈妈可以拥抱他，然后说："我明白。"

你会说，这太难了。当然。谁会说做父母是容易的呢？

第15章 不要给孩子过度关注

一家人正在夏日小屋度假。爸爸出去钓鱼了，妈妈在厨房里忙活着。2岁的希尔达站在前门口。"妈妈？""怎么了？""妈妈？""怎么了，亲爱的？""妈妈——""是的，亲爱的。到底怎么了？""妈妈！"妈妈走到孩子身边。"怎么？""去散步。""再过一会儿。"妈妈回到了厨房。希尔达依旧站在门口，把脸贴在门玻璃上。"妈妈？""是的"同一个流程重复了三次。当孩子第四次开始重复这个过程时，妈妈又走到了她身边。"哦，好的，希尔达。我们可以去走一会儿。但是我必须回来准备好晚餐。"妈妈牵起她的手，帮她走下台阶，然后她们去散步了。

希尔达没有去找妈妈，而是让妈妈来找自己。妈妈回应了，她向希尔达过度的需求妥协了。

一个总是寻求关注的孩子必然是一个不快乐的孩子。她认为除非获得关注，不然她就没有价值，没有地位。她试图不断确保自己的重要性。然而，由于她对此心怀疑虑，任何程度的保证都不能让她满意。妈妈注意到了她。几分钟之后，她自问："妈妈还有注意到我吗？我还重要吗？"这是一个永无止尽的疑问的循环。多么可悲的处境啊！妈妈怎样才能帮到她？

当希尔达成功让妈妈回应她的每一次一时兴起时，这种回应成为困住她的围墙，她失去了寻找其他价值的空间。希尔达所做的奏效了。假设妈妈退后一步，拒绝回应她过分的要求，那么，当她没有得到习以为常的满足时，希尔达在一开始的反抗之后，会探索不同的道路来获得归属感。她可能需要帮助来找到有意义的方式，否则她的探索可能会让她陷入更具破坏性的行为。按照目前的情形，当允许自己的女儿奴役她时，妈妈缺乏对自我的尊重。她的回应也表明她缺乏对希尔达的尊重，她怀疑自己的孩子不能在没有自己的帮助的情况下独处。

> 试试这样做吧

○ 妈妈可以不必在希尔达每次呼唤她时就去她身边。她可以愉快地回应女儿的第一次呼唤，但不需要放下手边的事，而是表明她现在正忙。

○ 接着当希尔达再次呼唤她时，她可以不做回应。两人可以继续这个游戏！

○ 孩子可能会尖叫，但是妈妈可以这么想，既然她正在忙自己必须完成的事，希尔达必须来找她。妈妈有权继续她的任务，也有义务训练孩子学会尊重实际情况带来的需求。希尔达并没有权利随心所欲地去散步。

○ 为了希尔达好，妈妈无权对她的每次一时兴起让步。希尔达必须发现接受秩序的好处及不同情况的需求。她们可以约定特定的时间去散步，这是她们去散步的原因。

○ 如果希尔达去找妈妈要求去散步，妈妈就可以说："现在不是散步时间，希尔达。"到此为止。不论希尔达做了什么，妈妈都要坚定立场，继续自己的工作。

下午，妈妈的朋友来访，和妈妈一起喝咖啡。当他们来家里时，三个孩子中最小的玛丽带着来自同伴的关于不公正的故事跑了进来。妈妈评论道："好的，我想她今天下午可能不太舒服。""为什么，妈妈？"妈妈尝试回答"为什么"。每次妈妈回答完，孩子又会问另一个"为什么"。最终，妈妈会要求玛丽回去玩，好让她能继续和朋友相处。玛丽走出房间，但很快又回来了，带来了更多"为什么"。朋友间的多数时间都被占据了。最后，妈妈向朋友承认："这就是她在我们有伴时获取关注的套路。"

妈妈很清楚玛丽到底想干什么！玛丽是家里最小的孩子，认为需要所有的关注集中在自己身上。对她来说，让妈妈为她而忙碌，阻止妈妈沉浸于和朋友的友谊中，比与同龄人建立起自己的友谊重要得多。然而，妈妈似乎没有意识到自己的女儿的行为出现了问题。她在为玛丽找借口。妈妈看到了她的行为，但没有意识到玛丽的行为的含义。一旦妈妈意识到玛丽令她围着自己转的唯一理由是因为除非她是注意力的中心，否则她就会感到失落，妈妈就可以通过拒绝给予过度关注来帮助玛丽，这样一来玛丽就能开始成长，实现自立。

当有客人在场时，我们很难训练孩子。然而，当第一次被打扰时，妈妈可以说："我们现在有客人。你可以和朋友们玩，让我们单独待着吗？或者你可以回自己的房间？"这给了玛丽一个选择，可能更好地激发她的合作意愿。

我们可以始终对一直带着一连串"为什么"的孩子有所怀疑。

有多少次这个孩子真的在寻求信息？我们低估了我们的孩子。无数次，尽管知道答案，一个孩子依旧会问"为什么"，为了维持从父母那里得到的关注，他可能会忙着想出下一个"为什么"。他的表情怎么说？兴趣？这个问题合理吗？仔细观察。

持续不断的"为什么"很有可能是毫无意义的。孩子用"为什么"来占据父母的精力。他察觉到了父母"教学"的欲望，利用它来获得关注，而不是为了学习！

如果我们停下来仔细观察，我们就能轻而易举地分辨出区别。如果我们发现了孩子的问题不过是简单的词语堆砌、没有逻辑的上下文或者形式和内容上的重复，又或者孩子在上一个问题有答案之前又提出了新的问题，那我们就可以确认自己已经落入了陷阱。

我们可以露出一个洞悉一切的微笑，然后说："我很高兴和你一起玩'为什么'的游戏。但现在我必须继续做其他事了。"或者一个洞悉一切的微笑和紧闭的双唇可能就足够了。孩子并不喜欢被抓个现行。

如果孩子表现出明显的天真、怨恨或者加倍努力去获得关注，别太惊讶。这个时候，离开现场是明智的做法。

4岁的约翰是四个孩子中的老三，也是家里的"好"孩子。然而，他总是会做一些事来吸引妈妈的注意。每次妈妈讲电话时，他就会想法子打断妈妈。他会给她看某个东西，要求出门，要求邀请一个朋友来家里，想吃东西，想要一个自己拿不到的东西，或者想知道某个玩具在哪里。有时候，妈妈会停下对话回答约翰。也有时候，她会批评约翰，"在我结束之前别来打扰我！"这时约翰通常会开始作弄他的小妹妹，把她弄哭！

约翰是中间的孩子。他多少有种被撇下的感觉。但他找到了一个很有用的方法来证明自己的重要性。他可能认为当妈妈忙着照顾小宝宝的时候，他不可能获得妈妈的注意。但当她在讲电话时，他可以把她的注意从另一个成人那里抢过来！

约翰的目标太大了。他希望时时刻刻获得关注。他做"好孩子"唯一的理由是想赢得妈妈的认可，而不是希望变得有用。妈妈需要引导他停止寻求过度关注。

> 试试这样做吧

○ 首先，她需要认识到"好男孩"其实并不确定自己的地位。她必须表现出自己对他的关注，但不是在他做出过分要求的时候。

○ 在讲电话时，即使听不清对方在说什么，妈妈也应该继续通话，就好像约翰并不在旁边一样。她的朋友已经了解了真相，会理解在其他状况下听起来很疯狂的话的！

○ 在通话的任何阶段，妈妈都不该让步。这需要极大的坚韧和意志，尤其是当约翰开始欺负小妹妹的时候。别担心。妹妹可以应付！

○ 训练约翰学会独立，不再依赖于大人的关注和认可，这一切的付出都是值得的。

每当我们停止回应孩子过分的关注要求时，我们必须确保在他配合我们时注意到他。这会帮助孩子重新评估他的方法。当希尔达一个人开心地玩时，妈妈可以表扬她："你能自己照顾自己真是太棒了。"当玛丽和小伙伴相处愉快时，妈妈可以说："我真高兴你玩得这么开心。"当约翰不带任何特殊目的而表现良好时，妈妈可以为此高兴："我很高兴你和我们在一起很开心。"

孩子需要我们的关注，但是我们必须意识到合理和过分的关注的区别。如果我们发现自己在不符合实际情况的条件下过度忙于照顾孩子，当我们感到厌烦或者压力过大时，我们可以确信我们正面对过分的需求。

> 研究清楚情况。
>
> 实际情况有什么要求？
>
> 如果我们不干预，孩子能解决吗？
>
> 我们的回应会怎样影响孩子的自我认知？
>
> 这会向他证明他可以独立于我们自己完成任务？
>
> 还是诱得他继续做他自我认知中无助、虚弱、需要关注的人？

为了帮助我们的孩子学会通过根据实际情况做贡献来获得生活的满足感，我们需要停止让他们通过短视的"索取"收割成果。

16章 避免与孩子的权力斗争

"把狗食盆清干净!"妈妈严厉地命令苏琳。"哦,见鬼,为什么我要做这件事?""我说了把狗食盆清干净,姑娘。现在就做。""我不认为我有理由这么做。""因为我让你去做。"女孩耸了耸肩,巧妙地回避了妈妈的要求。几个小时之后,妈妈发现狗食盆还是脏的,爬满了蚂蚁。她叫来苏琳。"我以为几个小时之前我就要求你把狗食盆洗干净了。你为什么没有做?你看看这盆子,爬满了蚂蚁。现在马上把它洗干净。立刻!""好吧,好吧。"妈妈在苏琳的敷衍下离开了,可她依旧无视了脏盆子。过了一会儿妈妈发现盆子还是脏的。这次她打了苏琳一巴掌,苏琳冷漠地挨了这一巴掌。她倔强地忍着不哭。"如果你不马上把这里处理好,

> 今晚你就得早睡觉,还不能看电视。另外,你还得挨一顿好打。现在快把事情做了。""好吧,我会的。"苏琳在妈妈转身离开时对着脏盆子弯下了腰,但是她没有清理它。那天傍晚晚些时候,妈妈发现盆子还是脏的。

苏琳和妈妈陷入了权力斗争。妈妈试图强迫苏琳听指挥。但是苏琳会让她明白谁说了算!

我们发现这类权力斗争正在以令人心惊的速度增加。越来越多陷入绝望的父母把偏执于权力的孩子带到引导中心和咨询师的办公室里。

> 为什么?问题在哪里?今天的孩子敢于对父母做一些我们过去想都不敢想的事情。怎么会这样呢?

这个问题是当前社会正在经历的普遍的文化变革所引发的。孩子感知到了我们时代的民主氛围,因此厌恶我们对他们施以权威的企图。他们通过报复来表达自己的怨恨。他们反抗我们的压制意图,并反过来向我们展示了自己的力量。

恶性循环就此形成,父母试图维护自己的权威,而孩子则选择宣战。他们绝不会被控制或者强迫。所有试图压制他们的做法都是无用功。到目前为止，孩子在这场权力博弈中要聪明得多。他们并不受到外界对"表象"的批判约束，也不在乎自己的行为可能造成的危险后果。

　　家庭成为战场。合作、和谐都已经消失。相反，只剩下怒火。

　　妈妈已经成功地让12岁的帕蒂答应在从学校回家后就把她的午餐盒和牛奶杯子洗干净。接下来的几天，一切进展顺利。忽然有一天，帕蒂忘记了清洗餐盒。当妈妈在柜子上发现还残留着食物的饭盒和装着酸掉的牛奶的杯子时，她很生气。帕蒂承诺过会记住。又过了几天，她又没能好好承担她的责任。这一次，妈妈想起她曾经考虑过利用逻辑结果教育法。因此，尽管内心十分恼火，她假装没有看到帕蒂的餐盒。她暗暗想："我会给她点颜色瞧瞧的！"第二天早上，她把午餐打包到纸袋里，又把牛奶钱放在桌上。帕蒂知道这一切的原因。妈妈把午餐盒放在柜子的背面。"我绝不会洗午餐盒的。"她叛逆地想。食物残渣和酸掉的牛奶也在柜子背面的容器里。帕蒂继续用纸袋装她的午饭。日子一天天过去，妈妈也变得越来越恼火。最终，她对帕蒂大发脾气。帕蒂低垂着眼睛愤怒地盯着妈妈，依旧没有去清洗餐盒。最终，绝望的妈妈把她推进厨房，站在一旁盯着她，不断打她，直到她把餐盒洗干净。"现在你准备吸取教训了吗？"妈妈尖声问道。"我会的，妈妈。"帕蒂保证。然而，第二天她又没有洗餐盒。妈妈彻底失望了，决定放弃整个计划。"你就用袋子装午餐吧。""我没问题。不管怎么说，本来也很少有孩子会带午餐盒了。"

帕蒂无视餐盒而妈妈开始生气的那天是权力斗争的高潮。妈妈依旧无法克制地尝试"强迫"帕蒂清洗饭盒。实际上，她把合理的结果变成了惩罚。"我会给她点颜色瞧瞧的"是一种报复，这和惩罚是一样的。尽管妈妈试图隐藏，但帕蒂感受到了妈妈的怒火。妈妈其实并没有思考过逻辑结果的本质。当她把午餐装进纸袋，又把牛奶钱放在桌上时，她避免了真正的后果。尽管女孩不愿意配合，妈妈依旧选择为她忙碌。如果她让事情自然地发展，那么她依旧会准备好午餐，但不会有一个干净的容器来装它，而是只能把它留在柜子上。后续要由帕蒂自己来决定。

帕蒂想让妈妈看到她不可能被强迫去洗饭盒。她可以做任何事，但绝不会听从这个命令。妈妈怎样才能在不利用权威压迫的情况下处理这个局面呢？

> 试试这样做吧

妈妈必须真正做到不再关心饭盒的情况。饭盒属于帕蒂。如果她不想把饭盒洗干净，那她就必须习惯没有饭盒的情况。妈妈只能决定自己会做什么。

○ 首先，残余的食物和酸掉的牛奶一定不能留在厨房里。把它们留在那儿是妈妈的反抗性报复。靠监督"让帕蒂清洗饭盒"是在强迫她，延长这场权力斗争，这一点在第二天帕蒂再次违背承诺没有清洗饭盒时就很明显了。妈妈很生气，因为帕蒂藐视了她的权威。她认为她的权威受到了威胁，她想让帕蒂明白，自己不会放任帕蒂就这样藐视作为母亲的权威。

○ 如果妈妈能够尝试搞明白帕蒂为什么如此固执，然后改变自己的策略来避免激起帕蒂的对立，那该有多好啊！在这个例子中，孩子讨厌带饭盒，因为很少有初中生会带饭盒装午餐了。为什么她不在一开始就说明白呢？因为她利用这个局面把妈妈卷入了权力斗争。而且她赢了。妈妈放弃了。和帕蒂进行一次友好的谈话，妈妈就能明白自己的女儿对午餐盒的看法。

> ○ 接着,她就可以避免这场漫长的令彼此痛苦的斗争了。"我看到你今天没有洗饭盒,帕蒂。我不得不认为你不想用饭盒装午餐。你想让我把午餐装进纸袋里,然后给你买牛奶的钱吗?"这样做就可以结束已经出现的权力斗争了。

任何时候,只要我们"命令"孩子去做事或者试着"让他做事",我们就掀起了一场权力斗争。这并不是说我们就不能引导或者影响我们的孩子做出正确的行为。这只是告诉我们,我们必须找到一条不同的有效的方案。我们必须摒弃过时、无用的态度和方法,然后选择那些真正有用的法子。

5岁的吉米快把妈妈逼疯了。她是这样对吉米说的,还当着他的面对其他人这么抱怨。妈妈总是为了这样或那样的事情在和吉米斗争。但不论什么事情,吉米就是不在意。当妈妈最终诉诸暴力,最多也不

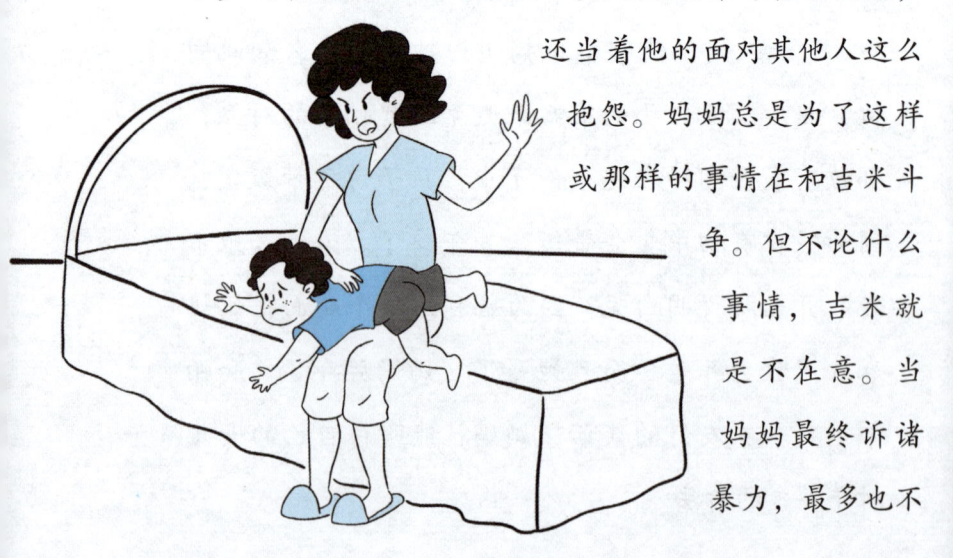

过能在短时间内有些效果。举个例子，今天，吉米的排便又不规律了，妈妈已经尝试训练他几年了。今天早上，妈妈在早餐后让吉米去卫生间，但是他又回来了，说自己现在没有感觉。妈妈让吉米出去玩，然后继续自己的工作。到了中午，妈妈正在从衣柜里拿出一些衣服，她闻到了一股粪味。她开始调查，然后发现吉米在爸爸的帽子里排便了！她冲出去找到了吉米，把他带进来，给他看了那顶帽子，重重地教训了吉米。吉米的裤子马上被尿湿了，但妈妈认为这是因为挨打的缘故。然后，接下来的一天里，吉米一直在尿湿裤子，在晚上还尿湿了床单。

妈妈从吉米还是个婴儿的时候就开始担心他的排便问题。她告诉吉米："你得照我说的那样排便。"而吉米的行动在说："我会在我喜欢的地方和时间看着办的。"很早开始，男孩就把这当成一种打败控制欲过度的妈妈的手段。吉米和妈妈的日常生活是一场持续的权力斗争。除非妈妈能了解矛盾所在并且找到解决的方法，否则她很难改变和吉米的关系。

很多父母都会在对孩子进行如厕训练时表现出过度关注，因此给自己制造了类似的难题。正常的担心和过度担心之间的区别就在于父母的态度。如果我们"坚持"让孩子学会正确的如厕习惯，那我们其实是在刺激他们反抗。

如果我们期待并鼓励他们进行恰当的如厕训练,那我们就会获得合作。如果在经过了一段合理的训练时间之后,孩子开始利用这些训练获得过分的关注,或者开始抵触来自父母的压力,那就取消训练,不再关心这个问题了。让事情顺其自然吧。在所有此类例子中,我们通常会发现权力斗争。我们可以先从其他方面来解决这个问题,这样或许更容易维持秩序而不是陷入抗争。

✡ 就泌尿和排便来说,妈妈可以让孩子躺在一张湿床上,或者如果他感到不舒服的话,让他自己换床单。

✡ 如果他早已经过了妈妈认为该穿尿布的年纪,她可以让他穿上训练裤,让他保持湿裤子的状态。当然,他不被允许弄湿客厅的地毯或者家具。因此,在他准备好不再尿裤子之前,他必须待在随地小便不会损害任何东西的地方。

✡ 一切都可以用一种轻松的方式完成,妈妈的态度应该是:"这是你的问题。你会在做好准备的时候解决它。但同时会有一些限制。"如果获得额外关注或者赢得权力斗争的满足感不再,那么孩子就可能会选择放弃这种不舒服的状态。

到了这里,许多读者可能会感到困惑。有些时候,我们必须使用强迫手段,比如迫在眉睫的生存危机。我们也会在需要坚定立场，或者需要肢体上的强迫来维持秩序的时候施加一定的压力。

5岁半的彼得因为重感冒不能去幼儿园。一天下午，天气转好，雪开始融化，彼得想要出门。"不，孩子，你还咳嗽得厉害呢。"彼得闷闷不乐地噘起嘴。过了一小会儿，妈妈听到门砰地被关上。彼得穿着厚外套和靴子，出去玩了。妈妈跟着他出来，牵着他的手，再次跟他说得回到室内。他拒绝了。妈妈把他抱起来，带回了家。"我很抱歉，彼得。你今天不能在外面玩。"男孩开始大发脾气哭了起来。妈妈强制他脱下了外套。她知道热过头也不是什么好事。彼得发着脾气，冲到了门口。妈妈平静地站着，坚定地按住了门。她什么都没说，也没有尝试控制彼得不发脾气。他开始因为尖叫和体力的消耗剧烈地咳嗽。妈妈什么也没说，只是继续挡住他的路。最后，彼得爆发了："我恨你，我恨你，我恨你！"他冲进房间，把自己扔进床上。妈妈继续自己的工作，让彼得自己发完脾气，平静下来。

对没受过训练的观察者来说，这看起来可能像一次权力斗争。彼得想要出门，而妈妈用行动强行阻止他。她的目的是维持实际情况所需要的秩序。我们怎么区分？重点在于妈妈的态度。妈妈有义务保持坚定，维持秩序。彼得妈妈两点都做到了，而且没有发脾气，没有筋疲力尽，也没有施加权威。在这个例子中，秩序意味着遵守维持健康的规则。

1. 彼得和妈妈之间的争执并非权力斗争，因为妈妈并未争夺任何权力。这是一条重要的线索。任何时候，当我们判断一个情况是否属于权力斗争时，我们可以问："我在这件事中有什么个人利益？"

许多家长都会自欺欺人，他们做的事是为了孩子好。我们确定吗？这是否牵涉到我们作为父母的权威？我们会获得什么吗？如果孩子听了我们的，我们是否会感到满足？我们是否希望外人看到一个顺从的孩子？我们希望被人家看作"好"家长？成功的父母？我们是否希望占据上风？

2. 判断我们是否卷入权力斗争的另一个方法是观察结果。孩子是否无视我们的"训练"继续做同样的事？他表现出了防备感吗？我们生气吗？怨恨吗？

3. 第三种测试方法是我们的语气。语气会彻底暴露出事情的真相。我们听上去专横吗？愤怒吗？坚决吗？苛刻吗？坚定的立场通常是平静地表达的，而权力斗争通常会通过打嘴仗和愤怒的发言来显化。

彼得忽然大发脾气，因为他不能按自己想的做。妈妈无视了他的"我恨你"。她知道这只是一时的感受，只是他对当下的反应之一。在维持了秩序后，她就不再担心了。彼得自己解决了剩下的问题。如果妈妈加入了权力斗争，她会被深刻地卷入后续的连锁反应。

妈妈把车停在医生的办公室后面。2岁的吉恩拒绝下车。妈妈恳求，但吉恩依旧拒绝。"吉恩，到我的预约了。快下来，做个好孩子。"吉恩继续瘫倒在座位上，拒绝下车。妈妈转向了她的朋友。"我该怎么办？"

妈妈可以把他带出来！确切地说，妈妈可以坚定但平静地维持秩序，满足实际情况的需求。妈妈不需要发火。如果妈妈保持冷静，那么就不会出现权力斗争。

为了全面理解权力斗争并培养出解决问题的技巧，我们必须重新评估作为父母的立场。我们必须充分意识到作为领导者的新角色，并且彻底放弃作为独裁者的想法。我们并没有控制孩子的权威。他们明白这一点，即使我们自己没有意识到。我们不能再去命令或者强迫他们。我们必须学会如何引导和激励他们。下面的图表展示了为了改善家庭和谐和分工合作需要的新态度。在左边我们列出了专制的态度，而右边则是用于替代旧态度的新态度。

一旦右侧列出的新态度或多或少成为一种新常态，我们就不太可能被卷入权力斗争了。如果我们的注意力更多地集中到实际场景的需求，而不是"让他服从我"，我们可能会发现激励孩子反应的方法。不论何时，如果我们带着"强迫"他做事的决心去靠近孩子，他都会察觉到，然后马上开始反抗。一些孩子会采取消极的策略，比如苏琳拒绝清理狗食盆。也有些孩子会采取更主动的策略，比如吉米在他爸爸的帽子里拉屎。

专制社会	民主社会
专制形象	有见识、经验丰富的形象
权力	影响力
压力	激励
命令	赢得合作
惩罚	合理的结果
奖励	鼓励
强迫	允许自行决策
控制	引导
孩子得按父母说的做	倾听！尊重孩子
我说，你做！	有需要才做
权威中心	对症下药
个人情绪主导	客观公正，不偏不倚

孩子对命令的违抗才是对成年人权威最严重的打击。我们可以在这方面做出最大的改变。如果我们以实际情况的需求为准，忘记对我们自身的尊严的伤害，我们就有机会做出改变。

我们在本书中讨论过的许多规则都适用于权力斗争的问题。最重要的就是要坚定，坚定我应该做什么，而不是我要让孩子做什么。接着，家长作为领导者，要决定具体的情况产生了什么需求，然后努力满足这些需求而不是家长个人的偏好。理解、鼓励、逻辑结果、相互尊重、尊重秩序、常规，以及对合作的争取，以上所有都是解决权力斗争的方法。当然，当权力斗争已经发生，使用逻辑结果法通常已经不可能了。哪怕是最合理的结果也会退化成一种惩罚，因为父母把它变成了在斗争中有利于自己的武器。

最重要的是父母要意识到自己在权力斗争中的角色。要做到这一点并不容易。这要求父母始终保持警惕，否则我们就会陷入争斗之中而不自知。我们必须不断提醒自己。

"我真的不能要求我的孩子做任何事。我不能强迫或者阻止他们做事。我可以尝试书上写的所有技巧，但是我不能强迫我的孩子采取配合的行动。这是不能靠强迫实现的。父母必须争取孩子的配合。正确的行为必须通过激励而不是命令实现。然而，我可以利用我的智慧、策略、幽默感来提高孩子的配合意愿。"

相比用强迫的手段，这会给父母大得多的空间。这些技巧的发展发挥出了我们所有人内在固有的创造力。当我们熟悉了规则，我们脑海里就会涌现出千变万化的想法。重要的是，我们必须意识到一个事实，除了徒劳无功的强迫之外，我们可以做到其他事情。

退出冲突

父母和孩子间的任何不愉快都是双方共同导致的。紊乱不安是双方冲突导致的结果。只要一方退出，另一方就无法坚持。如果父母选择退出战场，他们就把孩子留在了一个真空带。孩子失去了听众和对手，没有了要打败、要压制的对象。这阵风已经失去了可以吹动的帆。（这句话比我们通常的说法更准确：我们不能阻止孩子"起风"，因此他的"风"是不可控的。但我们可以让自己远离他的风，这就让这阵风成了徒劳无功而荒谬的。）

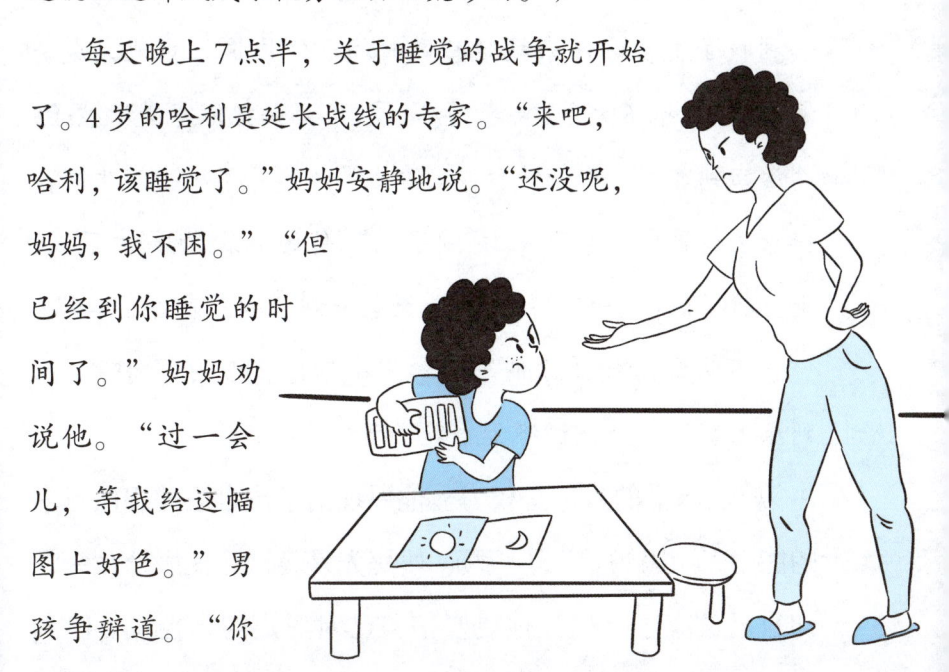

每天晚上7点半，关于睡觉的战争就开始了。4岁的哈利是延长战线的专家。"来吧，哈利，该睡觉了。"妈妈安静地说。"还没呢，妈妈，我不困。""但已经到你睡觉的时间了。"妈妈劝说他。"过一会儿，等我给这幅图上好色。"男孩争辩道。"你现在就该睡了，"妈妈严厉地说，"你可以明天继续上色。"当妈妈试图把东西收走时，哈利开始尖叫，然后把蜡笔收进自己的臂弯里，防止妈妈把它们收走。妈妈并不想和哈利发生肢体冲突，选择了让步。"好吧，你可以把画画完。"哈利再次涂色，嘴角牵起了一个细微的笑容。妈妈在床上坐下等他完成。孩子的蜡笔动得越来越慢。妈妈逐渐失去了耐心："你这是在耍赖。快点，把它画完。""我希望它能非常完美。我必须小心。"男孩得意地回答。妈妈不耐烦地又等了一阵子，接着说她会把不需要的蜡笔收走。哈利抗议了，但妈妈坚持。哈利不情愿地让妈妈收走了一部分蜡笔，时进时退地戏弄妈妈。当蜡笔被全部收走之后，哈利找了更多方法来拖延睡觉时间。他拖拖拉拉地完成洗漱，在床上也不太平，要求喝水。最后，妈妈把他塞进了被子，然后回到客厅。几分钟后，她的儿子又离开了床去卫生间，接着又想再要一个晚安吻。到了9点，他还醒着。妈妈发了火，重重打了他。哈利开始尖叫。爸爸来到门口，责备了妈妈："我不明白为什么你们每晚都闹个不停。哈利！闭嘴。回到床上躺好。"一切终于平静了下来。

　　哈利当下的目标是权力。他展现出了按自己的想法行事的能力，让妈妈卷入了战场。妈妈先是尝试让他服从命令，却自己放弃了。这让他更坚信自己对妈妈的掌控权。哈利应该去睡觉。然而，妈妈不知道怎么引导他。

要解决这个问题有几种方法。一种是退出冲突局面。或许妈妈和爸爸可以就他们的做法达成一致。让我们看看该如何做。

在下午的游戏时间，妈妈告诉哈利："8点是你该睡觉的时间。我会告诉你什么时候要去洗漱。爸爸和我会在8点的时候向你道晚安。在那之后，我们不会再关心你在干什么。"7点半，妈妈开始给哈利放洗澡水，然后叫他。"我想再玩一会儿。"男孩抵抗道。"你的洗澡水已经放好了，亲爱的。"妈妈回答，然后回到了客厅。8点，妈妈和爸爸来到哈利的房间。哈利还在玩。"晚安，我的大男孩。"爸爸抱起男孩，给了他一个拥抱。"明天早上见。""晚安，亲爱的。做个好梦。"妈妈吻了他。父母一起回到客厅，打开了电视。"但我还没有洗澡呢！"哈利大叫着跑进了客厅。妈妈和爸爸表现得好像哈利已经睡了一样。哈利爬到了妈妈的大腿上。"我想洗澡，妈妈。"哈利抽泣着抬起脸看妈妈。"乔治，我们来做些爆米花吧。"这个巧计解放了妈妈的双腿。妈妈站起来，让哈利滑下了自己的腿。哈利用尽了一切办法来吸引妈妈的注意。他尖叫，跺脚，倒立，拖住父母的腿，但没有一点效果。最终，他回到自己的房间，脱掉衣服。接着，他走出来要求父母帮他把睡衣系好。妈妈和爸爸都沉浸在电视里，表现得好像他已经在床上睡熟了。9点半，哈利没有获得任何帮助而爬上了床，睡衣也没系好，哭泣着睡着了。

妈妈和爸爸都很坚定。他们说了晚安，接着只负责他们应该做的部分。他们就此退出，留哈利一个人在战场上。他绝望地加倍努力，希望让父母陷入劝他睡觉的斗争中。他甚至通过哭泣希望获得他们的同情，但父母依旧很坚定。一种新的训练方式开始了，这会彻底改变男孩和父母的关系及面对秩序的表现。第二天晚上，哈利会准备好洗澡，妈妈和哈利会一起度过愉快的半小时。8点，妈妈和爸爸会送哈利回到床上，跟他说晚安，然后离开。如果男孩在几分钟之后离开床去卫生间，要求喝水和又一次晚安吻，妈妈和爸爸会假装他已经睡着了。之后，他可能再次回到床上。哈利很可能在接下来的一周内准备好接受在8点结束他的一天。

另一种避免权力斗争的方法是沉默但坚定地把4岁的孩子送上床，不要说任何话！在规定的时间把他带走，脱掉衣服洗好澡，接着在他作乱的时候沉默以对，甚至可以回到自己的房间，锁上门。

3岁半的莎拉在妈妈准备晚餐时跑进了厨房。"我想喝点东西，妈妈。"她可怜巴巴地说。"别做出这副样子，

莎拉。你在好好说话之前不会得到任何东西。""但我想喝东西。"孩子恳求得更厉害了。"我受不了你这么说话！停下。"莎拉开始抽泣，抱住妈妈的腿然后把脸埋在腿上。"你可以好好要求了吗？""拜托，我可以喝点东西吗？"莎拉依旧委屈地问。"哦，天呐，给你。"妈妈把水给她。

众所周知，所有孩子都会经历哭哭啼啼的阶段。我们得到的建议是有耐心，告诉孩子他们会长大，会克服这个问题。然而，我们其实并没有必要去忍受孩子的哭哭啼啼。莎拉无视妈妈的要求，始终按自己的想法去做，从而表现出了她的权力。妈妈命令她"停下"。莎拉继续，妈妈妥协了。

什么是卫生间技巧?

我们能做的是拒绝满足孩子哭哭啼啼的要求。但是我们必须退出斗争,而且不能发表任何言论!如果我们站在那儿成了现成的靶子,那我们就一定会妥协。妈妈必须找时间训练孩子。她可以关掉煤气,走进卫生间!

我们把这称为"卫生间技巧"。一般来说,这是屋子里唯一一个象征隐私的地方。这是一个绝对理想的撤退场所。我们应该准备好一个放满文学杂志的架子来打发这些时间,或用听广播来屏蔽其他声音。每当莎拉开始哭哭啼啼,妈妈就可以消失到卫生间。她什么都不说,这是没有必要的。莎拉可能很快会改变她的语调。

妈妈听到了厨房里的声音,来查看情况。她发现4岁的拉里正在柜子上,伸手够最上面架子上的糖果。"拉里,你现在不能吃糖。马上就要吃午饭了。"妈妈把儿子抱了下来。"我现在想吃糖!"他尖叫道。"拉里,你得听话。"孩子躺在地板上,边叫边踢腿。"你想挨揍吗?"妈妈生气地问。"不许再吵闹了!""我恨你,我恨你!""拉里!你在胡说什么!"男孩的脾气更大了。"拉里,停下。给你,你只能吃一颗。现在别叫了。"拉里慢慢消停下来，最终拿了妈妈递给他的一颗糖。

拉里妈妈起初拒绝了，但是在拉里的强迫下妥协了。拉里胜利了，更加巩固了对自己的权力的信心。妈妈可以退出当下的场景，从而让拉里的脾气变成无用功。在拉里发出第一声尖叫时拿走糖果，然后走进卫生间。让拉里独自在那里发脾气吧。没有了观众，任何脾气都没有了意义。

妈妈和5岁的艾伦在下午拜访了一个朋友。当他看到那个朋友的孩子恰克通过发脾气来获得自己想要的时，他被迷住了。晚餐时，艾伦离开餐桌去卫生间。在艾伦家，如果在吃饭中途离开餐桌，就不能再回来。这是家里定好的规矩。在他离开期间，妈妈迟疑地告诉了爸爸下午的事。爸爸理解了。妈妈清理掉了艾伦的盘子。艾伦回来后看到盘子不见了，他躺到地上，开始活灵活现地模仿恰克。妈妈和爸爸继续吃着晚饭，好像艾伦不在那儿似的。他们马上听到艾伦喃喃自语："哦，这有什么用？他们根本没注意到！"妈妈强忍着没有发笑。

妈妈在熨衣服，10个月大的

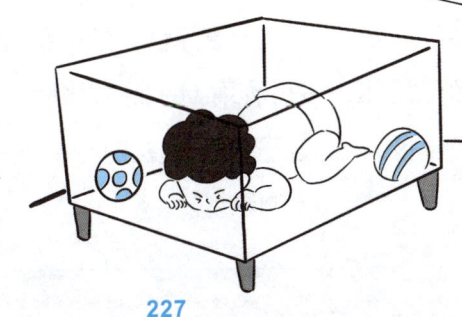

艾莉森在地板上爬。妈妈熨好衣服，然后把婴儿放进了游戏护栏里。艾莉森不愿意，哭了起来。妈妈尝试分散她的注意力，但是艾莉森向后仰撞疼了背，大声哭了起来。妈妈去了卫生间。10分钟后，当她回到现场，她发现艾莉森正在开心地玩球。

即使是一个10个月大的孩子也会试着我行我素。妈妈正在训练艾莉森接受秩序。她尊重艾莉森想发脾气的决定，然后把舞台让给了艾莉森，但她并没有给予孩子想要的关注或者服务。

退出冲突现场是最关键的一步。它并不意味着离开孩子。关爱、情感、和友好依旧存在。在冲突时撤退实际上有助于维持友谊。

当孩子受到极大的刺激时，我们通常也会表现得很不友善，会产生强烈的打他的冲动。双方的恶意会对彼此的关系造成极大的伤害。

但当我们能娴熟地及时抽身时，孩子的反应之快会令我们大吃一惊。由于他们强烈渴望归属感，空荡荡的战场是最令他们不安的。他们不需要多久就会修正自己的行为，来避免白白表现出坏脾气。一旦家中建立起了这一套流程，孩子会很快察觉到他们的界限。如果他们越界了而父母却离开了现场，孩子会很快放弃冲突，并再次表现出他们配合的愿望。

既然训练孩子配合是我们的目标，我们现在就拥有了一套赢得合作的完美流程。

我们可能很难明白怎样把这套流程做好。乍一看，我们似乎在放任孩子"毫无代价地"做一些事。然而，如果我们仔细观察孩子的动机，我们会发现在大多数冲突中，他们想要的是我们的关注，或者想要让我们陷入权力斗争。如果我们放任自己被卷入，我们就中了孩子的计，巩固了这个错误的目标。因此，我们的训练必须瞄准问题的本质，而非表面。

在口头上"纠正"一个孩子的坏行为是没有用的。
如果我们希望训练一个孩子行为良好，我们必须做出相应的行为来引导孩子态度上的变化。如果他发现我行我素的尝试只让他获得了一个没有对手的战场，他会很快转向新的方向，并且最终发现自己通过合作可以获得更多。如果我行我素并不可取，他就能学会从容地接受实际情况带来的要求。然后他会形成尊重，对现实及对父母的尊重，后者代表了现存的社会秩序。

一旦在家庭内部完成了退出冲突的训练，父母就可以更轻松地在公开场合处理冲突了。我们可以形成一套同样有效的精神上的"卫生间技巧"。孩子是极度敏感的。他们会感到父母的撤退，不参与。我们在第七章莎伦的故事里看到了这类态度的影响。当妈妈在莎伦发脾气的时候安静地往前走时，她退出了冲突。莎伦意识到了这一点，放弃发脾气，再次加入了妈妈，而妈妈也马上接受了她，没有任何谴责。剩下的路上，母女俩始终非常愉快。

> 孩子在公开场合表现不当对我们来说是十分严峻的考验。我们会感到丢脸和羞耻，因为他们把我们放到了看似失职的父母的位置上。孩子在外的表现反映了他们在家中接受的训练。如果他们在家里就"不受管教"，他们在外自然也会表现不佳，我们所经历的一切也都是我们应得的。问题是，孩子会在公开场合表现得更差，因为他们感到了大人的脆弱。

然而，我们可以利用精神上的"卫生间技巧"，把所有旁观者囊括进来。一旦我们把注意力集中到当前实际的需求，而不是我们个人的权威上，我们就获得了解决问题的方案的钥匙。

第18章 别说教，行动！

"我还要告诉你们多少次上桌之前先洗手？现在都离开，你们三个。在洗干净手之前不许回来！"三把椅子被往后拖，三个孩子离开了饭桌，妈妈则继续喂着1岁的孩子。

"我还得告诉你多少次……?"这句话被成千上万的父母说了成千上万次，带着一副好像筋疲力尽的语气。这正是这句话的目的：表现出筋疲力尽的状态。

但作为训练手段，这是无用的。

我们问"多少次"这一事实，就说明"告诉"这个行为并没有起到指令的作用。孩子们学得非常快。一次"告诉"通常会让孩子明白他们的某个特定行为引起了父母的不认可。从此，他知道朝着这个方向持续的行为是出格的。

那么，为什么三个孩子还不断脏着手坐到餐桌边呢？他们隐藏的目的是什么？好吧，这件事引发的结果是什么？妈妈做了什么？她对此大为光火。还有一个婴儿吸引着妈妈的关注。可忽然之间，她意识到了孩子们的脏手。现在，其他三个孩子获得了妈妈的关注。他们违反了一条规则，然后获得了妈妈的回应。妈妈的反应正中下怀，合了他们的意。按妈妈说的去洗手简直愚蠢！如果这样做，他们就不能让妈妈为他们忙碌了。

> **试试这样做吧**

> 如果妈妈真的希望改变孩子们的行为，她就必须有所行动。光说是没用的。出于对孩子们的尊重，她并不能决定他们会做什么，但她能决定自己会做什么。"当你们不把手洗干净时，我不会和你们一起坐在桌前。"妈妈可以撤掉盘子，不给不洗手的人提供食物。当妈妈第二次在桌前发现他们没洗手时，她甚至不需要解释为什么不给他们提供食物。现在，局面有了变化。孩子们不能再让妈妈围着他们转了。那不洗手又有什么用呢？

妈妈从厨房的窗户往外看，发现8岁的布莱恩，四个孩子里的老大，正拿着他的BB枪瞄准邻居家的窗户。"布莱恩，过来，宝贝。我想和你谈谈。"男孩放下枪，然后晃晃悠悠地朝着妈妈走去，而妈妈则开着纱门等他。妈妈带着他回到休息室，让他坐在脚凳上，自己则坐在椅子上。

"亲爱的，当我们给你那把BB枪的时候，我们教过你关于它的危险。我们在娱乐室里造了一个专用的射击通道，在那里你不会用这把枪伤害到任何人或者损坏任何东西。是这样吗？"布莱恩睁大眼睛无辜地看着妈妈，做出一副对这次小小对话很感兴趣的样子，但没有回答妈妈的话。"你知道BB枪可以打碎沃德太太家的窗户吗？"男孩的眉毛抬了起来。"你看，亲爱的，这些子弹其实是有些力道的。只要角度正确，就可以打碎窗户。你不会想这么做的，对吗？"布莱恩低垂了眼睛。"甜心，说到底，如果你打碎了窗户，我们就需要赔偿。你不会希望发展到这一步的，对吗？"布莱恩再次殷切地瞟了眼妈妈，但依旧一言不发。"现在你想带着你的枪下楼，然后在我们为你修的通道里打枪吗？我想那会很好玩。"男孩点了点头，晃着脚，说："我想去外面玩。""好的，儿子。但是你得把枪留在家里。好吗？""好的。"男孩耸了耸肩。

几天后，妈妈发现她的儿子在近距离射击瓶瓶罐罐。她再次把他叫进来进行谈话。妈妈再次重复了在玩枪时应该小心注意的地方，又提醒了他子弹的反弹力可能造成的伤害。布莱恩则再次做出了一副十分上心的姿态。这一次，在"谈话"之后，他同样把枪留在了脚凳上，然后回到室外玩其他游戏。

妈妈在"和孩子讲道理"的理念的引导下，并不认为她应该惩罚或者"压制"布莱恩。所以，她除了谆谆教导什么也做不了。许多家长都会无止尽地输出长篇大论的教导。而孩子的行为背后都是有原因的，因此也毫无意愿改变自己的行为。他们会认为这一切的言论都很无聊，并且很快对此形成免疫。他很快成为"妈妈聋子"（mother deaf）。这种失聪最终覆盖到了所有把语言作为一种引导手段的人身上。父母和老师都知道很多孩子"完全听不进我的话"，然而，他们依旧继续着这种无用的方法，加倍这种无用功！

语言应该是一种沟通方式。然而，在冲突局面下，孩子并不愿意倾听，而语言成为武器。在发生冲突时，你无法用语言向孩子传递任何讯息。在这种情况下，他是完全听不进话的。大人对他说的任何话都会成为他回嘴反驳的炮弹。一场嘴仗就开始了。即使孩子嘴上不说什么，他的内心也是叛逆的，而且会通过行为来表现出他的叛逆反抗。

有意的抵抗和令人快意的恶作剧都是孩子最常用的行动方式。

布莱恩做出了倾听的表象，因为这满足了他这样做的目标。实际上，妈妈的话他一个字也没听进去。他完全无意去执行收到的指令。假装倾听只是让他能我行我素所要付出的一个小小代价。而假设妈妈能够认真观察和解读他的面部表情，她就会明白布莱恩在嘲笑她。

> 试试这样做吧

> 如果讲道理没用，而妈妈也不赞同惩罚，那该怎么办？妈妈可以行动：她可以从布莱恩手中拿走BB枪。"我很难过你并不想遵守规则。等你准备好守规矩的时候，你可以把枪拿回去。"妈妈可以这样提醒他一到两次，之后就应该把枪收走。绝对没有必要再多说什么。

布莱恩的故事有一个悲剧的后续。他不断随心所欲地玩枪。有一天，他近距离瞄准了一个瓶子。一颗子弹反弹回来，毁掉了他的眼睛。

"珍妮特，把睡衣拉起来。像这样拖着衣服走会让你摔跤的。然后上楼睡觉。"妈妈转向她的客人们，解释说，"昨天我碰到睡衣在打折。这对她来说太大了，但你们知道的，孩子总喜欢新东西。她现在就是要穿它们。我想让她明年再穿的。"到了现在，所有人都看着依旧站在楼梯上的女孩，正开心地对着大家笑。她低头看自己正藏在过长的睡裤里的脚，轻轻地晃了晃每只脚。过长的裤脚垂在地上，吸引着她的注意。她抬起头，再次带着一个愉快的恶作剧般的笑容观察着面前的这群人。妈妈再次命令道："珍妮特，在你摔倒之前把裤腿拉高。现在就上楼。"孩子慢慢转身，把一边的睡裤甩上一个台阶，然后抬起另一只脚也甩上去，接着再次转身站在楼梯上看着客人们。妈妈背对着她，她在那儿站了一会儿听着大人们的谈话。接着她坐了下来，伸长两条腿，开始晃腿。妈妈观察到了客人们一直笑着往身后瞅，于是再次转身。"珍妮特！你想摔下来吗？现在把裤腿拉起来，然后上楼去。卡尔，过来带珍妮特上去。"珍妮特转身，迅速地爬上了楼梯，完全不在意晃动的裤腿。当她到达楼梯顶部的时候，爸爸出现了。

我们曾多少次观察到孩子身边潜在的危险，然后警告他们小心！如果他们真的认真听取了这些话，他们会多害怕朝任何方向前进呢！妈妈说得太多了。她把语言和恐惧用作威胁。

珍妮特很清楚怎样控制睡衣的裤腿。她的动作表明她经过了充分的研究，不可能没有意识到其中的危险。她完全控制住了她的睡衣和她的妈妈。她发现让妈妈表现出对她的过分担心会让自己开心。她知道该回去睡觉了，但是她利用这个机会从妈妈的朋友那里夺走了妈妈的注意力，转移到自己身上。对珍妮特来说，这证明了她让妈妈不断关注她的技术。情况越有挑战性，她的胜利就越令人高兴。而妈妈的反应正如珍妮特所预料的那样。

很多时候，家长所需要做的只有保持警惕。第一次尝试这样做的父母可能会发现这很困难。他们会受到强烈的情绪驱使去在当前的局面中做些什么。但不用多久他们就会发现，自己的沉默缓解了局面的紧绷感，而且往往重塑了家庭的和谐。然而，一些妈妈即使紧闭双嘴也能发挥出尖叫的效果。

妈妈不应该再对珍妮特说有关睡衣的任何话。她应该通过行动给孩子一个选择，自己上楼睡觉，或者被带回房间。

一个周日，5岁的特里站在主日学校教室的角落里哭。妈妈在哄他停止哭泣。"如果你不停下，我就会走开，把你留在这里。"男孩哭得更大声了。"现在，我真的要走了。"特里开始尖叫，并且跟着妈妈朝门口移动。她悄悄溜出门，又马上溜进门，而特里发出了刺耳的哭声。"现在，特里，你必须待在这里，然后马上停止哭泣。"老师走了进来："太太，你为什么不离开呢。特里会好的。""我担心他会离开教堂。我们之前在离开家时遇到过麻烦。""我确定特里会在准备好之后加入我们的。如果你能配合我们，我们会很高兴，特里。记住，我们是朋友。"妈妈离开了，特里停止了哭泣，但是依旧在角落里站了一会儿。老师回到班上。没过多久，男孩们都加入了小组。

面对尖叫、反抗的孩子，妈妈感到无助，用源源不断的说教尝试强迫她的儿子听从命令，并且最终威胁他，这并非她的本意。她想要"让"他停止哭泣，而不是把自己从他的压力中解脱出来。哭不过是一种"眼泪攻击"。

5岁的乔治在超市的购物车上乱爬，接着快速跳上栏杆，坐到了旋转门上。"乔治，下来，你会受伤的。"男孩无视了妈妈，弯着膝盖吊在栏杆上。"过来，乔治，在你受伤之前下来。"妈妈从队伍中拉出一辆购物车。乔治站起身来，然后顽皮地坐到了旋转门上，阻止另一

位女士通过。妈妈喊他:"乔治,下来,让这位女士过去。"乔治爬了下来,然后又爬上了其他购物车。"乔治,拜托!"妈妈没等他,开始沿着通道往前走。乔治一直在栏杆和旋转门边玩耍,直到他的妈妈完成购物来找他,对他说她要离开了。

很多时候父母觉得语言本身就会产生惩罚效果。当孩子没有做出反应时,父母通常会进行战略性撤退,留给孩子无拘无束、不受教养的胜利。父母在训练孩子合作这一点上一筹莫展,但他们只是隐约意识到了这一点。到了下一次,他们又会加倍努力用"讲道理"来"教育"孩子,而结果还是一样。

> 为了把我们自己拉出这种窘境,我们必须学会用行动取代说教。我们必须采纳这条箴言:"遇到冲突,闭嘴,行动起来。"

乔治是个"妈妈聋子"。妈妈就应该闭嘴,行动起来。可相反,她希望通过用危险威胁孩子来赢得合作,但乔治更聪明。他很清楚自己的身体能做到什么,其中的危险有多小。很少有孩子会在攀爬超市的栏杆和旋转门时受伤。

当妈妈发现自己的话没有作用时，她退出，留给乔治不受管教的胜利。但是最终，她告诉乔治自己准备回家了，好让乔治不会被留在超市里。相比妈妈对乔治的行为的训练，乔治的训练显然更成功，让妈妈时刻关照着他想要的。

孩子在超市里的顽皮表现已经非常普遍，甚至被认为是正常的。可实际上，百货店并不是游乐园。孩子可以接受训练来理解其中的差异，学会根据场合做出正确的行为。

试试这样做吧

在进入超市之前，妈妈可以说："乔治，超市不是游乐场。你可以和我一起在通道里走，帮我拿东西。"当乔治跳上购物车时，妈妈可以马上牵着他离开超市，回到车上。"我很难过你不想在超市好好表现。你可以在车里等我。"

通过这样坚定的行为，妈妈可以向乔治表明她是认真的。接着，她不会在下一次外出购物时带上乔治。但再下一次，妈妈会给乔治一个选择，如果他愿意好好表现就可以跟她一起去。她必须抵制住用语言威胁乔治的诱惑，例如："如果你不好好表现，你就必须待在车里。你不想这样，对吧？那你就要乖，好吗？"他不会的。

不会表现并继而升级敌对情绪的形式是顺其自然,或者在前者无法做到时从冲突中抽身而退。

4岁的强尼正在妈妈刚在花园里种好的几排植物间跑来跑去。"强尼,从我的花园里出来!"孩子继续在刚刚播种的花床上一顿踩,好像没听到妈妈的话一样。"强尼,从我的花园里出来。你在毁了它!"他全不理会,继续来回跑。妈妈又冲他喊了四次。他一直跑,直到累了才停下。接着,发出一声笑,他跑到灌木丛边,在阴影里坐了下来。妈妈瞥了他一眼,继续干自己的活。

几天后,强尼又踩了邻居家院子里刚播种的花床。他故意小步小步地踩着一排排细土。邻居牢牢握住他的手,牵着他走到了用围栏封起来的院子门口。"看到了吗,孩子。你在这个院子里不受欢迎。出去吧!"抬起头,邻居看到强尼的妈妈来找他,意识到自己的话被听到了。"他弄坏什么东西了吗?"妈妈问。"当然,"邻居生气地回答，"他太小了，还不能理解应该要远离花床。我不希望他留在我的院子里，以后也不欢迎。""好的，我很抱歉。"强尼妈妈气喘吁吁地回答。邻居又说："他并不怕我，当然也不怕你。他最好别再来我的院子。"强尼开始哭泣。"我可怜的宝贝。"妈妈把他抱起来安慰他。她抱着强尼走回了自己的院子，当她安慰强尼别在意"那个刻薄的老女人"时，强尼就靠在她肩头哭。

强尼是一个没有受到正确引导的孩子，认为除非能我行我素，否则他就没有地位。他是一个暴君。他按自己的喜好行事，没有人能阻止他，至少只靠嘴上说说是没用的！等到他觉得够了，让妈妈足够生气的时候，他才会停止踩踏妈妈的花园。妈妈持续不断的警告都落进了一副聋子的耳朵。由于她只说不做，强尼就继续我行我素。

而另一方面，邻居行动了。她让他离开自己的院子。当然，她在自己对强尼的年龄和不听话的评价里表现出了对强尼和他的妈妈的愤怒。

作为回应，强尼的妈妈认为他受到了攻击，并且马上表现出了自己的同情，这当然是不合理的。

如果孩子做出了这样的行为激起了他人的怒火和敌意，

这个孩子就应该体验到被拒绝的感觉,而不是受到不合理的同情的庇护。妈妈为强尼感到难过,这会进一步鼓励他在暴君的角色上走得更远。他现在知道了,他不仅可以在家里随心所欲地行动,妈妈还会在他在外面我行我素时保护他免于任何不愉快的后果。

但是,强尼的暴君行为在社会的任何一个角落都不会被接受。暴君在社会中是无用的。实际上,强尼希望能获得归属。他独自生活在成人世界,而作为之后出现在生命中的孩子,他获得了如此多的爱,他的父母会满足他所有的一时兴起,让自己成为他卑微的奴仆。他们这样做低估了他通过成为有帮助的人获得归属的意愿,同时鼓励他错误地认为只有当他可以压制所有身边的大人时,他才有了归属。

为了帮助强尼走出错误的态度,他的父母必须先意识到自己关于如何表达爱意的错误观念。然而他们必须行动,而不是说教。

试试这样做吧

○ 如果妈妈选择牵着强尼把他带回屋子里,花园事件给强尼留下的印象会深得多。"我很难过你不想好好表现。你可以在准备好之后再出门。"妈妈不需要提供更多对他的行为的解释,也不需要说什么是错的。他很清楚自己不应该在新播种的花床上跑。由于强尼已经成为暴君,这个新的方法会遇到棘手的抵抗。

- 当他再次开始踩踏花园时,妈妈要再把他带回室内,并告诉他:"当你准备好好表现时,你可以出去。"强尼始终应该获得再尝试一次的机会,每当他表现出不愿意遵守规矩的样子时,他应该被带回屋子里。

- 只要妈妈保持冷静,平静地确立她维持秩序的权利,就不会出现权力斗争。她的坚定会被理解,最终她的行为会为她带来尊重。强尼迫切需要学会尊重。

行动,而非说教,能做到这一点。

19章

停止"赶苍蝇"

快2岁的康妮坐在婴儿车里,妈妈推着她往前走。康妮把脚伸出来,用鞋尖抵着人行道向前。"别这样做,康妮。"女孩把脚缩回婴儿车里,但过了几分钟又把脚拖到了外面。每一次,妈妈都会说:"别这样做,康妮。"最后,妈妈生气地弯下腰,打了一下康妮的腿。"我说了别这样做!"她大声说道。接下来的路上,康妮都乖乖把腿放好了。

"哈利,快点,你要迟到了。"妈妈叫着她7岁的孩子,一边继续准备早餐。"哈利!快点儿!"几分钟后她又重复了一次,接着又过了几分钟又一次。最后,妈妈走到哈利门口,提高嗓音喊道:"你现在立刻出来!"哈利一跃而起,坐到了桌边。

"别再吸鼻涕了,斯科特。"爸爸对患有花粉过敏的8

岁儿子说。这家人正在看电视，而沉浸在剧情中的斯科特又在吸鼻涕。爸爸有点儿恼火，再次要求他别吸鼻涕了。斯科特依旧不时发出吸鼻涕的声音，直到爸爸的注意力完全转向斯科特，然后命令他："你能不能拿张纸巾把鼻涕擦掉？"斯科特委屈地照做了。

在上文的几个例子里，孩子都刺激父母做出了被激怒的反应，这些反应被形容为"赶苍蝇"。

什么是"赶苍蝇"？

在被孩子令人不安的行为激怒之后，我们倾向于用"不要""停下""别再""快点""安静"等的命令来清理这些讨人厌的状况，就好像我们挥手驱赶讨厌的苍蝇一样。

在每个例子中，父母最终都变得很暴躁，开始强迫孩子。尽管这是完全"自然的"反应，但作为训练手段，这是无效的。这甚至会让孩子相信除非我们动用暴力，否则就不必把我们当回事！

由于这并不是我们真正想要的，我们有必要观察当我们对孩子的行为感到在意时，我们在做些什么。我们"赶苍蝇"的反应是对孩子其关注的需求的回应。我们不分青红皂白的警告对孩子来说没什么意义，对我们自己也毫无价值，因为我们希望在面对这种过界行为时能做些别的而不是提供关注。如果我们希望阻止孩子做一些事或者要求他遵守秩序，我们需要从一开始就对这个事情投入全部精力，然后在要求被满足前安静旁观。

试试这样做吧

○ 有时候，我们需要的只是花时间来训练孩子。康妮的妈妈可以在孩子用脚拖地时停止推车。不需要说任何话。康妮会很快明白，如果她想继续走，就会把脚放好。作为一种训练方法，妈妈无声的坚持会比她不断说"不"，然后最终付诸暴力好得多。

○ 在另一些情况下，利用"逻辑后果"会更有效。哈利的妈妈可以向他解释，她不会再负责确保他准时坐上早餐桌，然会让他自己接受这个任务。如果口头警告和强迫都停止了，哈利可能会明白妈妈是认真的。他必须自己负责准时吃早餐，或者不吃早餐就去上学。她不能通过唠叨影响哈利改变行为，这只会让哈利变成"妈妈聋子"。

斯科特的花草过敏确实给他带来了问题。这让他的家人在他吸鼻涕时注意到他和他的问题。另外，谁会想在沉浸在剧情里的时候跑去拿纸巾？然而，爸爸意识到了吸鼻涕会很容易成为一个不讨人喜欢的习惯，他并不希望斯科特养成这个习惯。所以他选择"赶苍蝇"。但斯科特依旧在吸鼻涕。爸爸可以把所有注意力从电视转移到他的儿子身上，然后轻轻叫他的名字"斯科特"来获得他的注意。然后就看着他。男孩很可能会去拿纸巾。这样一来，爸爸通过无声的坚持确立了自己的影响力。

语言并非我们唯一的沟通手段。它们往往是效率最低的。如果我们想要影响孩子的行为发生变化，我们需要先观察自己。

我们的行为带来了理想的结果吗？

还是我们不过是在清除一个令人恼火的情况？

第20章

满足孩子要理智:有说"不"的勇气

"妈妈,给我买个新的塑料泳池。"史蒂夫要求道。"为什么?""我不喜欢现在这个了。现在就带我去买个新的。""史蒂夫,我太累了。我们可以明天去买。""不,我现在就要!"男孩跺脚抗议。"史蒂夫,拜托。我们今天已经出门太多次了。先是去游泳,然后是你的骑马课,接着又去游泳。难道你就不能等到明天再去买一个新的塑料泳池吗?""可我就想现在去买个新的。"妈妈继续说服史蒂夫,说她实在太累了。男孩开始哭泣,尖叫,诅咒,甚至开始踢妈妈。最终,妈妈妥协了,她开车去商店,给他买了一个新的、更大的塑料泳池。

妈妈深刻地觉得她和史蒂夫爸爸的离婚是对孩子的欺

骗。为了弥补这个不幸,她希望把所有可能的好处都给史蒂夫。史蒂夫察觉到了这个态度,并且利用它来得到自己想要的一切。如果妈妈对他完全无理的要求说"不",他就会表现出失望。妈妈认为他已经承受得够多了,不应该再被"剥夺"任何东西。

只要妈妈确定她可以永远满足史蒂夫的任何要求,那实际上她确实没有理由不满足史蒂夫的每一次一时兴起。只要妈妈能保证她可以一直不让史蒂夫失望,史蒂夫就不需要学习如何处理失望的情绪。在这些条件下,妈妈可以继续自己悲惨的奴仆的角色,继续接受来自她的暴君的虐待和敲打,继续允许他颠覆秩序,不尊重她,把自己视为可以随意予取予求的权威人物,并且发展出更娴熟的利用愤怒和控制的技能。

"妈妈,拜托,我可以和琳达一起去看今晚的演出吗?"卡拉打电话问:"琳达妈妈会带我们去的。""不行,卡拉。你知道你不能在上学的晚上去看演出。""但妈妈,这真的是一个非常好非常特别的演出。而且周五就没有场次了。""这演出有什么特别的?""这是书里的一个很棒的关于狗的故事,你知道的,妈妈。你看到广告了。求你了,就这一次。我明天不会累的,我保证。"妈妈考虑了一下。我不想否定一件对她这么重要的事。她这么喜欢动物的故事！而且这是一个好故事。我想就这一次不会有什么问题的。另外，如果我不让她去，她整个晚上都会愁眉苦脸的，我可受不了这个。"好吧。但演出一结束你就得马上回家。"卡拉回到了线上。"她说我能去！"她快乐地叫道。

卡拉把妈妈训练得很好。她在提出请求时楚楚可怜且条理清晰，她利用了妈妈想让自己开心的愿望。但如果妈妈真的拒绝了，她会表现出令人难以承受的消极面目来惩罚妈妈。卡拉得到了她想要的。妈妈同意卡拉打破秩序和常规。当妈妈无法说"不"时，她表现出了对自己、对卡拉和她的健康需求、对常规、对秩序的不尊重。如果妈妈做了记录的话，她会震惊地发现有多少"就一次"的请求得到了满足。每一个请求单独来看可能都很合理，但这种"胜利"的常态化应该引起妈妈的警惕和重新思考。这种请求所暗藏的威胁使它成为独裁式的要求。

认为有义务尽可能让孩子开心是一种错误，因为这是一种会助长孩子以自我为中心的奴性态度。

卡拉认为人生就是我行我素。她的注意力集中在自己和自己的欲望上，而不是实际情况的需求上。她养成合作的能力已经逐渐消失。当她自己的愿望不能得以满足时，她就让所有人都变得悲惨。卡拉被宠坏了。她完全不知道如何开解失望，如何体面地接受拒绝，以及如何最好地利用这种情况。令人难过的是，当卡拉遇到没有人想要令她开心的情况时，她的生活会陷入极端的不利局面。

我们的短视让我们很难看到满足孩子的每一次一时兴起所带来的长期结果，因为取悦他通常会给家庭带来短暂的和谐。因此，在满足孩子时谨慎行动才是明智的做法。孩子需要学会如何管理失望。毕竟成人生活充满了失望。认为孩子在长大之后就会有能力处理失望是无稽之谈。长大的过程中有怎样的魔法才能让人立刻获得一个需要在早期生活中习得的技能？如何在取悦和不取悦之间实现平衡需要仔细谨慎的思考。如果家中的常规和秩序要求拒绝孩子，而妈妈也有说"不"的勇气，卡拉就能习得她迫切需要的忍受失望的技能。

4岁的保罗陪妈妈一起去百货店，还拿着一把装着水的水枪。妈妈及时转身，发现他正对着一位女士的脸喷水。"保罗！太丢脸了。你明知道这是不对的！现在把那东西拿开。"孩子把枪放下，像是要把它放进套子一样，不高兴地噘着嘴，低头盯着地板。几分钟之后，他又看到了同一位女士，再次对着她的脸喷水。妈妈吓坏了，她夺下水枪，然后向那

位女士道歉。保罗边尖叫边跺脚。人们开始注意到他们。妈妈迅速把水枪交还给保罗。"好了，我们走吧。"

妈妈缺乏说"不"的勇气。她无法忍受让人们听到自己的孩子大叫。妈妈的训练让保罗认为自己的要求总是合理的，不论自己的行为多骇人都可以我行我素。而保罗则把妈妈训练得很好，让她随时愿意并且准备服从于他的专制。

许多孩子在无法得到自己想要的东西时会用暴力表现出他们的怨恨。尽管如此，妈妈有义务维持秩序：她不能放任保罗对着其他人喷水。

试试这样做吧

○ 由于保罗不愿意控制自己，妈妈不能让他持有水枪。"当你准备好把枪放进枪套里而且在到家之前都不把它拿出来的时候，你就可以把它拿回去。"

○ 妈妈必须尊重他表达自己的怨恨的权利，但是也要尊重自己说"不"的权利,而且她必须真诚地这么认为!

○ 如果人们开始围观,这当然会令人不快,但是对孩子的训练和培养更加重要。我们必须学会注意因地制宜,不去在意"他人的想法"。

在这个情况下,妈妈必须在她受伤的虚荣心和作为母亲的义务之间做选择。

3岁的威利正站在折扣商店的玩具柜台边抽泣。"你想要什么,威利?""我想要那个。"威利指着一个他曾经尝试够到的玩具手风琴。"不行,威利。它太吵了。你不能选这个。我可以给你买一辆玩具小车。"孩子抽泣着说:"我不想要小车。我想要那个。"妈妈无视了他,继续看对面柜台的一些商品。威利抱着妈妈的腿,哭着说:"我想要它,我想要它,我想要它。""哦,天呐。给,我会给你买它的。"当店员把

包裹递给妈妈时,男孩伸出手想拿住包裹。"等我们到家再给你,在这里玩手风琴太吵了。"威利开始大哭起来,"现在就要!现在就要!现在就要!""好吧,你可以拿着它。但是别把它拆开。"可威利马上拆掉了玩具的包装。妈妈不知所措地看着这一切。他来回拉着手风琴,制造出可怕的噪音。"好了,威利。你听听这有多难听。要么等我们到家了你再玩,要么我现在就把它拿走。"他依旧拉着风琴。妈妈拿走了玩具。他开始大叫。妈妈就把玩具还给了他。威利继续拉着风琴。妈妈怒火中烧。"你能等到我们离开商店再玩吗?"威利不为所动。最终,妈妈推着威利离开了商店。"你太让我生气了。为什么你甚至不能等到我们离开商店?"

妈妈缺乏说"不"和直面威利的不快的勇气。不论如何,他都必须被取悦,他的心情必须保持愉快。威利把妈妈掌控于股掌之间。

我们完全没有理由给一个孩子买所有他看到又想要的玩具。我们也没有理由在他每次和我们去商店时都给他买礼物。

这种行为只会娇惯一个孩子的心血来潮,让他认为获得这些礼物都是他的权利。"如果妈妈不给我买些什么,她就是不爱我了。"孩子感兴趣的不是玩具，而是证明妈妈必须不断付出。玩具本身没有多少价值，它可能很快会被丢弃。让妈妈为他付出成为最重要的事。

玩具应该是有用的，或者能满足特定的需求。它们应该在人们期待礼物的日子里或者季节性地被给予。例如在春天赠送跳绳，在夏天赠送棒球手套和水上玩具，在冬天赠送室内玩具等。购物应该是有目的的。当孩子和我们一起出门时，他们会形成关于钱和购物的观念。如果不限制他能买的东西，他就会认为钱是无穷无尽的，他对物质的价值观会被扭曲。

如果威利的妈妈能够在令他开心这件事上更加慎重，并且坚持对计划之外的购物说"不"的态度，她就能表现出对他更多的爱意及对他的幸福更大的关注。但现实是，她完全无力维持秩序，因为她缺乏勇气，害怕他的报复，因此不敢说"不"，无法坚持立场。

"今天我们需要谷物，劳拉。你能负责挑选谷物吗？"6岁的劳拉快乐地看着一排盒子，选择了一种，把它放进了购物车里。妈妈接受了这个选择，于是女孩跑向了糖果柜台，选择了糖果，然后把它带回给妈妈。"不行，劳拉。今天不行。家里已经有够多糖了。""但是我今天想要这种糖。""你可以在我们下次购物时买这种糖,"妈妈微笑着回答,"过来帮我选一些橘子。"劳拉把糖放了回去,然后和妈妈一起在水果柜台挑橘子。

妈妈表现出了合理的让劳拉开心的欲望。她给了劳拉挑选谷物的权利。孩子也承担了一部分责任。然而,当劳拉提出不合理的请求时,妈妈用友好的方式对她说"不",并且通过建议在未来满足她的要求来赢得劳拉的配合。更重要的是,妈妈指出了另一个劳拉可以帮忙的地方。劳拉正在学习如何带着目的购物。

> 想要让孩子快乐是很自然的。满足他们的愿望会带来巨大的满足。然而,如果我们到了为了满足孩子牺牲秩序或者出于恐惧过分对他的要求妥协的地步,那么我们就需要对这些行为的危害有所警惕了。

拒绝给予孩子他想要的并不一定是因为武断。无论何时,如果孩子的愿望或者请求与秩序或者实际情况的需求发生了冲突,那我们就必须有勇气坚持说"不",来表达我们自己的最佳判断。

第21章 克服本能：行动要出其不意

每次三周大的唐娜开始哭，妈妈就会冲过来看她是否安好。她会把她抱起来，从头到尾检查一遍，抱着她，直到她再次入睡。接着温柔地把她放回婴儿床上。

唐娜一哭，妈妈就会把她抱起来。每次她一哭，她们就会重复这个惯例。于是，每次这个孩子想被妈妈抱时就开始哭。谁说这不是一个成功的技巧呢？即使小小的婴儿也可以洞察周边的环境及自己可以利用它做的事。在唐娜每一次哭的时候把她抱起来是在鼓励她把寻求关注和他人的服务作为一种感觉被需要的手段。小婴儿是很萌软可爱的，把他们抱在怀里是一种令人十分愉快的感觉，会让人很容易去回应这种冲动。然而，如果我们意识到了我们正在剥夺婴儿休息的权利，而且让她形成了一种错误的寻找在世界上的位置的观点，我们的父母之爱难道不会促使我们为了孩子做出不同的行为吗？固定的作息和拥抱时间能够帮助孩子发现生活的规律及既定秩序带来的舒适感。因此，控制住一时冲动非常重要。反之，我们应该停下来好好思考，符合实际情况的需求是什么？

爸爸、8岁的贝文、6岁的玛丽和3岁的莎拉，正在一起堆雪人。贝文失去了兴趣，开始自己一个人玩，在雪堆上奔跑，滑行。当爸爸伸出手想放好雪人的脑袋时，男孩滑进他怀里，撞掉了他手上的雪球。"哦，爸爸，我很抱歉。我不是故意的！""好吧，小心点。"爸爸生气地说。过了几分钟，贝文又滑着撞到了玛丽，把她撞倒了。她的脚撞进了雪人的下半身，把它给毁了。她开始大哭。"贝文，进屋去。你没在这儿就给我们帮大忙了！"

爸爸在一时冲动下恰恰做了贝文希望他做的事。贝文，在两次被女孩子推下王座后，认为他在这个家里已经没有了立足之地。这是他在家庭活动中"失去兴趣"的原因。他这样做就能向自己证实自己的推测的真实性，尽管他并没有意识到自己的行为的原因。他成功让自己被拒绝了。实际上，他真的不太友好。难怪爸爸和他的妹妹们不想他在旁边了。

贝文需要有人去理解和帮助他。如果爸爸能够理解贝文对自己在生活中的位置的疑惑，而且明白他为什么试图激起他人的反感，他就会克制一开始把贝文送走的冲动，不会轻易地掉进贝文的陷阱了。当然，抵抗孩子的挑衅往往是最难的。

试试这样做吧

> 如果爸爸能做出贝文意料之外的行为，整个局面可能就会有不同的转折。由于贝文想滑雪，他可以建议大家暂时停下堆雪人，和他一起玩滑雪游戏。爸爸可以无视玛丽的抗议，积极地提议："贝文，你来领头，我们来把雪堆踩低一些，变得更宽，这样我们就都能滑了。"由于贝文兴致正高，他很可能会配合。这样的行为可以预防男孩做出激起他人反感的尝试，而他的角色变成了领头人，这也增加了家庭乐趣。破坏性的行为就被变成了建设性的、有益的活动。

办公室护士询问面前4岁的孩子："你的喉咙疼了多久了，罗伯特？"妈妈替他回答了："他昨天早上抱怨过喉咙疼。"8岁的贝基插话说："他常常喉咙疼。"护士再次对着罗伯特提出了她的问题："你有热度吗？"妈妈再次回答:"他今天早上不像发烧的样子。""你吃早餐了吗?""他喝了一点牛奶。""妈妈总是代替你回答问题吗?"妈妈笑了。"并不总是。至少我尝试不这样做。他姐姐总是替他说话,这快把我逼疯了。"

罗伯特非常懂得如何让其他人代替他说话。他是那个没有机会为自己发言的小孩子。在一开始受挫后,他就发现自己可以躲在后面,一声不吭,什么也不回答,甚至没有表情,就让有能力又健谈的女士们去说吧。他可能并不喜欢这样,但是如果仔细观察,我们会发现,他会一次又一次让别人为他服务。这些看起来能干的人实际上是他的仆人!

如果妈妈希望罗伯特长大,她就必须学会闭嘴。她替罗伯特说话的本能反应会让她和男孩都陷入麻烦。她也必须无视贝基替罗伯特给出的回答。贝基可能认为她展现出了相对于弟弟的优越性,但实际上,她也沦为了弟弟的仆人。

"你想要哪种谷物,罗伯特?"他可以回答,但他就是不说。有人会替他回答的。不用说,贝基说话了:"他想要玉米脆片。""罗伯特可以自己回答。为什么我们不等他自己说他想要什么呢?"在男孩说出自己的选择之前,什么都别给他。

> 任何时候,当我们依靠本能对孩子的行为做出反应时,我们可以相当确定我们只是在做孩子希望我们做的事,尽管孩子本身可能没有意识到这一点。

1. 如果他在我们通电话时撒娇或者哭闹,我们只要回应他就满足了他想获得全部关注的愿望。

2. 如果我们被刺激去责备他在刚拖好的地板上留下泥渍,他可能成功把我们卷入了权力斗争。

3. 如果我们因为他自己做不到就帮他扣好大衣,我们再次确认了他自认为无助的自我认知,让我们自己成为他的仆人,这是"弱小的"孩子的力量。

6岁的查尔斯从学校回到家,发现晚餐的甜点布丁正放在窗台上冷却。他好几次把手指伸进盘子里,然后舔掉布丁。妈妈把他抓了个现行。"查尔斯!你今天晚上吃不到布丁了。"在餐桌前,妈妈先给了爸爸布丁,然后又给了其他人,但忽略了查尔斯。

爸爸询问了原因。妈妈解释了发生的事,查尔斯垂着脑袋坐在一边,脸上很难过。最后,爸爸说:"你不给他一点布丁吗?""不。我说了他不能吃布丁,这是惩罚。""别这么严格,毕竟他只是尝了尝布丁。"在爸爸的坚持下,妈妈的态度软化了,给了查尔斯甜点。

爸爸心疼看上去很难过受伤的查尔斯,于是他站在了查尔斯一边来对抗年纪大又刻薄、不可理喻的妈妈。聪明的查尔斯!他成功地让爸爸支持他,让妈妈因为惩罚了他而感到难过。多么美妙的报复,多么巧妙的复仇!爸爸跟随本能反应,加强了查尔斯暗藏在他十分动人的悲伤表现下的复仇计划。在这个例子中,爸爸应该克制他的本能,管好自己的事。妈妈与查尔斯的冲突和他并没有关系。

"米尔顿,回来收拾好你的衣服。我到底要告诉你多少次去学校之前把房间整理好?把脏衣服放进脏衣篓里。鞋子收进鞋柜里。外套挂在衣架上。天呐!一个9岁的男孩应该知道怎么把房间整理好。我不明白你为什么会这么邋遢!你桌上这一堆垃圾究竟是怎么回事?"诸如此类的话不绝于耳。

妈妈试图用口头批评来控制米尔顿的做法是绝对没用的。米尔顿邋遢是因为这打败了希望他变整洁的妈妈。他让妈妈被卷入了无数次权力斗争,他们的胜负是1000:1。

她做了米尔顿所希望的,不断继续冲突,让他能不断击败她。他可能最终会有所收敛,但一定会表达出强烈的不满,这又会激怒妈妈。而且到了明天,同样的游戏又重新开始了。

试试这样做吧

妈妈可以做几件出乎他意料的事。他肯定不会想到妈妈会退出这场斗争。

- 在气氛友好的时候,妈妈可以说:"米尔顿,我不会再关心你的房间是什么样子了。你可以按照你的想法安排房间。毕竟,这是你的房间,其实和我没有关系。"

- 在米尔顿准备去上学的时候这么说是个错误。接着妈妈会对着乱糟糟的房间生气,而米尔顿会把它视为一种新的强迫他的策略,这不会有任何好处。

- 妈妈必须做到真正毫不在意。这是米尔顿的问题。让他自己去解决。她只要清洗脏衣篓里的衣服就好。让符合逻辑的后果自然发生。不需要说什么!

- 在大扫除的日子里,妈妈可以询问米尔顿是否想要她帮忙一起打扫房间,然后按他的决定去做。

- 任何时候妈妈都不该提起、评论,或者被他乱糟糟的房间激怒。这并不容易,但如果妈妈希望能

> 从权力斗争中脱身并且激励她的孩子表现出恰当的行为，她必须这么做。

假设妈妈无论如何都想让米尔顿保持房间整洁，她就会不断继续这场权力斗争，输给自己，失去赢得合作的机会。

从婴儿时代早期，孩子就开始探索找到自己的位置，获得重要性的方法手段。当他们发现一种实现这一目标的技巧之后，不论受到多少次批评还是惩罚，他们都会执着于此。父母对此的反应带来的不快并不能减弱感受到自我的重要性带来的满足感。只要他们选择的方法能带来想要的结果，他们就会坚持这种方法，继续追求关注或者家庭权威。

往往不论是孩子还是父母都无法意识到，这一切都是他试图找到自己的位置和归属所做的努力的一部分。如果他的行为违反了秩序，破坏了合作，他就是在用错误的方法来实现他的根本目标，而我们的本能反应往往只会加深他的错误认知。他不仅会进一步丧失信心，而且更坚信他只能这样去做。

孩子很少能意识到自己错误的行为或者躁动背后的

目标。

如果我们观察自己的反应,我们会发现孩子从中获得了什么。如果我们不再像以前一样反应,他的努力对他来说可能就成了无用功,他或许会寻找一种更好、更有效的方法,尤其是在我们积极地提供关注及一种更好的获得地位的方式的时候。

第22章 不要过度保护孩子

"强尼，强尼！"妈妈站在门口呼唤着她7岁的儿子，男孩正在半个街区远的地方玩。因为得不到回应，妈妈走到了孩子所在的地方。"强尼，你不觉得你该穿件毛衣吗？今天早上挺冷的。""不，不冷，妈妈。我暖和着呢。""不，我认为你该穿上毛衣。我把它带来给你。"妈妈回到家，拿上毛衣，又找到强尼给他穿上。

保护欲过剩的妈妈扮演着高高在上的权威角色，决定强尼什么时候热、什么时候冷。强尼接受了她的决定，因为这样做可以让妈妈一直为他忙碌。妈妈提供了一些没必要的服务。既然妈妈决定他需要穿毛衣，他就留在原地。他的被动迫使妈妈走回家又回来找他。妈妈却完全没意识到这种互动，认为自己大局在握。

"嘿，妈妈，我们能去商店买点东西吗？我们想做一个柠檬水摊位。""不行，吉米，我不能让你们自己去商店。""哦，妈妈，商店离家才四个街区。求你了。"7岁的吉米恳求道。"求你了，妈妈。求你让我们去吧。今天这么热，我们能卖很多柠檬水呢。"5岁半的马尔文补充道。"我现在没空带你们去，而且你们还太小了，不能自己出门。再说，你们得买这么多东西，纸杯、柠檬等。而且你们要在哪里摆摊呢？""就在家门外。会有很多人买的。""不，我不这么认为。"妈妈说服孩子们放弃了这个想法。当他们走出家门时，吉米冷笑着说："呵，她就是害怕了。"马尔文同意地点头。

妈妈是"害怕"了。她担心如果让孩子们离开了自己的视线，他们会遭遇不幸。她在试图保护他们不受伤害，这是很正常普通的愿望。但是妈妈的行为过度了。她认为到处都是危机四伏，于是产生了过度的保护欲。

我们不能保护我们的孩子不去经历生活。我们也不该这么想。

✡ 我们有义务训练孩子获得面对生活的勇气和力量。妈妈希望保护孩子远离可能的伤害的愿望可能会产生负面的影响。它可能会让他们无法自理，只能依靠她。这里有关于妈妈的错误态度的一点提示。

✡ 以为了孩子好为借口，我们让自己的孩子无法自理，只能依赖父母，这样一来，不论是我们自己还是孩子都会认为我们显得足够高大、权威，足够关爱孩子。它把我们放在优越的统治地位，而把孩子限制在了从属地位。然而，今天的孩子不会容忍这样的做法。他们是叛逆的。

✡ 我们过度保护孩子的行为背后还有第二个原因，那就是我们对于自己是否有能力解决我们的问题有疑惑。因此，我们对于小孩子照顾自己的能力就更加没有信心。

眼下，吉米和马尔文接受了妈妈的意见，但他们并不服气，也不尊重她的意见。他们对她的胆小谨慎皱起了眉头。

孩子对待保护欲过剩的父母的方式取决于他们的目标。最危险的回应来自第四种目标，也就是不自理。由于完全失去了信心，孩子可能会放弃自理，期待永远被父母保护远离生活中所有的困境。

两个月前，6岁的乔被确诊有糖尿病。他每天都需要喝一剂口服胰岛素，妈妈说这是他的"维生素"。乔没有被告知自己的病情。妈妈为自己的行为辩解说，她不希望乔会感到"奇怪"。所有和医生关于病情的谈话都是在乔不

在场的情况下进行的。她每天提醒乔必须只能吃自己准备的东西,这样"维生素"才能有效果。

妈妈的顾虑是可以理解的。当一个孩子患上了器官性疾病时,我们会尽一切努力让他尽可能正常。然而,逃避和谎言很少能实现这个目标。妈妈在过度保护乔。她希望能控制局面,能为他承担控制食物摄入的责任。最终,乔必须知晓他的情况,因为总有一天他必须自己面对它。如果乔患上了麻疹,妈妈会告诉他问题是什么,然后看护他痊愈。麻疹会好,所以看上去并不像糖尿病一样可怕,后者是一种会持续一生的问题,所以更难向一个孩子解释。然而,6岁的乔当然已经有足够的能力去理解他需要药物来帮助他的身体正常运作。

试试这样做吧

○ 从一开始就用轻松的态度去面对,这会帮助男孩形成健康的态度。"你身体里的一个腺体没有正常运作。我们需要一种叫作胰岛素的药来帮助它。

如果你摄入过多食物，胰岛素就没用了，所以我们必须小心控制你吃的量。"

○ 乔可能会渐渐意识到他患有一种独特的但可以控制的疾病，他依旧可以过着正常的生活。这是乔的问题。他需要帮助和鼓励来面对它。最好的鼓励就是认可他可以处理好这个问题。

○ 随着他长大，开始学习更多关于身体运作的知识，他对自己的病情的理解也会加深。频繁的尿常规检查也可以得到解释。"这样我们就能明白腺体是否得到了足够的帮助。"如果妈妈没有被这个问题压垮，她可以向乔提供解决他的问题必要的方法。但只要她试图把他和问题隔离，她就剥夺了乔学习如何处理问题的能力。

没有什么比下定决心去做不可能的事更令人疲惫了。我们不可能安排好所有事或者控制生活，不论是为孩子还是我们自己。想要这样做的绝望尝试是造成我们身边的痛苦的重要原因之一。孩子会学着我们去对抗不可避免的事物，尤其是当我们试图保护他们避免所有艰难和不愉快的时候。只要我们坚持一段时间这样做，孩子就会认为我们会一直这样做。后续的幻灭会让孩子感到愤怒和怨恨，不仅仅是针对父母的，还有针对生活本身的。他们怨恨生活没有根据我们的好恶来安排。"被宠坏的孩子"总是怒气冲冲的，因为生活并没有如他所愿。多么无力、可悲的命令！不幸的是，这样的孩子并不会在长大之后就丢掉这种"被宠坏的娇气"。这可能会成为他对生活的基本态度。当我们娇惯自己的孩子，试图保护他们免受生活的伤害，我们所给予的礼物最终只是面对这个可怕世界的无能怒火。

为了避免这个悲剧性的错误，我们必须意识到我们并非全知全能的，但是我们有义务教导我们的孩子面对生活的方法、手段和态度。秘诀是：我们首先确认需要面对什么。接着我们去寻找问题的答案："我可以怎样处理这个问题？"即使是很小的孩子都可以在引导下通过简单的问题来分析一个混乱的局面。孩子的大脑是非常活跃的。我们应该训练孩子去动脑。

"妈妈，乔治撕掉了我的书！"布鲁斯因为自己的小弟弟的举动愤怒地大喊。

布鲁斯已经陈述了他的问题，而且表现出了对此的反应。他想要妈妈帮自己解决它，做些什么。最好是惩罚乔治。

"哦，亲爱的，我很难过书被撕坏了。我们已经没办法修补了。但是你能做些什么让乔治不再撕坏另一本书呢？""我不知道！"布鲁斯生气地大吼。"你必须做点什么来阻止他。"面对布鲁斯的怒火，妈妈保持着平静。"你自己想想自己能做什么，布鲁斯，之后我们再来谈谈。""我现在就想做些什么！"妈妈离开去了卫生间。稍后，当布鲁斯再次平静下来，妈妈提起了这个话题。布鲁斯还记着遭遇的"不公正"，一开始在回应时还带着再次升起的敌意，但是妈妈没有正面回答。"我们不能让乔治停止撕东西，布鲁斯。我们还能做什么？"通过娴熟地不断提出问题，妈妈最终让布鲁斯明白他可以把书保管在乔治看不到的地方。

是我们自身的优越感让我们认为孩子太小，不能解决问题，或者会轻易被失望打倒。我们必须认识到这种观念是错误的，然后用对孩子的信心和信任以及我们提供引导的愿望取而代之。当然，我们不会任由孩子面对自己的命运，也不会让他一次体验命运的所有滋味。我们会利用我们的头脑！

我们不应该成为挡在孩子身前令他们沉浸在天真中的保护伞，而应该成为一个过滤器，过滤掉孩子可能遇到的一定数量的生活体验。我们会不断警醒，退一步审视自己是否让孩子能体会到自己的力量。

我们随时准备好在问题超过孩子的解决能力的时候提供援手。我们可以在他出生那天起就开始这个过程。通过我们的照顾和引导，一点点把生活和它的问题、挑战、满足，交付到孩子手中。

第23章 鼓励孩子独立

任何时候都不要替一个孩子做他自己能做到的事。

这个规则是如此重要,以至于它需要被一遍又一遍地重复。

5岁的玛丽是妈妈的心头宝。她长得格外好看,她的妈妈总是给她穿好看的衣服,把她打扮得漂漂亮亮的。妈妈每天给玛丽洗澡,帮她穿裙子,系鞋带,刷牙梳头。玛丽就像个标准的洋娃娃,漂亮、讨人喜欢、看着就令人高兴。她不会系扣子、穿袜子,不会区分裙子的正反面,也不会分左右脚的鞋子。

一天晚上,玛丽妈妈的学习小组会议上讨论到了我们任何时候都不该为一个孩子做他自己能做到的事。玛丽妈妈被激怒了。"但是我想为玛丽做一切,我就是喜欢照顾她。她是我拥有的一切!"

如果玛丽妈妈能意识到自己正在对孩子做的事,她会被吓坏的。实际上,她对女儿的爱是对自己的爱。她把自己视为那种最慈爱的母亲,把生活完全奉献给她的孩子。另一方面,玛丽在教导下认为自己是弱势的、无助的、需要依靠他人的、没有能力的、没用的。玛丽很可能会认为只有妈妈为她服务,为她安排好一切的时候,自己才有了一席之地。她在行动上可以做的事那么少。她所能提供的只有她的美被动展现出来的魅力。

玛丽必须在接下来的一年里去学校。到那时,妈妈就无法在那里为她准备好一切,而玛丽可能会举步维艰。她的勇气可能会被逐渐侵蚀,而无助则日益加剧。接着她可能会在完全没有准备的情况下遭遇危机。

任何时候,如果我们为孩子做那些他们自己能做的事,我们就是在向他们表明我们比他们更伟大、更好、更能干、更娴熟、更有经验,也更重要。我们不断表现出我们假想出的优越感及孩子所谓自卑感。接着我们会想为什么他会觉得自己无能,变得越来越不完美!

替一个孩子做他本来能自己做的事非常令人挫败,因为这剥夺了他感受自己的力量的机会。这表明了我们对他的能力和勇气完全没有信心,夺走了他本身的安全感,这种安全感正是基于他自己面对和解决问题的能力实现的。这还剥夺了他培养自理能力的权利。而这一切都是为了维持我们自己不可或缺的形象。如此一来,我们的表现无疑对作为人的孩子极度缺乏尊重。

妈妈、4岁的吉恩，还有快满3岁的温迪，正在穿上外套，准备出门去玩雪。这对女孩子们来说一直是最棒的活动，因为妈妈真的很喜欢玩雪，而且乐于和她们一起做各种雪堆出的形象。吉恩顺利地穿上了所有的防寒装备，包括她的靴子。可温迪噘着嘴，磨磨蹭蹭的。她就站在那儿看着自己的厚外套，没有任何穿上它的动作。"快点，温迪，穿上你的外套！"妈妈一边穿着自己的靴子一边警告温迪。温迪把大拇指放进嘴里，无助地站着。"哦，天呐，温迪！你这是怎么了？坐下，照我教你的那样做。""我做不到，"孩子呜咽着说，"你来做。""哦，好吧，过来。"妈妈烦躁地给温迪穿好衣服。吉恩非常满意地观察着这一切。

　　温迪是那个认为无能、无法自理可以吸引妈妈的注意且得到她的服务的小孩。她的大姐姐的能力进一步挫败了她的自信。吉恩对温迪保持无法自理的状态很满意，因为这保住了她自己的优越地位。而妈妈急匆匆、不耐烦的态度更加加强了两个女孩的看法。她屈服于温迪的不自理，为她做了她本可以自己做到的事。只要妈妈始终缺乏耐心，匆匆忙忙地选择更容易的方法，温迪就失去了发展独立能力的机会。

试试这样做吧

○ 温迪需要很多鼓励。她需要对自己有新的认知，通过新的方式找到自己的位置。她所不需要的正是她获得的服务。

○ 鼓励她可能需要时间和耐心。由于妈妈向温迪展示过如何穿上外套，她可以假设温迪知道该怎么做。现在她必须后退一步，给温迪自己行动的空间。

○ 更明智的做法是给温迪更多时间去穿上她的装备，让她更早开始行动。接着耐心地鼓励她，不要急。"你可以做到的，温迪。你是个大姑娘了。"

○ 当温迪声称自己做不到时，妈妈可以拒绝接受温迪的自我评价，转而用语言来支持她："你当然可以。继续尝试。等你准备好了，你可以出来加入我们。"温迪很可能会最大限度地利用这个局面。她可能会哭得可怜兮兮的，不去做任何尝试。那这一次她就没法加入妈妈和吉恩了。

妈妈必须克制自己同情温迪的本能,不向她的无助妥协,拒绝帮她穿外套,然后带她出来加入她们。当温迪发现她错过了出门玩雪的乐趣,而且没有人关注她的可怜时,她可能就会改变想法,决定自己解决自己的问题了。

妈妈正在熨衣服,3岁的贝思安正在妈妈脚边玩。"妈妈,我不想你继续熨衣服了。""我还有两件衬衫,宝贝,然后我就完事了。""但是我要去卫生间。"贝思安抽泣着说。"你可以自己去。"妈妈温柔地回答。"不,我不行,妈妈。我想要你陪我去。""抱歉,可我正在熨衣服。""但我不能自己去。"妈妈对女儿笑了笑,什么也没说。孩子躺倒在地板上,开始发脾气,似乎又考虑了一会儿,然后起来,自己去了卫生间。

妈妈在我们的一家引导中心进行了咨询。作为家里唯一的孩子,贝思安让妈妈完全成为她的仆人。妈妈正在从女儿过度的需求中抽身,让她慢慢独立。先前的经验让贝思安明白了她已经无法用发脾气来得到自己想要的。这就是她一开始发脾气,但又重新考虑的原因。当妈妈拒绝放下熨衣服的工作去满足她的需求时,贝思安尝试利用无法自理作为让妈妈再次为她服务的手段。妈妈平静且温柔地拒绝了为贝思安去做她可以自己完成的事。她也拒绝进行语言上的对抗。贝思安的回应是不断发展的自理能力和自给自足感。

妈妈和3岁半的凯蒂进入了一栋公寓的电梯。凯蒂尽可能伸出手,按下了数字5。电梯里的另一个人干巴巴地笑了笑。"我们会在每层楼都停一下了!""哦,不。她按的是正确的楼层。"妈妈为凯蒂说话。"是吗?"那名男士惊讶地问。"是的,我知道的。"凯蒂笑得很开心。

尽管凯蒂的年纪还很小,妈妈必须陪着她去那栋高楼的游乐区域。但妈妈正在通过允许凯蒂做力所能及的事来教会她独立。凯蒂非常骄傲自己已经足够大,能够按到正确的电梯按钮。她知道可以为自己做一些事情。对她而言,意识到自己能够控制那台大电梯的升降是多么令她惊喜的事情!

从一出生开始,我们的孩子就向我们展现出了他们为自己做一些事的渴望。婴儿伸手拿勺子是因为他想要试着喂自己吃饭。但我们为了避免混乱太过频繁地劝阻了这些早期的尝试,因此令孩子失去了信心,并且形成了错误的自我认知。多遗憾啊!

帮婴儿清理干净其实比恢复他的勇气容易得多。一旦孩子表现出了为自己做事的愿望,我们必须抓住时机,尽可能鼓励他。生活中能让孩子帮助自己和他人的机会其实比我们想象的多很多。他可能会需要帮助、监督、鼓励和训练。这些是我们必须提供的。我们没有权利为他做所有事，或者阻止他做他想做的、有益的贡献。

孩子的幼小是非常有感染力的。当我们看到他在尝试的过程中遇到一点小困难时，伸出手帮助孩子总会成为我们的本能反应。但是我们必须小心这种本能。

我们往往在没有意识到的情况下放任自己不断为孩子提供不必要的帮助，因为我们已经如此习以为常。能够要求大人的服务当然会让孩子获得一定的权威感。但是如果有机会能有帮助，孩子会更喜欢自己的能力。随着孩子长大，他会自然地希望能够尝试为自己和他人做更多事。然而，这种倾向可能会被父母的恐惧、保护和服务所扼杀。

在这类情况下，孩子会失去信心，很快发现软弱的正面价值。他会假设自己不能为自己做任何事，假设他是无能的，对自己的能力评价极低。接着，他会通过获得他人的服务来寻求安慰，而他已经被弱化的自理能力和自信心又进一步被消磨了。

警惕的父母可以遵循本章开篇提到的规则来避免这种发展。这听上去很简单。然而，当我们匆忙地想要把事情做完或者习惯自己动手的时候,这个规则做起来其实很难。我们可能甚至不会意识到孩子已经有能力接受一些事。或者,情况往往是,我们会低估孩子的能力。我们往往会把孩子的能力想得最低,然后放大他的无能为力。我们必须敏锐地警惕期待过高和对孩子的能力有信心之间的差别。前者是把我们的需求强加给孩子,后者则是对孩子的尊重。

作为女童子军项目的成员之一,乔安计划采访一名当地的兽医。"妈妈,求你了。你帮我打电话给他吧。""为什么应该我来打,宝贝?""我不知道该说什么。"乔安回答。"好的,你想从他那儿知道什么?""我想为这项目和他谈谈马的健康。""很好,那就这么告诉他。""但我不知道该怎么说。"乔安绝望地哭了起来。"我想你可以靠自己想明白的,亲爱的。""妈妈,求你帮我给他打电话。"女孩恳求道。

"但我不想知道关于马的健康的事情,乔安。这不是我的项目。你可以做到的。去试试。"乔安沮丧地走开了,拒绝自己打电

话。妈妈也没有做任何事。下一次童子军会议时，乔安的负责人问到了采访的进度。她羞愧地承认还没有打电话。"为什么不在下个礼拜把这件事做好呢，乔安？只要做了你就可以完成你的项目了。"那天傍晚，乔安再次请求妈妈替她打电话。妈妈也再次拒绝了。"但我不知道电话号码。"妈妈带着慈爱的微笑把电话簿交给了乔安。"去吧，宝贝。你一定能行。"乔安花了很长时间找到兽医的号码，然后又花了更长的时间盯着电话。当她鼓起勇气开始拨号时，妈妈离开了房间。过了一小会儿，乔安开心地跑了过来。"哦，他人真好，妈妈。他告诉了我很多事。现在我可以完成我的项目了！"妈妈的笑容透露出了她的满足。"我很高兴你愿意自己完成这个任务。"然后她给了乔安一个拥抱。

　　妈妈意识到了乔安在面对陌生人，对陌生人提出请求，处理一个完全陌生的局面时的恐慌感。她的本能反应是为乔安扫清障碍。但她很快意识到女儿需要成长，并且抓住了这个机会鼓励她解决自己的问题。她知道完成项目然后赢得童子军奖励会激励乔安继续行动。她也对乔安的能力有信心，同时避免压迫她去行动。妈妈选择后退且给了乔安成长的空间。她拒绝替乔安去做她可以自己做到的事。乔安的收获是不断发展的独立性，而妈妈的收获是对自己有效的引导感到满意。

这是一个微妙的场景，需要妈妈全部的敏锐洞察。我们必须保持警惕，不过问太多，但另一方面，我们又必须能够意识到孩子的能力。妈妈坚定地相信乔安可以做到，为乔安的勇气提供了支持。当女孩最终开始拨号时，妈妈离开了房间，这样乔安就不必在意妈妈对她的表现的评价，可以自由地靠自己展开对话。

很少有父母会有意识地去破坏孩子的自立。正是因此我们才必须注意到过度保护的危害，并且随时注意能够鼓励孩子独立的机会。

> 每个妈妈都会记得陪伴孩子走出第一步的惊喜。许多家庭影像或照片记录下了这个令人惊喜的事件。
> 如果父母能够警惕不同的发展阶段，那么孩子的一生中会有无数个这样令人狂喜的机会。引导孩子走出第一步的过程本身需要在孩子成长过程中的方方面面被不断重复。

妈妈必须退出，离开孩子，在他刚好够不到的距离对他伸出手。然后，她会鼓励他。她已经为他提供了独立于自己的支持去移动的空间。他尝试了。当他成功够到妈妈时，他会充满胜利的喜悦，而妈妈则会为他的成就而高兴。在其他任何场景下都是如此，我们必须退后，给孩子空间，收回我们的帮助，同时提供鼓励。

第24章 远离孩子间的争执

许多家长都对兄弟姊妹间不断发生的争执深感忧虑。他们爱每一个孩子，而看到自己所爱的孩子彼此仇恨、彼此伤害是令人伤心的。父母的大部分育儿精力都被用在平息纷争，试着"教会"孩子们好好相处上。许多孩子"长大"后就会慢慢不再争执，随着成长开始欣赏和照顾彼此。也有一些人会继续带着对彼此的敌意进入成年，永远无法与自己的兄弟姊妹和平共处。不论父母说多少次似乎都无法缓和这些摩擦。它们只会不断冒出来。大多数家长已经尝试了所有已知的阻止争执的方式，但是争执依旧会继续。兄弟姊妹间的争执是如此常见，以至于它已经被看作是孩子行为的一种"常"态。但仅仅因为它出现得过于频繁，并不意味着这是正常的。孩子们不必彼此斗争。孩子们彼此和平相处的家庭是可能存在的。当他们出现争执时，说明彼此的关系出现了一些问题。没有人会真的在发生争执时感觉良好。因此，如果孩子们持续发生争执，他们必定是能够从结果而非争执中获得满足。

这个评价预设了我们认识到行为都是有目的的。在这种情况下，我们不可能接受对争执的一般性"解释"，"导致"

争执的原因是孩子攻击的天性或者冲动,又或者是由于遗传等原因。从我们的角度来看,我们需要从发生的场景和背后的原因来理解孩子的行为。

8岁的露西娅和5岁的加尔文正在看电视,而妈妈在准备晚餐。加尔文猛地靠近露西娅,露西娅则挪开了点。加尔文又把他的腿放到露西娅腿上,露西娅把他推开。加尔文整个人靠到露西娅身上。"别闹了,加尔文。"露西娅安静地说,她被惹烦了,但依旧深深沉浸在电视情节里。加尔文也在看电视,但没有露西娅那么投入,开始用手指描她裙子上的花样。她挥拳打开了他的手。"我说了,别闹了。"加尔文得意地笑了。他抬起手,用手指轻轻绕着她的耳朵打圈。露西娅抓住他的手,用牙齿重重咬了他的胳膊一口。"哦,哦,哦!"加尔文大叫,开始哭泣。妈妈冲进了房间。"究竟怎么了?"她生气地问。她看着痛哭的加尔文举着胳膊、身体不停抖动,马上认为自己掌握了情况。她冲向加尔文把他抱起来，拉到自己怀里。加尔文伸出了胳膊，上面的牙齿印非常清晰。"露西娅！""是他一直先惹我的。""我不管他做了什么。但你不能这样欺负你弟弟。"

这次争斗的目的是什么？它产生了怎样的结果？

加尔文，家里的小弟弟，想要获得妈妈的保护。所以，他故意做出上述行为，去创造出一个能够达到目的的局面。露西娅认为自己被欺负了，因为妈妈总是保护加尔文，她想利用妈妈的干预来增强这种被欺负的情绪。因此，明知妈妈会站在加尔文那边批评自己，她还是做了妈妈最讨厌的事情。由于是加尔文挑衅在先，她自然是受欺负的那个，先是加尔文，然后是妈妈，后者在她已经忍受了弟弟的诸多挑衅之后依旧选择站在弟弟那边欺负她。假设露西娅没有选择报复，妈妈可能不会站在加尔文那边，甚至可能会意识到加尔文才是那个捣蛋的人。

试试这样做吧

○ 首先，她应该克制自己一听到孩子的尖叫就冲到现场的冲动。这对任何一位妈妈来说都是一个很大的挑战。但如果我们停下来思考一下，我们会发现，尖叫可以一下子吸引妈妈的注意。它表明出了大岔子了。然而，它也是眼下唯一危险的声音。

> ○ 接着，妈妈听到了哭声。哦，房子没塌，电视也没爆炸，除了孩子在哭之外什么也没发生。好吧，姐弟俩一定是打架了，而且加尔文受了伤。但，这是他们的斗争。我应该置身事外更好。

要让一位妈妈能够做到这一点，她需要过往的经验来帮助她保持置身事外。那么，让我们假设她实际上跟随了自己的本能，冲到现场查看情况了。现在，她必须训练自己不受本能驱使在看到牙印的时候陷入恐慌。在发现是姐弟俩的争斗导致了尖叫声后，她可以什么都不说就回到厨房。毕竟，如果加尔文不喜欢被揍，他就必须停止挑衅姐姐。妈妈这样做就把处理加尔文和露西娅之间关系的责任放到了他们自己身上，本来就该如此。我们没有"权力"摆弄孩子之间的关系。我们只能通过自己的行为去影响他们的互动。如果我们的行动能够抹掉争斗会给他们带来的想要的结果，我们就可以鼓励他们形成一种新的关系模式。但为了做到这一点，妈妈必须学会认识到行为背后的目的。

"天呐，别再闹了。你们快把我逼疯了！"妈妈朝着另一个房间吼道。"盖尔不让我看我想看的节目！"基思回吼道。"我也有权利看我想看的节目。"盖尔生气地回嘴。妈妈叹了口气，疲惫地走进客厅平息纷争。

妈妈已经得到了关于这场争执的目的的线索。两个孩子正为了看哪个电视节目而吵嘴。妈妈也被惹恼了，她对孩子们发火说："你们快把我逼疯了！"尽管难以置信，但这就是这场争执的目的，它把妈妈逼"疯"了。孩子们已经证明了这是一种维持妈妈关注的有效手段。妈妈作为协调员进入了房间。争执让她生气并且为此焦虑，她不得不放下手头的事，过来"解决问题"，实际上就是提供了过度的关注和服务。

一旦妈妈意识到她不必为此做任何事，她就可以不再为孩子间的争吵感到不快。我们的绝大多数怒火都源自我们对孩子是否幸福抱有过度的责任感。因此，我们无法从他们的问题中抽身。

试试这样做吧

- 关于电视节目的争论是盖尔和基思之间的事。妈妈没有必要插手。一旦她意识到了这个简单的原则，她就不会再有一种不得不为此焦虑的感觉。这样一来，她只需要继续自己正在做的事，让盖尔和基思解决自己的问题。

- 如果妈妈没有跑去解决问题，两个孩子中很可能会有一个人去找妈妈来解决问题。但妈妈可以回

> 答:"我很抱歉你们遇到麻烦了,不过我相信你们俩能自己解决。"
>
> ○ 她把责任交给了问题真正的对象,她的孩子们,拒绝被卷入不属于自己的问题中。这样一来,孩子们也无法获得期望的结果,他们之间的争吵被无效化了。

不论孩子们的争执背后有怎样的原因,父母的干预,不论是试图解决争吵还是隔开孩子,都只会让问题恶化。任何时候,当父母的一方插手孩子间的争吵,他就剥夺了孩子学习如何解决自己的冲突的机会。所有人都会遇到存在利益冲突的场景,因此我们都需要培养解决冲突局面的技能。我们必须学会在生活中彼此迁就。

每次妈妈插手决定谁应该看什么节目时,她把自己架上了权威的位置,而孩子们则无法学会合作、适应或者公平。只要我们还在代替孩子们做事,他们就无法学会靠自己去做出妥善的应对。不论是解决争端还是培养独立性都是同样的道理。一个永远靠别人来帮自己解决争端的孩子可能永远不会知道如何解决困难的局面,而且会在每一次生气或者不知所措的时候诉诸毫无目的的争执。

父母很难意识到为什么孩子间的争执和他们无关。他们认为自己有责任"教导"孩子不要吵架。他们是对的。我们应该教导孩子不要吵架。关键在于如何成功做到这一点。不幸的是,干预和调停都不能带来理想的结果。

尽管这些手段可以暂时让孩子们不再争吵,但它们无法教会孩子如何避免下一次争吵或者如何用其他方式平息争端。

如果我们的干预能够让孩子们满足,他们为什么要停止争吵?如果争执的结果只有淤青或者鼻子流血,即使鼻子会愈合,但孩子难道不会更倾向于用另一种方式来解决冲突吗?如果争执造成的伤害无法被令人激动的附带效果抵消,孩子可能就会更加注意避免另一次伤害。这样一来,孩子甚至可能会养成对自己的兄弟姊妹的责任感。当然,妈妈可能会坚持处理好流血的鼻子,但不选边站,也不去评论谁对谁错。"我很难过你受伤了"就很足够了。

下面是我们的学习小组中一位妈妈报告的内容。

"我的丈夫和我开始忽略两个孩子间的战争。通常,一个孩子会跑过来打另一个孩子的小报告,然后我们就会介入他们的战争，去评判对错。这简直是最令人心烦的折磨，我总是得大声训斥，甚至出手教训他们。接下来的一整天，我都会因为这些环节中的某一环感觉紧张。接着我开始对他们说'我认为你们可以自己解决问题'，然后不论他们说了什么都保持绝对沉默。很快，我就可以无视发生的一切，而孩子们也很快就不再来寻求我们的帮助了。一天，我听到小的那个说：'告诉她也没用。她只会说你们能自己解决的。'这就是我最后听到的内容。我很难表述出其中的区别，我不再需要选边站。当一个孩子欺负另一个的时候，我不再觉得被气得快点着了。我当然明白多数争执不过是为了引起我的关注，而且年纪小的孩子远比我认为的更能照顾自己。我现在完全坚信父母应该在孩子们的战争中置身事外，这不仅仅是为了孩子们好，也是因为这样做可以消除育儿过程中90%的紧张感。"

妈妈正坐在露

台上和邻居聊天。4岁的玛吉走进屋子,弟弟鲍比也跟着她进去了。他费了些功夫爬上台阶,所以等他上去的时候,玛吉早已经通过门口了。当鲍比开始往里走时,她把门关上,脸上带着一种严肃、抗拒、紧绷的表情。鲍比开始尖叫。妈妈冲上台阶,大声命令玛吉开门,把玛吉抓出来揍了一顿。"你什么意思?你怎么能这样对自己弟弟?你可能会夹住他的手指。现在你就在里面待着,直到你能好好表现再出来。"妈妈抱起鲍比回到了她的椅子上,然后把他放在自己的大腿上。很快,鲍比爬下来继续他的游戏。与此同时,还能听到屋子里被隔绝的哭泣声。过了好一会儿,妈妈终于走到玛吉面前。"现在你可以做个乖孩子了吗?"回应她的是玛吉的抽泣声。妈妈把孩子抱了起来。玛吉把脑袋抵在妈妈的肩膀上。妈妈把玛吉带到外面,让她坐在自己的腿上。"好吧,好吧。你又是妈妈的乖孩子了。我知道你不会再做错事了。"

孩子间的争执并不仅限于语言层面。年纪小的鲍比获得了很多保护和关注。能力更强的玛吉在被鲍比夺走了地位后理所当然地心怀怨恨。妈妈每一次"保护"鲍比都会加强这种怨恨。时不时地,玛吉的情绪会满溢出来。玛吉渴望获得妈妈的关注,认为这是妈妈的爱的证明。她发现在被惩罚之后,会获得妈妈的爱。如果妈妈真正看到了发生的一切，她就会注意到玛吉在关门时很小心地没有夹到鲍比的手指。她的本意并不是伤害她的弟弟，而是吸引妈妈加入。先刺激她惩罚自己，再在自己"变坏"之后感受到妈妈的爱。她的计划完美成功了！

大多数时候当争吵导致了年纪最小的孩子被欺负时，父母可以确信年龄大的孩子只是在制造大骚乱而不是想造成实际的伤害。一位妈妈在引导中心做了如下报告。

她通过游戏房的门口，刚好看到4岁的凯瑞把一个玩具卡车举在11个月大的琳迪的头顶。他看起来像要把卡车砸到她头上。琳迪开始尖叫。想到自己在引导中心接受的关于远离争执的多次劝告，妈妈鼓起勇气走出了游戏房。不过，妈妈通过门缝观察着局势。她看到的一切让她非常震惊。凯瑞正看着她刚刚通过的门口，与此同时，他正轻轻地把悬在琳迪头上的卡车举高又放低，几乎没有碰到琳迪。

现在，妈妈真正能相信她听到的建议了。凯瑞和琳迪正在合作吸引妈妈的关注。即使只有11个月大，琳迪已经知道，如果自己尖叫，妈妈就会赶来，凯瑞就会受罚。而凯端知道如果他让琳迪尖叫，妈妈会马上赶来。两个孩子就像一个团队一样合作让妈妈围着他们转！

作为规则，当一个孩子用危险物品威胁另一个孩子时，妈妈可以安静地赶到，然后拿走危险物品。重点在于必须平静地完成一切，不要激动，不要说话，不要大惊小怪，孩子们太清楚该怎么制造小骚乱了。

在晚餐桌上，父母总是被孩子们打断，没办法好好说话。这个家庭的成员包括妈妈在上一次婚姻中的孩子，4岁的露丝和6岁的比利，以及爸爸和上一任妻子的孩子，5岁的卡尔和7岁的玛丽琳。露丝晃着腿踢到了卡尔。"爸爸，露丝踢我。"卡尔抱怨道。于是妈妈插嘴说："露丝，管好你的脚，注意你的礼仪。"露丝安静下来开始吃饭。"爸爸，比利不肯给我盐。"玛丽琳委屈地说。"把盐递过来，比利。"妈妈命令道。比利递了盐，然后又抱怨："妈妈，卡尔总是撞我的胳膊肘。"这一次爸爸介入了。"管好你的胳膊肘，卡尔。"男孩夹紧了胳膊。"妈妈，玛丽琳拿走了我的纸巾。"露丝哭着说。"把露丝的纸巾还给她，玛丽琳。"爸爸命令道。一次又一次，孩子们不断惹恼彼此，而被欺负的那个马上向父母请求帮助。最后，爸爸爆发了。"你们什么时候能不再互相吵嘴？我们就不能安安静静吃一顿饭吗？我真是受够了你们这种吵吵嚷嚷的样子。从现在起，谁再挑事儿就要挨揍了。"孩子们安安静静地吃完了这一餐，但每个人都很紧张和不开心。

孩子们之间的吵嘴让父母忙于开解，这一切都是有目的的。为了这个目的，他们愉快地放弃了和谐快乐的氛围。

值得注意的是，每个孩子都选择向自己的亲生父母抱怨，而挑衅一方的父母会尝试纠正局面。每个孩子都选择惹恼另一名家长的孩子，因为这是最妥当的挑衅方式。父母太容易把孩子想成"不安全"因素了，他们不自觉地认为自己有义务主持正义。因此，每个孩子现在都忙着挑衅继父母的孩子，然后让自己的亲生父母为他忙碌。这非常有效。

在一些家庭中，父母会保护他们的继子女；而另一些会保护自己的亲生子女。但在每个例子中，孩子都会去挑衅反应最积极的一方。

孩子们在被威胁要挨揍之后就停止了吵闹，这一事实说明他们的目的是赢得关注。否则的话，这样的威胁只会导致混乱升级。孩子们已经最大限度得到了自己想要的，因此愿意放手休战。另外，每个孩子在成功得到自己的父母的关注后也得到了安抚。这一点同样表明了这次争吵的目标是寻求关注。

试试这样做吧

- 只有停止提供过度的关注，让孩子们自己解决问题，父母双方才有可能帮到自己的孩子。
- 如果孩子在餐桌上的行为打乱了家庭和谐，父母可以拒绝和他们一起用餐，直到他们愿意一起维护晚餐时间的和谐。只要一出现不和谐的场景，所有四个孩子都会被要求离开餐桌。

○ 这样一来，孩子们就能学会在吃饭时和谐相处了。要求孩子离开，父母也不会卷入他们的冲突，不参与争吵，表明了自己坚定的立场。

6岁的苏珊正坐在9岁的哥哥哈利旁边，哈利正在拼建筑模型。7岁半的艾伦在给他打下手。四周静悄悄的，直到苏珊开始跟哈利捣蛋。"别闹了，苏珊！"哈利在苏珊第二次推他时吼道。"什么？"苏珊故作天真地问道。毕竟，她的脚几乎没有挪动。如果哈利开始阻拦，她能控制自己吗？她又开始捣蛋了。哈利用拳头打了苏珊。苏珊跳起来，哭着跑向窗边往外看。接着她跑着从屋子另一侧的窗口朝外看，然后跑进了后面的卧室里。从那里，她看到妈妈正在修剪玫瑰花床。这时，她发出了一声凄厉的尖叫，开始大哭起来。"妈妈，"她从窗口向外喊道，"哈利打我，可疼了！"

妈妈停下了手头的活，走进屋子。她看了看苏珊手上的一片红印子，安慰好她，然后走进了男孩子们的房间。"哈利，你为什么打苏珊？""她先开始的。"男孩为自己辩解道。"我没有，你就是打了我，"苏珊大声说，"我什么也没做。""你有！"哈利吼道，"你踢了我，好几次！""妈妈，我没踢他。""你这个巨婴！"哈利爆发了。"我根本没打你那么重。"妈妈打断了他们："你该觉得羞愧。苏珊是家里最小的孩子，而你是最大的。你应该做个好榜样。当你欺负比自己小的孩子的时候，你就是个大坏蛋。现在，向你妹妹道歉。你再也不许打她了！"当妈妈在批评哈利的时候，艾伦坐在那儿观察整个局势。"我没有打她，妈妈。"他提醒道。"我知道，亲爱的。你是个好孩子。哈利，你太让我生气了！为什么你就不能好好表现。现在，道歉！"

苏珊已经擦干了眼泪，专心地看着哈利挨训。她的嘴角低得不能再低，垂着眼睛往外看。但她的嘴角露出了一个得意的笑。"对不起。"哈利看着地板咕哝道。"现在，你们一起好好玩，"妈妈警告道，"你们应该互相关爱，因为你们是一家人。你们不应该互相争吵。"妈妈离开了房间。哈利回到了自己的建筑玩具边。"告状精！"他咬牙切齿地说。苏珊不以为然地说："妈妈说了你要对我好点，因为我是最小的。""疯子！离我的东西远点。这是我的，我不想给你玩。"苏珊掉头，再次离开了房间。"再去告密啊，小孩子。"哈利在她身后嘲讽道。苏珊在厨房里找到了妈妈。"妈妈，哈利不让我跟他一起玩。他还嘲笑我。"她委屈地抱怨。妈妈回到了男孩子们的房间。"天呐，哈利。你到底有什么毛病？为什么你不让苏珊和你一起玩？""她总是把我的东西弄得一团乱。"哈利生气地看着妈妈。"哈利，你太不听话了。你跟我去厨房在椅子上坐着，等你愿意和妹妹玩了再离开。"妈妈抓住了哈利的胳膊，而苏珊则带着大仇得报的快意在一边看着。妈妈把哈利带进厨房，按着他坐进椅子里。哈利低垂着眼睛，嘴紧抿成一条线，表达出自己无声的反抗。心满意足的苏珊对艾伦说："我们一起去外面玩吧，艾伦，怎么样？""好啊，我们去帐篷里玩吧。"两个孩子冲出家门，在离开时用力甩上了纱门。

  多少次我们觉得后脑勺要是长了双眼睛该有多好。在这个例子中，妈妈如果能够在孩子们说话的时候看着他们的表情，她就可以从中发现事情的真相。哈利作为家里的老大时时挨骂且承担着沉重的责任带来的压力。他在调整自己去适应"乖巧的"弟弟和"最小的"妹妹时遇到了很大的困难。孩子们之间的关系充满了极端的竞争性，极易发生冲突。妈妈真诚地希望通过分开争吵的双方来平息争端，并且指责争执的行为，希望孩子们重视手足之爱，然而这一切只是让事情更加恶化。她选择站在挑起争端的小女儿的一边，为了她指责年龄更大的孩子。妈妈的过度保护加强了苏珊认为自己是"小宝宝"的印象，相信自己可以要求特殊对待。苏珊在6岁时已经可以很好地照顾自己，不再需要保护。即使家里的大孩子们真的跟她起了冲突，她也完全能够保护自己。妈妈把问题归咎于哈利，完全掉进了苏珊打压哈利、抬高自己的陷阱。只要家长一直在冲突中选边站，孩子就会一直继续执行这种跷跷板计划。被打败的孩子会报复更成功的兄弟或者姊妹。于是，虽然这场斗争看起来尘埃落定，下一场必然已经在悄悄酝酿。

> 不论何时，只要家长选边站，一个孩子就会成为胜利者，而另一个则会成为失败者。我们几乎可以确信，胜利者，也就是成功让父母相信自己的无辜的一方，通常都是先挑衅的一方，或明或暗挑衅他的对手。赢得父母的偏爱和支持让这种行为获得了足够大的好处，甚至连挨了兄弟一记也值得了。这些斗争的背后隐藏的实际是手足间的对抗。

只要记住这点，任何关于手足之爱的劝谏和道德束缚又怎么可能有效果呢？尤其是当这些话支持的是伪装成无辜者的问题根源的时候。道德束缚只会让问题更棘手，因为它提出了一个孩子无法满足的"应该"，使局面更加紧张。

如果妈妈看过苏珊一秒，她可能就会对几个孩子的关系有全新的洞察。在没有被责备的孩子脸上总能找到一种满足的表情。被责备的孩子又一次失去了父母的偏爱！苏珊故意挑起了这次争端让哈利陷入麻烦，尽管她自己并没有意识到背后的原因！这让她感到兴奋，并且再次巩固了她的家庭角色。苏珊在开始哭之前特地找出了妈妈的位置，这一点已经出卖了她。艾伦利用了这个局面来提醒所有人他有多"乖"，以此来巩固他的位置。哈利发现自己再次成为那个"不听话的"孩子。由于他早就认为自己被不可救药地钉在了这个角色上，他甚至没有尝试避免和苏珊的冲突。他知道无论如何一切都会发生的。当妈妈插手他们的争吵时，她又加强了每个孩子的自我认知，他们对自我价值的错误看法。另外，她的做法并不能阻止他们之间的斗争，相反，妈妈让这些孩子明白了斗争能带来多大的好处。

> **试试这样做吧**
>
> 如果妈妈能够无视整个局面，表达出对苏珊有能力照顾自己的信心，让孩子们自己解决分歧，那么斗争很快就会失去魅力。苏珊极具穿透力的尖叫是一种技巧，而不是挫折的结果。如果妈妈不再在苏珊每次尖叫时急着赶来，苏珊可能就会决定放弃这个无用的技巧。

当然，如果妈妈和爸爸吵架，孩子们也可能会有样学样。他们看到大人们利用这种技巧作为解决分歧的手段，所以就可能自己来使用这种技巧。在这种情况下，把争吵作为解决问题的手段可能会成为一种家庭价值观，尽管一个叛逆的孩子可能会反其道而行之，发展处于父母对立面的价值观。

在每一次争吵中都存在权力斗争。平等的对象之间不需要把冲突作为赢得优越性的机会。他们不需要争个输赢就能够解决分歧。但是当一个人感觉自己地位受到另一方的行动的威胁时，冲突就升级成了一场竞赛。敌意成为不礼貌、不顾及他人感受的借口。一方希望以对手的损失为代价恢复自己失去的所谓的地位。

当我们站在小小孩一边，选择和大孩子对立来保护小的那一个，为那个看起来"受欺负的"孩子撑腰时，我们加强了他认为自己更弱的印象，同时也让其明白了如何利用弱势和缺陷来赢得特殊照顾。如此一来，我们正是加剧了原本想要消除的窘境。

相比我们所提供的，当他们自己解决问题时，孩子们实际能建立起更加公正公平的关系。他们通过现实的影响学习养成民主、平等、公平、正义、体谅及对彼此的尊重。这些才是我们希望孩子能学会的。从冲突中抽身，给孩子留下空间，就是我们帮助他们最好的方式。

父母能够且应该就争执展开友好的讨论，不要有任何一点指责或者道德束缚的成分，然后和孩子一起找到解决困难的方法手段。然而，这一点不能在争执正在发生的时候去做。因为在那个时候，语言是起不到"教导"或者"帮忙"的作用的，它只会成为正在进行中的斗争的额外武器。

第25章 不要被恐惧动摇

"哦，可我必须在5点前到家。"妈妈告诉她的朋友。"为什么？""因为我告诉过贝蒂我会在5点前到家。她会在窗边等我的。如果我没有准时到家，她肯定会吓坏的。她会因为哭得太厉害而歇斯底里。"

贝蒂已经完全把妈妈驯化了。女孩举起铁环，妈妈就自发地跳了过去。恐惧被用来控制妈妈。贝蒂的恐惧是真实的，而且是绝望的。她的生活因此而可悲，而妈妈当然不会希望雪上加霜。这种情况究竟是怎么形成的？

我们都有情绪。情绪是点燃我们行动的熔炉的燃料。没有情绪，我们就会变得犹豫不决、软弱，没有方向。我们在没有意识到这一点时，就创造了这些情绪来强化我们的意图。我们可以选择投入燃料，以此来给自己必需的助推。

利用恐惧

❖ 贝蒂并没有被"恐惧"附身,恐惧并不会像某种鬼魂那样抓住她,胁迫她!贝蒂拥有恐惧,而且她可以利用恐惧来控制妈妈。她为自己创造了恐惧的情绪,但这并不意味着这种恐惧是不真实的。实际上,她的恐惧绝非伪装,而且非常真实。

❖ 贝蒂很可能偶然发现了利用恐惧作为一种手段的可能性。当她意识到这样做可以获得的好处时,她当然会把握住机会。现在,她已经陷入了一张自己亲手织就的网。妈妈也对此负有责任,因为是她过分在意贝蒂的恐惧,从而给了贝蒂成功利用恐惧的经验。

所有人都体验过恐惧,我们也都意识到了自己在害怕时会无法行动。因此,看起来恐惧是一种我们负担不起的奢侈品。实际上,事实表明,一个人不会在生命垂危的当下感到恐惧,而是在事前或者事后,当我们的认知和想象开始疯狂运作,充斥着"会怎么样""可能发生了什么"之类的问题的时候。如果有人卷入了一场交通事故,那他可能会忙于处理局面,而没有时间感受恐惧。只有在危机结束之后,战栗和心悸感才会冒出来。这一点表明,我们其实并不需要恐惧来避免危险。相反,恐惧往往会增加危险。恐惧暗示了一个假设,那就是我们无法控制局势。而当我们害怕无法做到一些事的时候，我们会自我麻痹，好让自己真的做不到。

我们必须能够区分震惊和恐惧。一声巨响或者摔跤只会"吓到"年幼的孩子，但这只是一种短暂的、临时的反应。只有当父母也开始"害怕"且对孩子持续的害怕越来越敏感的时候，孩子最初的"害怕"体验才会发展成一种恐惧的情绪。

对一个小孩子来说，当他忽然面对一个全新的、出乎意料且看起来具有威胁性的局面时，有几种可能的选择。他可以停下来，观察大人会怎么做。他可以转身逃跑。他也可以尝试恐惧。

当妈妈带16个月大的马克去拜访朋友时，他第一次看见了一只狗。面对着这个会动的奇怪生物，他紧紧贴着妈妈。他身边的大人很是小题大做的样子。"它不会伤害你的，马克。看见了吗？过来，摸摸它。它喜欢你。别害怕。"

马克很快评估了局面。他并不确定该怎么做，但考虑到周围人对他的恐惧的反应，他决定利用恐惧来掩盖自己的困惑，让混乱继续。这可能成为他利用恐惧的契机。大多数大人在这类情况中的语调和行为很容易促使恐惧的发展。他们的语调中混合着焦虑和咄咄逼人的成分，他们的行为则显得格外仓促。只要利用恐惧就可以在一群成人中引起这样的骚动实在是一件令人激动的事。这往往只是一个开始。更强烈的恐惧会带来更加夸张的安抚，甚至极为特殊的关注，比如被抱起来，轻声细语地安慰。本能的抗拒现在被转化为恐惧，而恐惧成为刺激大人的手段。

孩子天生就是浮夸的演员。他们会不断地哗众取宠。他们百无禁忌，因为他们对自己的行为的后果全然无知。当他们逐渐体验到一定行为的后果时，孩子会形成一种"假面"，然后最终成为经验老道的"大人"。我们都有甚至对自己都不敢承认的意图，因为它们是不被社会所接受的。但年幼的孩子没那么在乎是否被社会所接受，因此他们能更自由地应对。他们的感觉都被放在明面上。当他们遇到意料之外的新局面时，他们会犹豫，会评估局面，会寻找大人如何应对的线索。大人向马克暗示他们期待他会害怕。他通过让大人为自己服务满足了他们的期待。

试试这样做吧

- 妈妈本可以对马克应付新体验的能力更有信心。她可以后退一步，给他处理问题的空间。

- 至少，她可以停止假设马克会如何反应，不再尝试为他安排反应。让马克去面对和解决问题。

- 如果他表现出恐惧，妈妈依旧可以不为所动。

而实际上,妈妈害怕马克会害怕,反而加速了她想要避免的场景的发生。

○ 如果妈妈并不在意马克的恐惧,这种情绪就不再有用了。

有时候恐惧也会被用来创造出巨大的令人震惊的价值。

5岁的玛莎原本一点也不害怕蚱蜢。然而,有一天一只十分巨大的蚱蜢跳到她身上,吓了她一跳。她被吓得发出了一声低低的叫声,她本想把蚱蜢弹开,却在慌乱中让它掉进了自己的裙子里。这种感觉当然是令人不快的,她再次尖叫了起来,但更大程度是因为她9岁的哥哥正在嘲笑她的眼泪。她尝试摆脱蚱蜢的动作在他看来越来越好笑。而她自己则叫得越来越大声,因为她快被哥哥气疯了。妈妈气势汹汹地跑了过来,因为玛莎的尖叫而担心不已、脸色苍白。

那天傍晚,哥哥双手紧握着走到玛莎面前,"我有东西给你。""什么?"他打开双手,一只蚱蜢跳了出来。

玛莎发出了一声令人毛骨悚然的尖叫。爸爸妈妈都马上闻声而来。他们严厉地斥责了哥哥，又批评玛莎不该这么傻。自此以后，玛莎一看到蚱蜢就会害怕地大叫。但在内心深处，她知道她并不真的害怕蚱蜢！只不过是她的恐惧有如此惊人的价值。

玛莎父母所做的最无用的事情就是告诉她她很傻。这是对维护她被恐怖击中的立场的挑战。如果爸爸妈妈能够不在意她的尖叫声，他们就消除了玛莎希望通过恐惧达到的目的。

4岁的本尼正在玩圣诞树下的小电车。他忽然开始抽搐，尖叫。一处松动的连接造成了触电。坐在附近的妈妈意识到了发生的事，立马抱起本尼安慰他。"你没事，亲爱的。你只是小小地触电了一下，只是这样而已。那个火车的安装出了点问题。等爸爸回家以后会把它修好的。"

那天傍晚，爸爸找出了问题，修好了小火车，但是本尼拒绝再玩火车。他朝后退，看起来害怕极了。每当爸爸尝试让他过去操作小火车时，他都会把脑袋埋进妈妈的腿上。最后，爸爸妈妈在本尼埋起来的脑袋上方交换了几个眼神。妈妈轻轻地摇了摇头。爸爸点头表示同意，放下火车，然后坐下开始看晚报。他们没有再说什么。本尼依旧没朝小火车走出半步。两天过去了。爸爸把它和其他圣诞装饰一起拆掉了，然后小心地放到了盒子里。本尼严肃地看着整个过程，没有说话。然而，在睡前他噘着嘴说："爸爸，我想玩我的小火车！""我们很快就会再把它拼好的，本尼。今天你想听什么睡前故事？"

本尼在有了这样不愉快的体验之后不愿意玩小火车是很自然的事。他的父母理解这一点。但当本尼继续抵制，拒绝相信爸爸已经修好了小火车时，当他开始让父母陷入他的恐惧焦虑时，妈妈和爸爸选择放下这件事，"从他吹起的风中取走他们的帆"。他们明白本尼还太小了，无法理解电的原理。他们没有尝试用向本尼解释一些超过他理解能力的事来令他克服恐惧。因此，本尼没能利用自己的恐惧获得更多好处。小火车被放到一边，接着他发现自己还想再玩小火车。他的恐惧没能成为一种有用的工具。爸爸没有长篇大论地批评他的愚蠢或者责备他。他接受了儿子的反应，把火车收走了。当本尼再次提出想要火车时，爸爸承诺会很快把它拿出来，然后改变了话题。

妈妈正在尝试帮马西娅克服怕黑。她把孩子放在床上，先打开了大厅里的灯，然后关上了房间里的灯。"妈妈，妈妈！"马西娅开始害怕地大叫。"别害怕，亲爱的，"妈妈安慰道，"我不会离开你的。别怕。其实并没什么好害怕的。不是吗？妈妈就在这里。""但我想要开灯。我

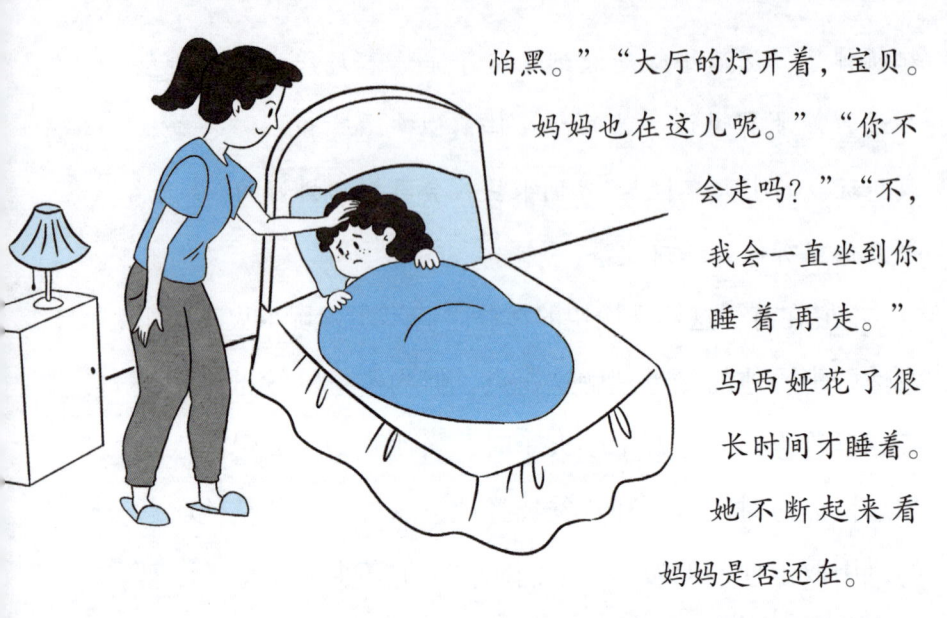

怕黑。""大厅的灯开着,宝贝。妈妈也在这儿呢。""你不会走吗?""不,我会一直坐到你睡着再走。"马西娅花了很长时间才睡着。她不断起来看妈妈是否还在。

妈妈认为她可以通过把光源挪远让马西娅逐渐习惯黑暗。但她没有看到马西娅如何利用自己的恐惧让妈妈待在自己身边,为自己服务。

表达恐惧的孩子是非常有说服力的。他们在我们眼里那么弱小无助,生活在他们眼中可能确实是很可怕的。然而,如果我们能理解孩子背后的行为,我们会意识到,我们的反应并没有帮到孩子,而是让他们更加熟练地利用恐惧作为控制我们的手段。

试试这样做吧

○ 妈妈可以关掉卧室灯,打开大厅里的灯,把马西娅放进床上,然后不再理会她的恐惧,只用语言来鼓励她。"你会学会不再怕黑的。"当马西娅尖叫时，妈妈可以假装她已经睡着了。

○ 妈妈必须首先摒弃认为无视孩子的痛苦是残忍的这种假设，才能做到这一点。我们如此迫切地认为应当安抚受难的孩子。然而，当我们意识到这样做只能增加他们的痛苦，因为孩子会借此获得我们全部的关注和怜爱作为奖励时，我们就能明白停止这种行为的合理性了。

如果满心恐惧，我们的孩子就无法解决人生中的困难。恐惧不会提升解决问题的能力，而是消解这种能力。一个人越害怕，就越容易招致危险。但恐惧是一种完美的吸引注意、让他人为自己服务的手段。

我们需要教会孩子小心潜在的危险场景，但是谨慎和恐惧是完全不同的。前者是一种理性的、积极的对可能发生的危险的认识，而后者则是挫败的、被麻痹的逃避。我们当然应该教导孩子小心过马路，不要接受陌生人的关心，只能在能力范围内的水深区域游泳，但在教导这一切的同时我们不应该注入恐惧。重要的是学会分辨界限，学会谨慎地应对可能存在困难或者危险的局势。恐惧会消耗勇气。恐惧是危险的。对孩子而言，它是有目的的。如果父母对恐惧毫无反应，孩子就不会形成恐惧。那么双方就都可以远离恐惧带来的折磨和痛苦。

从曼弗雷德记事起，他就老听妈妈提起生孩子时的痛苦，手术带来的疼痛和折磨。三个月前，曼弗雷德的腿上被发现长了一个骨肿瘤，需要手术。当他被告知他必须动手术时，他惊恐地尖叫和哭泣。三个月来，他不断地祈求，时常陷入歇斯底里。他宁愿死于肿瘤，也不愿意动手术。妈妈尝试安慰他，但是毫无用处。手术的日子到了，他们不得不采取十分艰难的手段来控制住男孩。他的恐惧如此深刻，以至于通常剂量的镇静剂根本无法使他平静下来。

疼痛是生活的一部分。我们无法避免它的存在。妈妈告诉孩子和朋友们的故事可能是为了通过她承受的这些痛苦来表明她是一个多么勇敢的人。但是曼弗雷德并没有体验过真正的疼痛，在他的想象中所构建的关于手术的认知远远超越了现实。而且，和他的母亲相反，他并不想成为一个英雄！当他面对现实的疼痛威胁时，他没有任何经验去勇敢地接受它。而妈妈非常同情他的害怕，因为她自己完全了解手术的"可怕"。妈妈安抚他的尝试根本不能帮助曼弗雷德面对这个艰难且不可避免的局面，反而无意识地助长了他的恐惧。

没有父母希望看见孩子受苦。然而，有时候疼痛是不可避免的。实际上，有勇气的孩子受到的折磨反而更少。对疼痛的恐惧会把它无限放大。它会让被折磨的人在抵抗中更加紧绷，实际上反而增强了痛苦。我们必须帮助孩子接受痛苦和失望。只有当我们格外在意孩子的恐惧时，他才会变得害羞又容易害怕。

一个拥有三名"狂野骑士"的牛仔爸爸有自己增强孩子勇气的一套办法。每当孩子带着磕碰、淤青或者皮肤上的红肿来到他面前时，他会说："好吧，小家伙们。我想可能会有一点儿疼。不过别担心，会好的。"一天，他6岁的孩子从一匹正在被驯化的绿色小马驹上摔了下来。孩子愣了一秒，坐着晃了晃脑袋。爸爸从栅栏上滑下来，漫不经心地走过去查看他的伤势。男孩开始尝试站起来，但却疼得缩了回去，伸出胳膊看了看，显然摔断了。"看起来你把胳膊摔断了，小子。""别担心，爸爸，它会好的。不过这当然很疼。"当起初摔下马的眩晕效果消失，疼痛感开始变强，男孩开始哭了起来。"我想是很疼，儿子。

我想这确实会让人疼得想哭。我们把胳膊用绷带吊起来，然后去医生那儿。"爸爸用围巾做了一个绑带，然后小心地把男孩受伤的胳膊放了进去。当爸爸移动手臂的时候，男孩开始尖叫。"好吧，我想你受伤的手一定疼得非常厉害。"他帮男孩站起来，但是走了几步之后男孩开始摇摇晃晃。爸爸在他晕倒时接住了他。几分钟后，男孩从晕眩中缓过来，抽泣着说："好疼，爸爸。但是它会好的，对吗？""当然，儿子。而且疼痛是不会一直持续的，你只会疼一阵子。你现在可真是一名'狂野骑士'了，孩子。"

第26章 别掺和孩子的事

大哭不止的亚瑟跑进了厨房。"妈妈，爸爸打我！"他边哭边说。妈妈放下了手头的事，用手臂抱住她的孩子，然后安慰他。"爸爸为什么打你？""他说我没礼貌，然后就打了我。""我知道了，亲爱的。我会处理的。现在停下吧，别再哭了。"

等亚瑟一平静下来，妈妈就去了车库，爸爸正在那儿干活。很快，父母两人就吵了起来。妈妈直白地告诉爸爸自己不信体罚那套；而爸爸也同样直白地表示，亚瑟是他的儿子，当他告诉亚瑟把自行车放好的时候，他可不想看到亚瑟犯浑。这样的争吵已经发生过不知多少次了。亚瑟就站在一边，把一切都看在眼里。

两个人之间的关系是只属于这两个人的问题。亚瑟和爸爸的关系只属于他们两个人，妈妈没有理由要去尝试控制这段关系。当亚瑟来找妈妈打爸爸的"小报告"时,妈妈最多可以说:"我很抱歉,亚瑟。如果你不喜欢爸爸打你,也许你可以自己想办法阻止这件事发生。"晚些时候,当之前的冲突已经平息,妈妈可以和亚瑟谈谈,帮他搞明白一个人怎样避免挨揍。如果妈妈想成为一个教育者,她就不能选边站。事实上,亚瑟对这种关系感到相当开心。家里的三名成员实际上都配合得很完美。

让我们来分析他们的行为,然后找到支撑这种观点的证据。

> ✡ 亚瑟能够非常娴熟地在父母中间制造冲突。妈妈显然是家里的主导者,她和自己的儿子联手想让爸爸臣服于她们。

> ✡ 亚瑟很聪明地把两人的分歧为自己所用。他确保了妈妈依旧是自己的捍卫者,会保护他,会帮助他打败爸爸的命令。可是,当亚瑟熟练地操纵他的父母达到这些目的时,他的成长已经失衡了。他从不利的局面中寻求保护,而不是培养处理不利局面的能力。

> ✡ 妈妈没有意识到亚瑟的游戏及这对他的自我认知带来的损害,就此跌入了他的陷阱。

✡ 爸爸决心要抵制妈妈的宠溺，在每次亚瑟挑衅他时都以把亚瑟揍一顿收场。
✡ 而妈妈则决心要控制孩子的整个环境，强迫爸爸遵守她定下的制度，严厉地指责了爸爸。
结果➡ 亚瑟大获全胜。儿子和妈妈联起手来冷落爸爸，而爸爸则和亚瑟配合让妈妈被卷入他们的关系。妈妈又和爸爸配合试图证明两人中谁才是说了算的那个。

但这并不是一段和谐的家庭生活，亚瑟也没有被引导尊重他人，尤其是他的爸爸。他当然不喜欢被打，但是他愿意忍受这种惩罚，好让爸爸妥协，同时赢得妈妈的保护。妈妈对体罚的感受让她不喜欢亚瑟被打。所以，她利用这样的场面来对丈夫施加控制。妈妈应该管好自己的事，不要尝试控制一切。她有权利遵循自己的信念不打孩子，但是她没有权利告诉自己的丈夫怎么对待孩子。控制亚瑟和爸爸之间的关系与她无关。这是他们两个之间的事。

对我们大多数人来说，这是很难理解的一点。难道我们不应该确保孩子得到正确的对待吗？是的，在某种程度上，我们应该这么做。但是，到底什么是"正确的"对待呢？

我们需要一位"权威"来决定这个问题的答案，但在一个民主的家庭中，是不存在这样的权威的。此外，由于我们已经意识到了孩子的创造性和他做决定的权利，我们可以看到一个孩子被怎样对待其实在很大程度上是他自己的行为引起的。因此，我们的责任就变成了去理解整个局面、孩子的目标、不同关系人之间的互动。知道了这些内容，我们才能训练孩子接受秩序，引导他配合不同场景的需求合作。我们也必须这样做。这是我们能够改善孩子行为的唯一方式。

父母双方作为不同的个体对很多事物有不一样的看法，这很正常。如果他们能就抚养孩子的方式达成一致，那自然很好。但这种一致性并不是必须的。孩子会自己决定要从自己周边的每个人那里接受什么、拒绝什么。而由于孩子在每段关系中所具有的主观性，即使父母能对育儿问题达成大体上的一致，他们对待孩子的方式也会有所不同。这也是为什么孩子不会因为父母、祖父母或者其他亲戚差异化的对待感到困惑的原因。他通常很清楚如何从每一段关系中为自己获取最大的利益。

另外，我们从妈妈对自己应付孩子的自信和对其他人对孩子的影响的厌恶中找到了一种特别的相关性。她对处理孩子带来的问题越不自信,她就越会觉得其他人会控制自己的孩子。当她有足够的能力去引导孩子做出恰当的行为时,她就不太可能担心其他人会做什么了。他们也只不过是她需要应付的整个现实的一部分罢了。

7岁的埃斯特是唯一的孙辈。奶奶十分溺爱她,随时随地都会为她准备许多礼物。爸爸妈妈会限制礼物的数量,只允许她接受他们认为合理合适的礼物。埃斯特在复活节时收到了6件来自奶奶的礼物,生日时5件,圣诞时10件。她打开爸爸妈妈的礼物,感谢他们,表现得很自然。但是当她打开奶奶的礼物之后,她抱怨:"就这些?"几天之后,妈妈发现埃斯特在她的日历上把所有可能收到礼物的日子都用深红色的蜡笔标了出来。妈妈对埃斯特这种沉溺物欲的表现非常不安,她和爸爸讨论了这件事,恳求他问自己的母亲能不能控制每次送给埃斯特的礼物。爸爸拒绝了。他认为妈妈的请求没有道理。随着而来的是一场剧烈的争论。

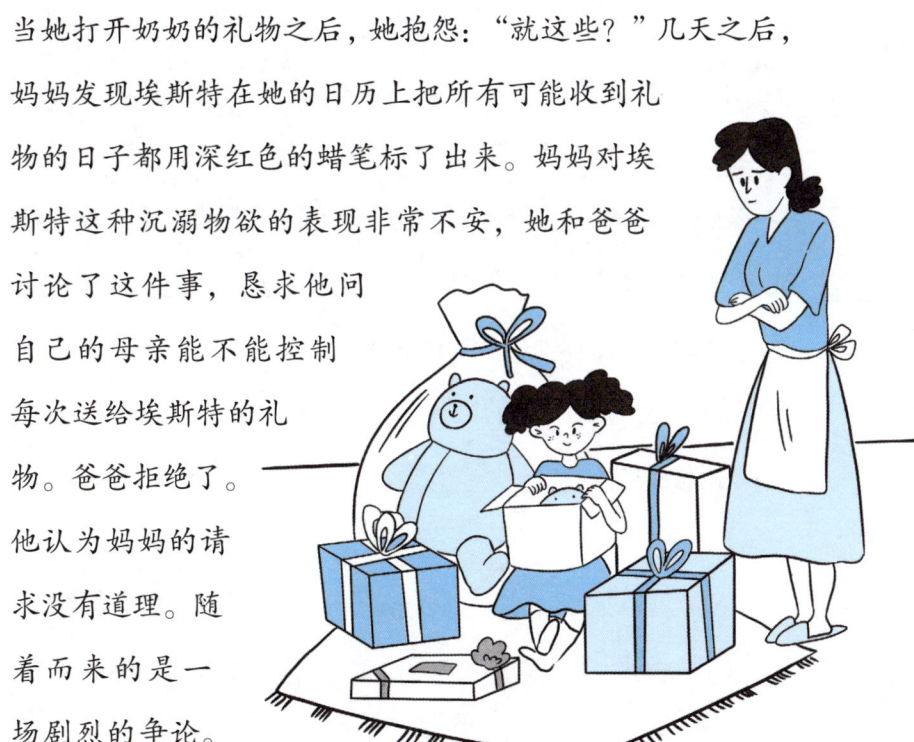

妈妈绝望地认为奶奶正在把埃斯特宠坏。

可怜的妈妈。她肯定对自己之于孩子的影响力毫无自信，而且看到了不切实际的巨大危险。由于爸爸妈妈的礼物维持在了一个正常的水平，埃斯特并没有对他们表现出贪婪的一面。她只对奶奶这样。妈妈不能控制奶奶的做法。这与她无关。奶奶和埃斯特之间的关系是属于她们俩的。在这个情况下，妈妈应该自信地认为，家里正常交换礼物的氛围会形成一套模式来抵抗奶奶的奢侈之风。然而，最重要的是孩子不仅要学会受，也要学会施。她必须记住奶奶的生日，记住在圣诞节等节日给奶奶礼物，如果是她亲手做的就更好了。至于剩下的部分，妈妈就不该插手了，让埃斯特自己去发展和奶奶的关系。

每个孩子的生活环境中都会有父母以外的大人。祖父母或者其他亲戚通常是他们最早接触到的，也是最亲密的联系。之后，他们会陆续接触到邻居、父母的朋友、老师，接着是社区里更广泛的圈子。父母不太可能去控制这些人对孩子施加的影响。

然而，当孩子遇到了不好的影响时，我们倾向于站到带来影响的大人的对立面，希望能抵消或者彻底消除他对孩子的影响。这是没有用的。

孩子不需要被保护在真空环境中,也不需要父母为他重做安排。他所需要的是对他的反应的引导。孩子所接触的刺激源远没有他对此的反应重要。

孩子是独立的个体,因此会形成他自己和每一个产生密切接触的人的独特关系。我们的孩子需要和大量人群交往的体验,这样他们才能学会理解和评价不同的人。我们有义务观察支持孩子做出正确评价的机会。

和祖父母的关系是当今家庭中许多冲突的源头。这个事实本身就暗示了我们文化的变化及我们与旧传统的割裂。子女对于如何教养孩子有着完全不同的看法,而且厌恶父母的干预。

如果他们错误地尝试强迫父母接受自己的方式,他们只会让这段关系陷入低谷。父母中的一个可以退出与祖父母有关的冲突,简单地说:"你是对的。我得好好想想。"然后继续做他认为对的事。祖父母喜欢他们的孙辈。他们正处在一个能够享受一切特权但不必承担任何育儿责任的位置。因为祖父母对孩子的"溺爱"而沮丧的父亲或者母亲流露出了本人对自己影响孩子的能力的悲观和疑虑。

任何投入尝试"纠正"祖父母的行为的精力都是用错了地方,没有用的,而且只会加剧紧张局势和冲突。孩子和祖父母的关系是他们之间的事。

然而，我们必须帮助孩子对这段关系做出正确的反应。宠溺孩子的祖父母可能会给孩子一种感觉，认为他有权利得到自己想要的一切，而且所有反对他的愿望的人都是敌人。在这种情况下，我们必须帮助孩子改变想法。通过帮助孩子做出正确的反应，妈妈就能阻止祖父母让孩子对生活和自己的权利产生错误的看法。

6岁的鲍比父母离异，妈妈已经再婚，他去了爸爸家。从爸爸家回家后，他的鼻子上还有结痂的伤口。妈妈非常担心，询问他发生了什么。"她打了我，我的鼻子流血了。""为什么？你在做什么？""念我的书给她听。""那她为什么打你？""因为我读不出一个很难的单词。"妈妈怒火中烧。那个女人有什么权利打她的孩子！那天傍晚，她愤怒地打电话给前夫，第二天她就打给了她的律师。随之而来的是一场大闹，但并没有得出什么有用的结论。

在当今世界复杂的人际关系中，这类事件并不少见。离婚和再婚给孩子和大人都带来了更复杂的挑战。导致婚姻破裂的旧恨被进一步加强，而孩子在很多时候都并非完全无辜的旁观者。他们在这场混乱中选择了一方，通常一起对抗另一方。人们完全可以想象孩子为了获得同情和特殊的"安慰"而挑起更大的混乱。因此最重要的是妈妈不能落入这种事件的陷阱,不能过分夸大这些事。如果鲍比不在这个复杂的局面下再次制造出混乱,如果妈妈没有对他去爸爸家时发生的事做出反应,鲍比或许能和爸爸的第二任妻子形成更友善的关系。妈妈可以帮助鲍比的最好的办法是建议他好好表现,不要做出受教训的事情。"这是你的选择,鲍比。我相信你一定会找到一个和她和平共处的办法的。"

一位邻居来向爸爸抱怨帕特骑着自行车撞到了自己的儿子艾迪的自行车,害得艾迪摔倒受伤了。两个男孩都9岁了。邻居明显很生气,希望爸爸惩罚帕特,阻止他"不断挑起矛盾。帕特总是先挑衅的那个"。"我很抱歉这让你这么烦恼。但你不认为两个孩子之间的矛盾是他们自己的问题吗?"邻居对此感到十分震惊,他瞪了爸爸一会儿,然后问:"你刚刚的话是什么意思?""我的意思是,我不会越界去控制帕特和他的朋友们之间的关系。我相信如果我们不插手,两个男孩自己就可以把问题处理好。""但艾迪总是受伤。帕特总是在做一些会让他受伤的事。我受够了。"爸爸不得不控制自己别笑出来,因为艾迪比帕特更高更壮。"帕特也有很多次带着伤回家。我只是认为如果我们都不要去插手,那么两个孩子可能会对这些伤口逐渐厌倦,然后自己把问题解决好。""我认为你是时候应该对你的孩子施加一些控制了。""我认为除非我限制他的物理行动,在他和其他孩子在一起的时候守着他,或者随时准备解决他们之间出现的任何问题,否则我没办法阻止帕特做任何事。当然,我会和帕特谈谈的,看看我是否能帮助他理解目前的情况。但这就是我能做的一切了。"

在邻居离开后,从另一个房间听到了整个谈话的帕特走了进来,神气中带了点犹豫。他和爸爸彼此对视了一会儿。爸爸保持沉默。"好吧,他当时正在靠近路边的地方骑车……""我并不想听这些细节,帕特。我只是在想你和埃迪会不会也不喜欢这些冲突。这似乎让他的伙伴们气疯了。"帕特僵硬地笑了笑,没有说话。"或许你和埃迪可以找到其他找乐子的方式。但这是你们的选择。让我们看看你会怎么做吧。"

和他人的接触是现实生活的一部分。我们有义务帮助孩子形成面对现实的正确态度和有效的处理方式。埃迪的爸爸试图控制或者修正现实。他不是在帮埃迪,而是在让他错误地认为,爸爸会一直在他身边"解决问题"。埃迪自己不需要在习得社会参与技能方面出任何力气。而帕特则相反,他被赋予了处理好自己的关系的责任。爸爸没有说教,而是建议帕特重新评估自己的方法,接着用最后一句话表达了自己对此事的关注。

马达伦向妈妈抱怨道:"我恨凯西老师。她是个愚蠢的老师!而且一点也不公平。""出什么事了,马达伦?""哦,她在全班面前拿我打趣。她总是会因为我拼写不好就对我说些难听的话,她从不在我举手时叫我。今天她拿着我的拼写卷子在全班面前把我所有的拼写错误读了出来。我真恨不得杀了她!"马达伦的愤怒和羞耻吞没了她,她大声地哭了起来。妈妈被激怒了。"我会找你的老师谈话的,马达伦。这绝不是对待一个孩子的方式。"

妈妈是对的。孩子不会因为被羞辱就学会知识。然而，妈妈并不能做些什么去重新训练老师。她向老师毫无保留地宣泄怒火的行为只会是火上浇油。如果我们了解了事实全貌，马达伦无疑在挑起老师的敌对态度上负有责任。她微微扭动的肩膀和低垂的双眼都暴露了她的内心活动，"多傻的老师啊"。

毫无疑问，马达伦和她的老师之间的关系很差。但是妈妈并没有权利去改变老师。

> 试试这样做吧

- 她应该做的是帮助自己的女儿看清自己也要为这段不愉快的关系负责，然后给马达伦提供一些如何改善在学校的处境的建议。

- 她必须用一种迂回的方式让马达伦明白自己的问题。直接点破她的问题只会让情况恶化。

- "你认为当学生不喜欢老师的时候，老师会觉得开心吗？"或者"如果你是老师，但你的一个学生非常讨厌你，你会怎么做？"

- 接着，妈妈可以进一步说："凯西老师可能像你说的那样不太聪明。我并不了解她。不过，不幸的是并非每个人都能永远拥有最好的一切。我们只

> 能最大限度地利用我们所拥有的。我相信你现在一定非常不舒服。所以我们可以试着想象怎样才能让你更舒服。"

妈妈并没有质疑马达伦的评价,因为这样做会增加马达伦的对抗情绪,诱使她用反抗来捍卫自己的态度。如果妈妈选择支持老师,就会激起马达伦的敌意。如果她支持马达伦,就是在助长马达论在学校的挑衅行为。指出马达伦的不适,然后坦诚地和她讨论问题,这样能帮助马达伦寻找更友好的行为方式来缓解她的不适。

哈利是家里唯一的孩子,在学校表现得很糟,必须被强迫才会完成作业。每天晚上吃完晚饭,爸爸都会坐在他边上监督他做作业。每一门课,爸爸都必须向他提问,帮他辅导功课。这些环节很多次都会以哈利大哭不止、爸爸又累又气告终。而男孩的功课依旧没有进步。

实际上,爸爸才是在学习的那个,而哈利则在每一个晚上都证明了没人能逼他学习。只要爸爸一直下定决心要让儿子在学校好好表现,然后不断"帮"他完成功课,哈利就会一直表现得一团糟。说来奇怪,爸爸应该关心自己的事。学习是哈利的任务,不是爸爸的。

传统上,很多老师依旧会要求父母监督孩子完成家庭作业。然而，如果我们直接硬碰硬地解决问题，我们就会激起权力斗争。然而，如果我们先询问孩子的看法，和他们一起制定学习表，再帮他们维持秩序，我们或许就能提供他们真正需要的刺激了。

　　如果孩子遇到了不同寻常的困难，我们应该提供一名辅导老师。即使父母可能正好也是老师，自己承担这个角色是一个相当有问题的做法，因为孩子对学习、承担责任及完成他不喜欢的任务的抗拒通常反映出了他和父母的关系并不理想。他很有可能是在抗拒父母亲自加入教学又不能承受自己不学习带来的压力，要么是因为父母为他的未来忧虑，要么是因为父母希望让孩子看到他必须承担责任。在这些情况下，进一步的来自父母的压力只会导致权力斗争。我们能帮助遇到这类问题的孩子最好的办法就是从斗争中抽身而退，请一位辅导老师，同时清楚地向孩子表明，如果他不愿意学习，没有人能逼他这么做。"一切取决于你。你自己决定要不要继续学习。"

　　忘记练习乐器的孩子也会遇到类似的问题。有许多孩子希望能会一样乐器，但并不愿意勤奋练习！父母的干预和压力会把原本孩子所期待的音乐的乐趣变成令人厌烦的任务。这时，我们也同样不应该多加干涉。应该由音乐老师决定如何鼓励孩子练习。

不干预并不意味着我们要把孩子完全丢给老师。我们可以鼓励他们，不是通过压力和批评，而是为他提供一些可以面向一小群大人或者同龄人组成的观众的演奏场景。我们甚至可以安排机会让他和其他人一起演奏。这样，音乐就真正活了起来，不再只是令人厌烦的动作。

在这些场景中，我们必须准确地意识到什么是孩子自己的事，让他自己去承担责任。

妈妈和南希一起为后者准备了一个零花钱项目。妈妈失去了南希的爸爸，必须独立撑起家庭。南希的需求也被考虑到了。她得到了充足的零花钱来支付午餐、校车、学校的开销、休闲时的电影票和放学后的活动费。一天，南希带着她最好的朋友回家，妈妈注意到两个女孩都带着一样的新手镯。她问南希手镯是哪儿来的。"我从零花钱里省出来的。"妈妈在南希的朋友离开前都没再说什么。但之后妈妈严厉地斥责了南希，对她指出自己为了支撑家庭工作非常辛苦，放弃了很多东西让南希能够花钱去买一些不在原本的计划里的东西。

妈妈希望能够控制南希的一切行为，甚至是她用零花钱的方式。当父母给孩子零花钱时，这笔钱就属于孩子了。他们用这笔钱做什么和父母无关。毫无疑问，南希放弃了原本计划中的一些东西来省出钱买手镯，她为了得到自己想要的做出了一些牺牲。如果有朋友尝试强迫她去买一些朋友认为合适的东西，妈妈当然会生气。妈妈会觉得朋友多管闲事。出于同样的原因和尊重，妈妈不应该干预南希，让她用自己认为合适的方式花钱。妈妈唯一的责任就是坚持零花钱的金额，在南希大手大脚的时候不为她解决问题。

当然，如果我们发现孩子在养成错误的价值观，我们始终可以选择友好的谈话。然而，我们必须注意不要表达批评，因为批评只会使孩子更坚持自己原有的观点。"我在想你是否考虑过……""你有没有想过……"，用这类语气开场不会刺激孩子马上出现叛逆的反应。重要的是要呈现出所有可能的角度，即使很多对我们来说是难以接受的，但是客观是一切真实评价的基础。接着，我们可以和孩子一起发现那些对当下和未来都最有利的价值观。

第27章 克制怜悯心作祟

即使是合情合理的情况下,怜悯也会造成负面的影响。

7岁的克劳德正为他的生日计划感到异常兴奋,他将在郊区的一座农场上举办生日派对野餐,并乘坐干草车。这样的乡村远足是相当少见的。妈妈对他讲了所有的计划。他一共邀请了18位客人,包括两位妈妈协助安排交通。随着日子一天天临近,克劳德和他的朋友们的期待也不断高涨。当他在生日当天早上醒来时,他发现天空中飘着厚厚的云层。他心生警惕冲向了妈妈:"今天不会下雨的,对吗?我们还能去的,对不对?可以的,对吗?"妈妈非常为这个可能出现的困难担忧,十分担心这个失望的结果给克劳德造成的打击。确实,她已经和农场确认可以"改期",但另一天不会是克劳德

的生日。而生日对孩子来说是那么重要。她尝试安抚男孩。"哦，我认为天会放晴的，孩子。我们再等等看吧。"克劳德几乎没怎么吃早餐，一早上都坐在窗边紧张地观察。他们计划在下午2点从市里出发。中午，大概12点半的时候，下起了一阵细雨，然后变成了倾盆大雨。显然，他们必须取消今天原本的安排了。克劳德心碎地哭了起来。妈妈看了心想，真是可怜的孩子。对他来说这是多么令人崩溃的失望啊。她温柔地把克劳德抱进怀里。"亲爱的，我理解你的感受。我很难过。这一定令你很失望。我愿意做任何事来换雨停下来。但我不能。我们明天也可以去。农场的人说了我们可以明天去。""但明天不是我的生日！今天才是。我想要今天办生日派对！""我明白，亲爱的。今天下雨真是太可惜了。""这不公平，这不公平。我永远得不到自己想要的！""宝贝，别哭得这么厉害了。我真的没有办法让雨停下来。"克劳德根本听不进妈妈的安慰。妈妈自己几乎也要落泪了，因为沉浸在强烈的失望情绪中的克劳德让她非常难受。

克劳德的痛苦失望在很大程度上是不必要的。即使没有明确表现出来，孩子对大人的态度也是非常敏感的。因此，如果我们怜悯孩子，他就会认为自己有权利自怨自艾。如果他开始自怨自艾，他的悲惨就会变得更加强烈。这时，他不会去面对困境，做自己力所能及的事，他会越来越依赖他人的怜悯，等待别人来安慰自己。在这个过程中，他会不断失去接受现实的勇气，越来越抗拒现实。这种态度可能会伴随他一生。他会坚信世界都亏欠他，应当补偿他所失去的东西。他不再去做自己能做的事，而是依赖于别人为自己服务。

克劳德在事情没有按照自己的意愿发展时感到很委屈。他可能会成为一个"受气包"。妈妈认为失望对他而言会造成极大的打击，因为他还太小了。这种假设让男孩更加证明了自己的想法。在第二天办派对的可能性完全无法安慰到他，他反而会认为整个人生都被这一场暴雨给毁了。

当妈妈假设克劳德难以承受这样的失望时，她表现出了对儿子的不尊重。她认为克劳德太过软弱无助，无法面对生活。她的态度刺激克劳德形成了错误的假设。

如果我们能克制对孩子的怜悯，我们的孩子就能学会面对失望。

如果妈妈没有先做出假设，那么她就能从一开始避免克劳德陷入苦涩的失望。在和克劳德讨论生日计划的时候，

她可以马上提出如果下雨，计划就会受到影响的可能性。在这种情况下，他们只需要把计划延期到第二天。

她本人自然地接受因为天气情况可能调整计划的态度会被迅速传达给克劳德，这会帮助他避免产生更深的失望情绪。因为在生日那天碰上雨天感到难过是很正常的。妈妈可以保持平常心，从而帮助克劳德面对这个问题。如果妈妈也认为克劳德很可怜，她就没法帮到他了。

9岁的露丝在因为小儿麻痹症住院好几个月之后终于回家了。她带着支架，需要在拐杖的支撑下到处走。医院的理疗部门花了很多时间和精力教露丝如何靠自己完成任务，在器械的帮助下行走。医务人员向妈妈提供了看护指导，并且要求妈妈要帮助露丝依靠自己独立。然而，自己的孩子所遭受的悲剧让妈妈的内心如此痛苦，这让她觉得为孩子做得再多都不够。露丝很快对妈妈这种深切的关怀做出了反应。当她抽泣着说"这太难了，我做不到"时，妈妈会跳出来帮助她。因为走路太难了，妈妈的帮助越来越多。露丝坐在轮椅上，走路的时间越来越少了。她的手变得奇怪。妈妈想让一切变得更轻松，所以开始喂她吃饭。妈妈把所有的时间都用来照顾露丝，为她做一切事情。她想要弥补生活给露丝带来的灾难性打击。她恳求露丝试着走路，但是当女孩开始哭哭啼啼地说"疼"的时候，妈妈就会放弃，然后说："可怜的孩子。这太令人心痛了。"爸爸尝试鼓励露丝走路，却遭到了妈妈的威胁。妈妈会责备爸爸对孩子"要求过高"。爸爸和妈妈会为此在露丝面前争吵。露丝因此而开始疏远爸爸，越来越依赖妈妈。不过一个月，露丝就从刚出院时那个爱笑、勇敢、自食其力的孩子变成了一个爱生气、爱使唤人、无助的没用的孩子。当妈妈按时带她去诊所复查时，医生发现露丝的情况退化了，因此建议她再次住院。妈妈心碎了，她对认为露丝不配合的理疗医生的"冷漠"感到生气，因此拒绝了他的建议。这时，爸爸介入了。在咨询了多位医生之后，尽管妈妈依旧抗议，露丝再次入院了。这一次，需要所有人共同的努力、理解和坚定来克服妈妈的怜悯给露丝造成的负面影响，带她回到改善病情的道路上。直到妈妈去咨询了精神科医生之后，她才能理解她的态度实际上对露丝造成了伤害，导致了她的健康的退化。妈妈和露丝都取得了可观的进步，学会了如何化悲剧为力量。

  一个生来就存在身体缺陷的孩子，或者一个不能看、不能听、不能正常走路的孩子，都很容易成为被怜悯的对象。去克制自己怜悯这样的孩子几乎是违反人类本能的行为。但去表达对他们的怜悯，只能加重他们的缺陷。护士和治疗有先天缺陷的孩子的专业医生会为孩子通常展示出的勇气及他们在克服或者规避身体缺陷的影响时表现出的智慧而大为惊叹。医生也对怜悯的危险非常警惕。他们看到过原本已经取得进步的孩子，因为家长和亲戚泛滥的同情和怜爱的误导而一蹶不振。护士、医生和治疗师经常不得不因为家长把他们坚定的态度误判为冷漠、残忍、缺乏同情而对其长篇大论妥协。当然，治疗医师的确更容易克制自己的怜悯，因为他们没有情感上的牵绊。然而，任何时候，当他们长年累月地照顾一个孩子时，他们也会爱护他，他们只是不会表现出对他的困境的怜悯。相反，他们会鼓励孩子为自己面对困境时的每一次成就感到骄傲。

5岁的佩吉发起了高烧，但她的症状并没有马上变得明显。她是一个十分体弱多病的孩子，不得不住在医院学习。妈妈很担心佩吉，除此之外，她还感到一丝怨恨，为什么这种事要发生在她的孩子身上。药物需要通过注射进入佩吉的体内，她还需要接受抽血检测。尽管并不完全清醒，佩吉还是会在每一次针头刺入时大哭起来。妈妈对此抗议，因为她觉得这么对待一个生病的孩子太残忍了。她对佩吉的同情和怜惜日益增长。在医生做完诊断，安排了适当的治疗之后，佩吉慢慢恢复，终于被允许回家了。恢复期是漫长的。妈妈为佩吉承包了一切。她觉得自己做什么都无法弥补佩吉这次漫长又严重的病痛。当佩吉慢慢好转，她变得越来越爱使唤人了。而妈妈却因为长期照顾佩吉，睡眠不足而筋疲力尽，开始情绪失控了。最终，有一天她爆发了。这让佩吉感到震惊又不知所措，她大哭起来。"你怎么能在我病得这么厉害的时候这么刻薄地对我？"这让妈妈很后悔，于是她又开始更努力地尝试耐心地照顾她的孩子。

佩吉感受到妈妈对她的怜悯，现在她也开始怜悯自己了。妈妈因为情绪失控而自责，再次向佩吉过度的需求妥协。她们之间已经形成了一种恶性循环。

当孩子生病的时候，也是我们最容易为他们感到难过的时候。病中的孩子当然需要我们的照顾和包容。他没有办法照顾自己。我们必须提供帮助，但在照顾他的同时我们必须注意自己的态度。

> 我们必须小心控制自己不屈服于怜悯这个正在受苦的可怜孩子的本能。生病也是生活的一部分。我们最多只能在孩子生病时满足他的需求，帮助他忍受痛苦，向他展示如何度过困境。

相比身体健康的孩子，生病的孩子更需要我们在道德上的支持，对他的勇气的信心，以及我们的理解。生病会使人意志消沉，它会让孩子体会到自己的渺小和无助。此时，家长的同情会进一步打击他的意志，消解他的抵抗力，削弱他的勇气。怜悯带着一种高人一等的态度，这并不会支持孩子的勇气。聪明的妈妈会在坚定拒绝向孩子提供超出实际需求的帮助的同时表现出对孩子最大的善意。恢复期对妈妈和孩子来说都是最艰难的时期。如果我们能用亲切的态度和鼓励取代怜悯和过度的照顾，那一切都会轻松得多。

3岁的桑德拉正在开心地玩着她的新秋千架。5岁的梅丽是隔壁邻居领养的孩子。梅丽从隔壁跑到了桑德拉家，把桑德拉推下秋千，自己玩了起来。桑德拉从地上站起来，打了梅丽一巴掌，然后走向了另一架秋千。妈妈正从厨房的窗口往外看。桑德拉刚在另一架秋千上坐下，梅丽就离开了原来的秋千，要求桑德拉给她让位。两个人的音量一句高过一句。梅丽的妈妈跑过来和两个女孩子说话。她鼓励梅丽选择自己想要的那架秋千，把她放到秋千上，开始帮她推秋千。梅丽改了主意。她想玩另一架秋千。她的妈妈说服了桑德拉和她换。接着，她先给梅丽推秋千，然后又想帮桑德拉推秋千。"我可以自己推。"桑德拉说。等桑德拉的秋千荡起来，梅丽又想要换秋千了。梅丽妈妈再次安排两个孩子交换。这时，兴趣满满的桑德拉妈妈也加入了她们。"为什么你总是让梅丽得到她想要的？""为什么？这可怜的孩子！我从不会拒绝她。我永远也弥补不了她生命糟糕的开局。""什么叫糟糕的开局？"梅丽的妈妈转向一边轻声说："哦，她是非婚生的孩子，你知道的。"

　　梅丽妈妈认为自己是慷慨的大英雄，拯救了一个可怜又不幸的来路不正的可怜孩子。然而，在她看来，世界上所有的爱和放纵都不能弥补这个孩子身上发生过的可怕不幸。

　　梅丽妈妈的看法是完全不切实际的。她的怜悯根本不能帮助到孩子，反而造成了截然相反的结果。这个孩子一开始并没有不幸，可是她的养母错误的认知却已经令她变得不幸，而且会不断影响她。梅丽被宠得太过头了，她根本不能做出任何有益的贡献。她没有清晰的认知，已经完全吸收了养母的态度："我是不幸的。全世界必须弥补我。"

领养家庭的父母很容易陷入怜悯孩子的陷阱。这是非常具有灾难性的。

被领养的孩子本身并不会面对更多的困难，除非养父母用错误的怜悯给他们创造了这些障碍。孩子在头几年里是没有能力分辨亲生和领养造成的家庭身份的区别的。他对周围环境的认知和家里亲生孩子是一样的。为了帮助他未来更好地适应生活，他也不应该被"特殊"对待。不论如何，认为自己在家中地位"特殊"的孩子会形成错误的价值观和期待。被领养的孩子需要和亲生孩子同样的尊重和照顾。

被领养孩子的母亲可以随意自然地提到这一点，从而让他在长大时了解到自己是被领养的。当他们真正想要了解领养的含义的时候，养母会向他解释：有时候有些人可能无法抚养自己的孩子；而另一方面，也有些人可能有条件抚养孩子，却不能拥有孩子。因此，对孩子而言，能够交换到新的家庭不也是一件幸运的事吗？

通过轻松的对话去聊一个相对愉快的解决难题的方式可以消除扭曲的印象。只有养父母本人的在意才会让领养这件事成为被领养的孩子介意的问题。

因为妈妈住院了，9岁的邦妮、7岁的杰克和6岁的克莱德，正和他们的阿姨玛丽安及两个表弟妹——8岁的弗里达和5岁的比尤拉，住在一起。爸爸每天晚上和他们一起吃晚餐，然后一起去医院看妈妈。有时候是阿姨玛丽安去医院，这时亨利叔叔就会用他的游戏和故事逗乐所有人。玛丽安阿姨发现自己有很大的情绪压力，一定程度上是因为自己忽然要照顾另外三个孩子，当然也是因为她非常为自己的姐姐担心，两人的关系十分亲密。大人们都知道妈妈的情况很糟糕，她患上了癌症。他们很小心地避免让孩子们发现事情的严重性。一年半前，妈妈也去过医院，但又回到了他们身边。任何时候，当孩子们问起妈妈什么时候会回家时，大人们总会故作轻松地说："快了，快了。"孩子们可以感觉到这些故作轻松的发言的虚假性，而且敏锐地察觉到了爸爸和玛丽安阿姨之间忧虑的目光和窃窃私语。尽管无法理解，他们依旧因此感到失望，并且变得不听话，不自在，爱发脾气。邦妮比其他两个孩子更想念妈妈的照顾，而且对情况的意识也更深。因为她是孩子们中最大的，玛丽安阿姨要求她帮助年龄更小的弟妹，并且向她灌输了大孩子的责任。邦妮愉快地接受了很多责任，但也形成了一种颐指气使的态度，这让几个小孩子很讨厌，无疑让原本就困惑的生活更加雪上加霜了。

接着，妈妈去世了。大人的悲伤再也难以掩藏。孩子们必须知道真相了。爸爸要求和自己的三个孩子单独待一会儿，而玛丽安则会告诉自己的两个孩子真相。玛丽安的悲伤几乎到了崩溃边缘。爸爸努力压抑着自己的悲伤，叫来三个孩子，告诉他们："孩子们，我有一件非常严肃的事要告诉你们。"孩子们静悄悄的，意识到了家里气氛的变化。邦妮问："妈妈出什么事儿了吗？""妈妈在今天上天堂去了。她在那里会过得很好。现在，我们所有人都必须勇敢起来，照顾好彼此。"孩子们愣住了，花了几秒才意识到了爸爸所说的话的含义。邦妮陷入了强烈的悲伤中，大哭起来。"为什么妈妈会离开我们，爸爸？为什么她现在会去天堂？我们想她。""我们无能为力，邦妮。""你是说妈妈不会再回家了吗？"杰克问道。"是的，儿子。"爸爸温柔地回答。"但是我想要妈妈。"克莱德哭着说。爸爸沉默地安慰着他们，他明白他们也需要表达自己的情绪。当孩子们慢慢平静下来之后，爸爸继续说："失去妈妈的日子会很艰难。我们需要一些时间来适应，但我们必须一起努力，互帮互助。我们也需要尽快计划下一步该怎么做。"

这个时候，玛丽安阿姨和两个孩子走进了房间。比尤拉和弗里达正在哭，但更多是因为每个人都在哭，而不是因为这件事和他们有任何直接的关系。玛丽安擦掉眼泪说:"可怜的孩子们,可怜的失去妈妈的孩子们。"爸爸对玛丽安阿姨摇了摇头,但她没能理解。孩子们又哭了起来,他们哭得撕心裂肺,难以自抑。爸爸暗示了亨利叔叔。亨利叔叔安静地带着自己的两个孩子暂时离开了房间。三个孩子猛地离开玛丽安阿姨,回到了爸爸身边。亨利叔叔终于说服了玛丽安阿姨躺下休息一会儿。接着,爸爸把三个孩子抱到怀里,然后带着一丝坚定对孩子们说:"现在,孩子们,我们都很难过。但记住,我们必须勇敢地面对妈妈的离开,不要用悲伤来和她告别。这才是她想看到的,我相信你们都希望满足她的愿望。来吧,振作起来。"接着,他沉默地等待着孩子们收拾好心情。当他们平静下来之后,他说:"现在到晚餐时间了。玛丽安阿姨需要我们的帮忙。我想我们都可以帮忙准备晚餐。""爸爸,可我什么也吃不下。"邦妮带着哭腔断断续续地说道。"生活还在继续,邦妮。如果你今晚不想吃晚餐也没关系,但可能等晚餐准

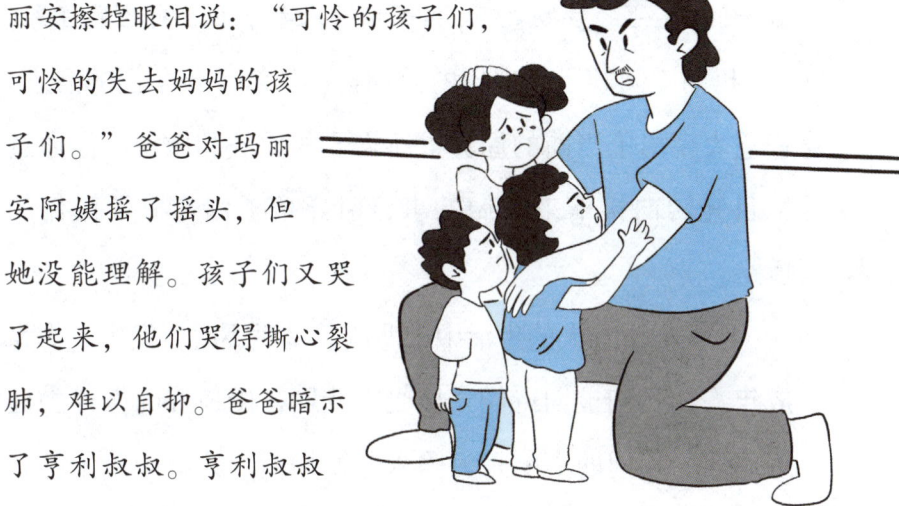

备好的时候,你会发现你可以吃一点的。"爸爸接着鼓励孩子们,在他的鼓励之下,孩子们每人都承担了自己的任务。

玛丽安阿姨所表现出的怜悯再次消解了孩子们的意志。爸爸表现出了当前的局势下所需要的勇气和敏锐。他通过把目光转向接下来要做的事,引导孩子们走上了振作的道路。

在我们所有人的生活中,悲剧总是时不时会发生。作为成年人,我们被期待能"接受"悲剧,用最好的方式去处理局面。我们的本能是为陷入悲剧局面的无辜的孩子感到难过。然而,比起悲剧,我们善意的怜悯反而会造成破坏性的结果。如果大人怜悯孩子,不论理由有多正当,都会让孩子开始自怜自艾。他会很容易一生都陷入这种自怜自艾之中。他会无法承担面对生活的任务的责任,然后开始徒劳无功地寻找一个能够为生活从他身上夺走的一切做补偿的人。他会很难成为社会上的生产力,因为他的注意力完全集中在自己及那些他认为理应得到的东西上。

对于一个孩子而言,最严重的困境就是失去自己的父母。经历过这样的失去之后,孩子可能需要一生去恢复。如果失去的一方是母亲,那这种困难又会加倍。这样的孩子需要身边所有人亲切的支持,但他们最不需要的就是怜悯。

怜悯是一种负面情绪，它会使被怜悯的对象更渺小，弱化他的独立性，毁掉他对生活的信心。死亡是生命的一部分。我们必须接受这种观点。没有死亡，生活本身也无法成立。我们当然不愿意看到孩子因为失去父母中的一方而受到伤害，但我们的悲伤和痛苦并不能使死者复生。当死亡来袭，其他人的生活依旧在继续。而尽管艰难，孩子依旧需要意识到他们继续勇敢地构建生活的责任，即使他们需要面对极困难的情况。这个时候，怜悯只会虚耗掉孩子正迫切需要的勇气。

我们不能保护孩子脱离生活的困难。我们面对成人生活中的打击所需要的力量和勇气都是在儿童时期建立起来的。然后，我们才能"从容面对问题"，继续向前。如果我们想引导孩子勇敢地接受生活的一切，如果我们希望他们获得克服困难后的满足感，加强他们推进事情的能力，我们必须摒弃对孩子的怜悯和溺爱。我们首先需要认识到，我们在文化上倾向于落入怜悯孩子的陷阱中，然后通过支持孩子的悲伤及他勇敢地探索前进的道路来表达我们的关心和理解。这绝不意味着我们就任由孩子自己面对问题了。相反，我们会一起支持他，就像我们对待陷入困境的成年人一样。

每个人多少都曾遇到过讨厌被怜悯的成年人，这类人会回避任何怜悯者，因为他太骄傲了。在这种情况下，人们必须小心翼翼地表达对他的理解，注意不要表现出对这个人勇敢面对磨难的能力的怀疑。我们在对待孩子时也应该如此。出于对孩子的尊重，我们应该支持他的自尊，而不是通过诱使他自怜自艾来降低他的自尊心。在危急时刻，孩子会向成年人寻求应对方法的线索。他们可以察觉到我们的态度，并以此作为指导。

区分关心和怜悯并不困难。

关心暗示着："我理解你的感受和痛苦，我理解这对你来说很困难。我很抱歉这一切的发生，我会帮助你克服你遇到的阻碍。"

而怜悯则带着一种更微妙、对被怜悯者高高在上、高人一等的态度。"你可真可怜。我为你感到难过。我会尽一切努力来弥补你遭受的痛苦。"

为发生的"事"感到难过是关心。为遭遇这个事情的"你"感到难过是怜悯。

我们倾向于怀疑所有我们认为弱小的对象的能力,因此,我们抹掉了他们在没有因为我们的怜悯而退缩到悲伤消极的壳子里并陷入满嘴抱怨和要求的情况下本应能展现出的足智多谋的一面。

第28章 只提合理要求，尽量少提

汤米和他的父母正在拜访朋友。当大人们坐在前廊聊天时，汤米跑开了。"汤米，回这儿来！"妈妈对他命令道。接着她又转向朋友，继续之前的对话。男孩转过屋子的转角处，向着后院的秋千慢慢走去。他迟疑了一下，继续舔了舔他的冰棒。妈妈在他背后出现，用手指向下点了点示意汤米必须过去："汤米，过来。"汤米转过身，抬起下巴，斜着眼睛，嘴角露出嘲讽的笑容。他在秋千上坐下，又舔了舔冰棒。妈妈生气地喊他。"汤米，我说了现在马上过来。"汤米继续来回晃着秋千。"我要去告诉你爸爸！"妈妈生气地叫着走开了。汤米吃完了冰棒，把木棍丢进花坛，然后开始用力荡秋千。什么也没发生。他继续荡着秋千。最终，汤米无聊地站起来，懒洋洋地回到了前廊。

汤米完全不尊重妈妈的意愿。可在这种情况下，这是妈妈应得的。她提出了一个不合理的要求。汤米则用对她的"命令"的公开反抗来回应。在这个特定的时刻，妈妈和儿子之间进行着一场权力斗争。汤米是胜利者。并没有任何实际理由让他不能玩秋千。妈妈试图展现她的权威，而汤米则坚定地反抗了妈妈的权威。接着，妈妈无能为力，但依旧用语言攻击汤米。最后，她威胁要把这事告诉爸爸。汤米显然知道爸爸什么也不会做，正如事后证明的那样。"告诉爸爸"的威胁始终都是不明智的。既然父母充当权威者的那套已经行不通了，爸爸就永远不该再被放到需要高高在上地行使权威的位置。

合理要求的特点是对孩子的尊重及对秩序的认可。一个发因为孩子不"照我说的做"而陷入暴怒的家长很可能会提出不合理的要求，只是在尝试"控制"孩子。这通常会挑起一场权力斗争。家长无法意识到自己正尝试建立一种上下级式的阶级关系。然而，成人权威制已经不再被孩子所接受了。因此，孩子在原则上决定反抗到底，逃脱控制。一个感到被强迫或者"被命令"的孩子会用反抗作为报复。如果我们能用非命令的语气提出合理且必须的要求，那我们就能避免此类冲突。

10岁的琳达正在离家半个街区的地方玩。妈妈想让她去趟商店,所以她从前门喊了琳达。琳达依旧自顾自地玩耍,就好像没听见妈妈的喊话一样。当琳达没有反应时,妈妈选择了放弃。几分钟后,妈妈又喊了琳达,琳达依旧表现得没听见的样子。最终,一个孩子说:"琳达,你妈妈在叫你。""哦,我知道,但她没发火,还没呢!"妈妈是认真的,但她没有发火,而是带着一条小带子走了出来。她走到琳达面前,琳达看起来有些惊讶。"你没听到我喊你吗,小姑娘?你现在必须回家。"她一边强调,一边用带子打了女孩的腿。琳达跳起来,开始大哭,然后匆忙跑回了家。妈妈跟在后面,女孩每跑一步就会被打一下。几分钟后,琳达出发前往商店。

琳达成为"妈妈聋子",这是在许多家庭中都出现的毛病。

孩子们应当承担一些为家庭做贡献的责任。去商店是一个很合理的任务。然而,这个任务必须获得孩子的认同,而且必须是长期执行的。

妈妈和琳达应该一起制定一个计划,既能满足家庭的需求,又能表现出对琳达和伙伴们玩耍的权利的认可。妈妈应该在午饭时间:"我们在今天下午5点之前需要去商店买一些东西。你想什么时候去?"当琳达做出选择时,妈妈可以问:"到时候需要我叫你吗?"现在,琳达知道了妈妈对她的期待,也有了选择时间的机会。由于这个要求是合理的,琳达出于因承担责任的骄傲会更愿意做出回应。

妈妈正坐在客厅里修补东西,而8岁的波莉正在看电视。"波莉,你能把我的烟递给我吗?"孩子跳起来拿到了烟。几分钟后,妈妈说:"亲爱的,你能把白色的棉线递给我吗?"波莉拿到了棉线。又过了一会儿,妈妈说:"亲爱的,去把煮土豆的火调小一点。"女孩相当乐意地做了妈妈要求的事。

妈妈把波莉当成仆人一样对待。而波莉甚至照做了那些不合理的要求,因为她希望取悦妈妈。她没有学会像一个有自主意识的个体那样行动。

妈妈和爸爸正坐在后院和意外来访的朋友聊天。9岁的黑兹尔正在附近和隔壁的两个女孩玩耍。18个月大的大卫表现得很焦躁,因为到他睡觉的时间了。妈妈抱了他一会儿,但是他的焦躁总让她分心。于是她喊道:"黑兹尔,过来把大卫放到婴儿车里带他散散步。""哦,妈妈。""黑兹尔!"孩子叹了口气,离开她的朋友,做了妈妈吩咐的事。

妈妈提出了一个最不合理的要求。我们永远不应该要求孩子去做我们自己不愿意去做的事。妈妈想要和朋友们在一起，于是她要求黑兹尔离开自己的朋友，来照顾令她分心的宝宝。这表现出了对黑兹尔的权利极大的不尊重。妈妈应该向朋友解释，然后把大卫放回床上。

当我们想要对孩子提出要求时，我们必须敏锐地分析局势及孩子的能力。许多孩子都喜欢承担照顾年龄更小的孩子的责任。然而，家长和孩子应该就他们什么时候需要承担相应责任提前达成一致。如果妈妈确实需要额外的帮助，那么她当然可以对年纪更大的孩子提出要求。

在我们"命令"孩子"马上"做某事的时候，我们始终应该对局面保持怀疑。这是一种专制的做法，而且通常这个要求并不合理。而孩子的反应"哦，她总是指使我做这做那"，反映出了一段并不和谐互助的糟糕关系。若我们尽量少要求孩子，拉长每次要求的间隔，选择争取孩子的合作，而不是命令他们服从我们，我们与孩子之间就能形成更友善、满意的关系。

29章 言出必行,说到做到

鞋店的售货员拿了好几双鞋给维妮弗雷德试穿。妈妈告诉她:"宝贝,你自己决定想要哪双。"妈妈对海军蓝的那双很满意,但维妮弗雷德渴望地说:"妈妈,我想要红色的那双。"店员拿来了红色的鞋子,孩子非常喜欢。"但是,维妮弗雷德,海军蓝的那双更实用。蓝色很百搭。你确定你想要红色的这双吗?""是的,妈妈。"维妮弗雷德一边照着镜子一边回答。"过来,再试试海军来的这双。"维妮弗雷德看着镜子里那双暗色的鞋子。妈妈告诉店员:"我们要海军蓝的这双。""不,妈妈,我想要红色的那双。""哦,维妮弗雷德!红色的那双太不实用了。你很快会厌倦的。听话,做个好孩子,我们要海军蓝的那双。"女孩噘着嘴接受了妈妈的决定。

起先，妈妈告诉女孩可以自己选，接着她又做了决定，甚至通过争论想要说服维妮弗雷德。妈妈说话前后不一致，没有履行自己的承诺。

如果想要教会孩子如何做出明智的选择，我们必须给他们选择的机会，如有必要，甚至包括犯错的机会。他们需要通过经验学习，而不是我们的说教。维妮弗雷德认为妈妈是一个不让她得到自己想要的东西的独裁者。她已经被怨恨蒙蔽了双眼，无法去理解为什么一个选择会存在实用或者不实用的考虑。假如妈妈能够坚持自己的承诺，让女儿买下红鞋子，或许维妮弗雷德自己就会发现，红鞋子并不搭配所有的衣服。由于在红鞋子坏掉之前她都不会买新鞋子，维妮弗雷德必须忍受她的决定带来的后果，并且可能会在下一次买鞋的时候主动考虑得更全面。这样一来，妈妈就会表现得更像教育家而不是独裁者了。

3岁的荷莉正在夏天的第一个高温天里坐在太阳底下玩沙堆。妈妈觉得她已经在太阳底下待得够久了。"戴上你的太阳帽，荷莉！"妈妈一边在花园里除草一边喊道。荷莉似乎没听到妈妈的话，继续往她的篮子里倒沙子。"荷莉！我说把你的帽子戴上。"孩子从沙堆里跳出来跑向秋千。"荷莉，回来。我希望你把帽子戴上。"女孩背朝妈妈，坐在了秋千上。妈妈耸了耸肩，放下了这件事。

很明显，荷莉被训练得无视妈妈的决定。妈妈说得太多，但并没有行动。她提出了一个要求，但并不去贯彻落实。荷莉已经发现了她可以无视妈妈说的话。

妈妈可能觉得自己的要求是出于对荷莉的关心和避免她被晒伤的愿望，这是对秩序的尊重。然而，她的执行程序表现出了对荷莉和自己的不尊重。荷莉一点也不了解晒伤的危害，因此认为妈妈的要求是专制的，尤其是当妈妈以命令的形式表述的时候，就更加激起了荷莉当时的叛逆情绪。妈妈的"要求"成为展开权力斗争的邀请。如果妈妈真的觉得荷莉需要太阳帽的保护，但荷莉又无视了她的要求，妈妈应该坚持到底，并且亲自给荷莉戴上帽子。如果孩子表现出了进一步的抵抗，妈妈认为女儿必须离开太阳照射，就需要把荷莉带到室内。妈妈必须学会在提出合理的配合要求之前仔细思考，而后坚持贯彻坚定的行动。

"妈妈。"6岁的宝拉在走过购物中心

的折扣商店时拉了拉妈妈的裙子。"怎么了，宝拉？""你能给我一点零钱吗？""做什么用？""我想骑一次小马。""不行，宝拉，今天不行。""求你了，妈妈。"孩子委屈地恳求道。"我说了不行，宝拉。来吧。我还有很多事要做。"宝拉开始委屈地哭起来。"哦，天呐！好吧，我会让你骑一次。但记住，就一次。"妈妈帮宝拉骑上了小马，放进零钱，然后等女孩结束项目。

一开始妈妈说了"不"，但之后她妥协了。她缺乏说"不"然后坚持决定的勇气，因为她怜惜这个因为被威胁无法获得自己想要的而哭泣的可怜的孩子。

妈妈在让宝拉学会不尊重她的话，并且相信只要她发动"眼泪攻击"就能得到自己想要的。要解决这个问题有个很简单的方法。

试试这样做吧

○ 妈妈可以给宝拉零花钱。当宝拉向妈妈要零钱时，妈妈可以回答："用你自己的零花钱，宝拉。"如果女孩已经花光了零花钱，那就没办法了。

○ 妈妈不必再回答、理论，不因为怜惜而回应，不妥协，也不要提前借给宝拉下一次的零花钱。如果宝拉自己有钱去坐小马，那皆大欢喜。如果没钱，

> 那是她的问题。

妈妈必须坚持说"不",并且无视孩子的激将,坚定态度。

妈妈已经彻底厌倦了催艾立克斯和哈利起床的斗争。她参加了一个引导中心,她决定把在那里学到的一个方法付诸实践。她买了一个闹钟,然后告诉两个男孩,他们得自己设闹铃,然后起床。第二天早上,妈妈听到了闹铃响,然后又平静下来。她等待着,但一点动静也没有。半小时之后,妈妈终于意识到他们又睡着了。妈妈叫醒了他们。"我告诉过你们要自己起床,我是认真的。你们的闹钟半小时前就响了。现在赶快,起床!"

妈妈有一个漂亮的开头,但是最终没有坚持到底,因为她并不真的决定让两个孩子自己起床!她的言行并不一致。她依旧想要"让"他们起床。叫醒他们依旧是她的责任。

试试这样做吧

> 如果妈妈希望两个男孩自己起床,她必须把责任移交给他们,然后彻底放手。如果他们选择关掉闹钟继续睡,那也是他们的事。等他们终于醒过来,不论会迟到多久,他们都必须去学校,然后面对迟到的后果。

> 日复一日，没有任何妥协，妈妈必须言行如一，坚持她的决定。当两个男孩发现无法再让妈妈陷入叫他们起床的斗争中，他们或许会愿意接受责任。

11岁的麦克和9岁的罗比已经想要一只小狗很久了。终于，妈妈和爸爸决定给他们一只小狗，但是有条件的，他们必须负责给小狗喂食和清理。两个孩子殷切地做了承诺。他们选择了一只小狗，为此非常兴奋。一开始，男孩们会有意识地照顾小狗，但是，当最初的新奇过去之后，他们渐渐忽视了它。妈妈发现她开始越来越多地负责给小狗喂食。她催促他们，提醒他们，对他们说教，但男孩们依旧会忘记。最终有一天，妈妈威胁如果男孩们继续不负责任就要带走小狗。面对威胁，麦克和罗比在头两天还能好好表现，但一周后，妈妈先放弃了。毕竟，她无法剥夺孩子们和小狗一起玩耍的快乐。

可怜的妈妈。她承担了所有责任，而孩子们却获得了所有乐趣。

当孩子们第一天忽略责任的时候，妈妈可以在傍晚问他们："如果你们忘记给小狗喂饭会怎么样？"他们可以进行一次友好的谈话，妈妈可以表明自己不会承担喂养小狗的责任。忽视小动物是一件残忍的事。"你们可以被允许忘记喂小狗吃饭多少次？"男孩们给了一个数字。"所以你们同意，当你们最后一次忘记喂食，我们就会带走小狗？"在男孩们最后一次忘记喂食之后，妈妈必须说到做到，把小狗安排到其他地方。这不是惩罚，妈妈也不必生气，这只是男孩们忽略责任的正常后果。

言行一致是维持秩序的一部分，这样做可以帮助建立边界和界限，为孩子提供安全感。如果我们只是偶然地运用这个训练方法，这些方法是不会有效的。这只会让孩子感到困惑。如果我们始终言行一致，贯彻我们的训练计划，孩子也会更有安全感，更踏实。他会学习尊重秩序，确切地明白自己的立场。

30章 对孩子要一视同仁

爸爸发现三个女儿中有一个孩子用蜡笔在家里的砖砌壁炉上涂画。他叫来三个女孩,一个个询问是谁做了这件事。三个女孩都不承认了是自己犯下了这个错误。"你们中有一个人在说谎。我希望知道是谁做了这件事。我不会容忍欺骗。所以,是谁做的?"没有人回答。"好吧,那我只能惩罚你们三个人了。"他依次打了每个孩子的屁股。接着他再次命令道:"现在,告诉我是谁用蜡笔在壁炉上涂画。"最后,最大的孩子承认了这个行为。"这还差不多,现在把这里清理干净。"爸爸拿来了桶、水、刷子和清洁剂,站在一边监督,直到孩子把砖面清洁干净。

一个主流观念是

我们应该独立对待每个孩子，根据他们的行为给予奖励或者惩罚。我们可能很难意识到一个家庭里的孩子有多容易联合起来对抗大人，或者是为了打败他们，或者是为了让大人得团团转。众所周知，在同龄人组成的团队中通常都有厌恶"告密"的规矩。在我们的例子中，三个女孩是一个集体。她们选择了共同承受惩罚，而不是告密。

在孩子犯错之后，当我们选择独立处理每个孩子时，我们倾向于鼓励墙头草行为。希望获得家长的认同或者被称赞的孩子会以牺牲另一个孩子为代价，把对方往下压。

这样一来，我们的行为就加剧了孩子之间的竞赛，因为我们正利用一个孩子来对付另一个。这样做我们就会刺激每个孩子去追求被认可的满足感，而不是做出贡献的满足感。

由于没有人可以一直获得认可，我们必须意识到获得认可本身就是一个错误的目标。然而，不论在什么样的情况下，我们都可以做出贡献。因此，这是一个符合实际的、可以实现的目标，可以带来团结。

当我们刺激孩子彼此竞争时，我们在巩固他们的错误目标。"好"孩子是好的，但并不是因为他们喜欢做好孩子，而是因为他想要更好，领先于那个没有获得更多认可的孩子。他的兴趣完全集中在自己身上，而不是共同利益的需求上。"坏"孩子或者说有缺陷的孩子始终是不好的，因为他也可以通过这种方式获得认可，但这样做并不会为生活带来任何好处。

如果我们对孩子一视同仁，换句话说，就是把他们放到一条绳子上，我们就可以克服这种现存的强烈竞争，消除它的破坏性效果。这可能是妈妈可以尝试的最具革命性的一步。对所有的孩子一视同仁与竞争精神、道德审判及个人偏好背道而驰。它可以实现一个对现代社会失去影响力的理想：人是他的兄弟的守护者，而不是俗世的竞争对手。

试试这样做吧

在开头的例子中，爸爸可以把三个女孩召集到一起，要求她们一起清理砖面，而不必去找出是谁留下了涂画。这避免了"好"孩子去证明自己的好，也避免了"坏"孩子去挑起权力斗争或者寻求复仇。

你会说："但是，让无辜的孩子去为他们没做过的事负责不是不公平吗？"孩子也可能提出相同的反对意见。我们的孩子从大人身上学会什么是公平、什么是不公平，然后利用这些观点来对付我们。如果我们能够克服自己认为这种程序是不公平的假设或者信念，孩子可能就会发现它的合理性。不管怎么说，他们都可能会意识到共同合作的可行性，联合成一个团体来对抗我们。一个做好孩子，另一个表现得激进，第三个表现得无助，等等。他们的竞争对我们有好处。但如果我们能够消除为了获得家长认同而产生的竞争，三个女孩就有机会形成对彼此的尊重。

从更广泛意义上去考虑公平的含义，那么加强错误的目标、错误的自我认知和价值观似乎是不公平的，因为这会破坏和谐及合作。一切都取决于我们希望孩子得到什么。如果我们对他们一视同仁，并且要求他们作为一个团体为每个人所做的一切负责，我们就让他们掀起的风无帆可吹。他们并不想赢过彼此，所以他们的错误行为掀起的风就变得毫无意义了。

这一点同样适用于孩子间的嫉妒。嫉妒很有用，因为它让父母如此在意。它会激起父母所有古怪的行为去纠正整个局面。如果父母对此毫不在意，那嫉妒就没用了。但是有多少父母能做到无动于衷？因此，嫉妒的痛苦会随着它获得的养料不断增强。

对孩子们一视同仁的建议通常会比预期的更有用。一位妈妈在一次讲座上得到了这个建议。她尝试执行了这个建议，并且在之后报告称：

　　她有三个孩子，分别是9岁、7岁和3岁。两个大孩子对小的那个没什么影响力，而且常常抱怨老幺获得的特权。在妈妈参与讲座之后不久的一个晚上，最小的孩子在玩食物，而且弄得一团糟。妈妈让三个孩子一起离开饭桌，因为他们不知道怎么好好吃饭。两个大一些的孩子表达了一些不满，但是三个孩子都离开了。从此，最小的孩子再也没有玩过他的食物。妈妈对她的行为带来的立竿见影的效果感到非常惊讶，也没能理解这一切是怎么发生的。

　　最小的孩子的错误行为让他获得了特别的关注。他被不断提醒要好好吃饭。而妈妈做法不但剥夺了这种特殊关注，还让两个大孩子也享受到了最小的孩子所争取到的关注。如果大孩子们也能获得特殊关注，那这种错误行为就没有任何乐趣了！

　　在下文的例子中，这种共同责任制的效果更加明显。

　　8岁的查尔斯是夹在能干的大哥哥和"听话"的小妹妹中间的孩子。他简直是个恐怖分子。他撒谎，偷东西，还曾经两次在地下室放火。他的主要乐趣是用蜡笔在墙上乱涂乱画。妈妈对他完全没有办法。当她来寻求帮助的时候，我们建议她把三个孩子当作一个整体去对待，让所有人都为查尔斯的所作所为负责。这和她之前责备查尔斯同时称赞其他孩子的做法形成了鲜明对比。

两周之后，妈妈和查尔斯来此进行了一次面谈。妈妈非常惊讶，她报告说查尔斯已经停止了所有的挑衅行为。他用蜡笔在墙上乱涂了一次后，妈妈表示将由孩子们负责清理墙壁。查尔斯没有参与清理工作，但是他也没有再用蜡笔涂画墙面。当他被问到为什么没有再涂画墙壁时，他回答："这么做已经没意思了。其他人必须清理墙面。"

查尔斯认为，如果犯错不能再挑起争端，让妈妈陷入和他的长时间协商，那么这样做就没有任何意义了。他当然不希望其他孩子得到他想要的东西！

在争执中，很难确定谁才是犯错的人。这不是某一个孩子的错误行为造成的结果，所有孩子都对造成的混乱负有同样的责任，因为这是他们共同努力的结果。

> 好孩子可能煽动、激将、推动了坏孩子的行为，或者用千百种方式挑起了后者的错误，从而达到令妈妈参与进来的理想结果。孩子们对彼此都有责任，因为他们其实是互相配合的，要么是为了家庭的共同福利，要么是为了使家里的紧张和敌对情形进一步激化。

通常，当"坏"孩子慢慢变好时，"好"孩子就会慢慢变坏。孩子们在对抗大人的统一战线上其实配合得非常紧密。如果妈妈可以看穿这一点，对所有孩子一视同仁，她可能会收获非常惊人的效果，而孩子们会理解他们的相互依赖，开始照顾彼此。

第31章 用心听孩子的话

我们大多数人都很熟悉一个笑话，孩子问："妈妈，我是从哪儿来的？"妈妈会长篇大论地用鸟和蜂蜜来委婉地描述自然界的繁衍。"这些我都知道，妈妈。我想知道的是，我是从哪儿来的。"于是，妈妈进一步解释了孩子是如何出生的，但男孩对这个答案依旧不满意。"妈妈，罗伊来自芝加哥，彼得来自迈阿密。我是从哪儿来的？"

这是我们对孩子的一种普遍的偏见之一，我们总认为不需要用心倾听他们的话就可以知道他们的意思。我们总是忙着输出自己的话，以至于我们根本没有好好倾听他们说了什么。然而，我们中的许多人都非常喜欢看其他家庭中的孩子不成熟的智慧制作的书和电视节目。这种舍近求远是没有必要的，这些事在我们自己的家里都发生过。我们所要做的只是倾听。

6岁的艾尔正在帮爸爸把行李箱装进汽车后备箱，为家庭度假做准备。一个小小的短途旅行箱塞不进去了。"爸爸，把妈妈的坐垫拿出来，然后把它放到后座吧。"爸爸无视艾尔的建议，重新整理了所有箱子，又试了一次，但还是放不进去。当爸爸回到屋子里时，艾尔把坐垫拿了出

来。当爸爸再次出来的时候,他惊讶地发现小提箱已经被放进了车里。

尽管艾尔的建议显然是正确的,爸爸却没有听取他的建议。我们的孩子非常擅长评估局势。他们确实能够提供聪明的解决方案。他们甚至能够从不同的角度提供对我们有利的意见。

一位有5个孩子的爸爸来寻求专业的帮助。他解释了他的问题,在经过对局势的分析之后,他获得了解决困境的具体建议。接着,爸爸离开房间,5个孩子被带了进来。咨询师向他们询问是什么原因导致了冲突,孩子们的回答非常清楚。接着,咨询师又问他们认为应该如何解决冲突,他们提出了和咨询师一模一样的建议!

如果爸爸能想到倾听孩子们的意见,他本可以省下这次咨询的费用。

很多时候,孩子很清楚父母做错的地方。然而,父母总认为只有大人有权利告诉孩子他们做错了什么。父母的傲慢阻碍其倾听孩子的话。如果能把孩子当作平等的人，认真倾听他们的话，父母能够从孩子敏锐的洞察中收获多少呢！

　　凯利、马贝尔和罗丝正为了看哪个电视节目而争得不可开交。凯利坚持看牛仔表演，而女孩子们想看一档喜剧。最终，妈妈的耐心告罄。"凯利，我听够了你们的争吵了。现在回你的房间去。"凯利大吼道："为什么你要让我妥协？""我不想再说了，凯利。回你房间去。"

　　妈妈应该听听凯利的话。他提出了一个好问题。为什么妈妈总是让他让步？因为她陷入了两个女孩设置的陷阱，她们总是让凯利和她们产生争执。如果妈妈能好好听凯利的话，她可能会发现自己是怎么火上浇油，助长了孩子之间争执不断的。

　　9岁的强尼正在客厅里和他的小狗嬉闹，尽管这是被严厉禁止的。男孩和狗在桌子上打滚，撞到了一盏灯，打碎了灯泡。妈妈生气地

冲进客厅，把强尼劈头盖脸地骂了一顿，然后总结说："因为这个错误，你今天下午不能去游泳了。""我不在乎。"男孩闷闷不乐地回嘴道。

强尼在乎，非常在乎，但是他的骄傲不允许他承认。他的回答是已经表现出的和妈妈的对抗的延续，进一步打击了妈妈。

很多时候，我们需要用心去听孩子的言外之意。

强尼的"我不在乎"实际上在说"即使是惩罚也不能让我妥协"。当孩子尖叫着说"我恨你"，他的意思是"我不喜欢不能按我自己的想法做"。

当他提出一系列的"为什么"，他是在说"好好听我说"。

校车上，10岁的乔治坐在朋友彼得的旁边。司机听到了以下谈话。"你昨天为什么没来学校，乔治？""我就是不想来学校，所以我告诉自己我会生病，然后我生病了。""你怎么病了？"彼得问道。"我胃不舒服。""为什么？""我不想在这么冷的天出门。今天早上我也不想，但妈妈把家里弄得太热了，我也不想在家里待上一整天。一开始，我还想着生病，但接着我又改主意了。当然，我必须得抓紧赶上校车。但因为我还不太舒服，所以我没吃早饭。"

孩子对同伴非常诚实。然而，他们很少给我们机会在不经意间听到这些话。我们通常会对无意间听到的事大做文章，因此孩子们会很小心不被我们听见。可校车司机听见了。她明白了孩子们会把自己弄病来逃离他们不喜欢的事情。她也明白了孩子们之间的平等性的意义。彼得接受了乔治和他的所作所为是生活的一部分，他并没有从道德上去评判对错。

> 每个妈妈都要学着分辨自己的宝宝的哭声中不同调子的含义。只需要听声音，她就可以分辨孩子是难过还是生气。我们原本拥有这种天赋，但似乎在孩子逐渐长大时把它弃之不用了。我们听到孩子尖叫，然后疯狂地赶到现场查看情况。但其实很多时候，我们的匆忙赶到就是这声尖叫的目的。如果我们能停下来，仔细听一听，我们就可以避免去回应孩子错误的目标。

只要我们能仔细倾听，我们会有多少收获呢！

注意你的语气

当我们对孩子们说话时，他们通常会更注意我们的语气，而不是我们所说的内容。注意我们自己的语气是有必要的。有时候，当我们在商店、公园，或者父母和孩子都在场的集会时，注意听，去听大人们说话的语调。他们在对孩子说话时很少会用和大人说话时的正常语调。接着，等你回到家之后，听你自己的语调。你用不同语气说话时在说些什么？你的孩子听到了什么？

很多次，正是我们所使用的语调煽动了孩子的错误行为。

比利宣布他会给草坪浇水。"哦，不，你不能这么做，孩子，"妈妈坚定地说，"你就好好待在屋子里。"比利观察了妈妈一会儿，然后溜走了。接着妈妈注意到了水流的声音。比利正在给草坪浇水。

妈妈坚定、不容置疑的语气原本是为了表达她的决心，却加速了比利所挑起的权力斗争。一位在现场的16岁旁观者被问到，她从比利妈妈的语气中听出了什么。"她被吓坏了。这是一种虚张声势的语气。"明白我们的意思了吗？

爸爸正在陪10岁的乔迪完成作业。乔迪看上去不太明白自己的任务。"好吧，我想你肯定明白这些东西的。"爸爸带着强烈的批评说。乔迪跟书本贴得更近了，看上去越来越不知所措。

爸爸的语气暗示了他对乔迪的学习表现并没有多少期待。这样一来，他就进一步打击了男孩的自信。

在商店里，妈妈见到了一个从辛西娅出生后就再没见过的朋友。"她多大了？""11个月了。""哦，多么可爱的小宝贝啊。"朋友捏了捏孩子的下巴，模仿小孩子的口吻，对着她笑。

我们对小孩子使用的这种造作的"婴儿对话"及居高临下的"简单对话"表明我们认为自己是高人一等的。我们绝不会对朋友用这种面对孩子时的说话方式和语调。如果我们注意听自己的话，我们很快就能发现自己有多不尊重孩子。

我们倾向于用俯视的角度去跟他们说话，伪装出虚假的快乐和兴奋情绪去激起孩子的兴趣，或者故作甜蜜地和他们对话来赢得合作。一旦我们意识到了语调上的错误，我们就可以做出改变了。如果我们把孩子当成和我们平等的朋友去对话，我们就打开了沟通的大门。

第33章 放轻松

5岁的谢里尔和7岁的凯西正站在厨房的料理台前,聚精会神地看着妈妈把两块巧克力放到秤上,读取重量,然后又放了两块上去。"谢里尔的更重,妈妈,这不公平。我没有一样多。"凯西嘟嘟囔囔地说。"是一样的,一样的。"她的妹妹反复强调。"不,谢里尔。凯西是对的。我再试一次。"妈妈继续称重,直到两个女孩得到了正好一样重的巧克力。

妈妈在竭尽全力做到公平。但与她的本意相反,她的过度焦虑正在造成伤害。她制造了一种紧张的局势,加剧了女孩们之间的竞争。每个孩子都决心要拿满自己的份额,同时确保对方不会得到更多。与此同时,两个女孩又是同盟,她们一起给妈妈制造焦虑,要求她做到公平。妈妈究竟是怎么陷入这一团麻烦的?

妈妈错误地坚信自己必须对两个孩子"公平"，确保绝对不偏不倚。但是谁能一直做到完全公平呢？妈妈怎么可能在生活中的每件事上都确保谢里尔和凯西得到完全一样的东西？妈妈的过度焦虑让重点从贡献偏移到了"获得"上。只要一切是基于这个错误的基础展开的，不论是谢里尔还是凯西都不会感到满意。

妈妈需要放松，别太紧绷，放弃她对公正性的过度在意。如果她已经决定每个女孩都能得到两块巧克力，那就给她们一人两块巧克力，然后什么也别管了。如果她们争论谁得到的更多，妈妈完全可以退出她们的争执，如果有必要妈妈可以到卫生间去。让女孩们自己解决。

妈妈很担心，因为3岁的雷蒙德似乎出现了长期的便秘问题。从他6个月大，妈妈开始对他进行如厕训练起，他就有排便不规律的问题。在他还是婴儿的时候，他就需要时不时使用灌肠剂。现在，妈妈发现几乎每天都需要给他用这个。

妈妈因为雷蒙德的排便问题太焦虑了。她对儿子健康的过度关注实际上掩盖了另一个决心，那就是她的儿子必须在她认为正确的时候排便。妈妈和儿子实际上陷入了一场权力斗争。雷蒙德拒绝排便，所以妈妈必须帮他做到！妈妈的焦虑是正确的吗？只要她一直代替雷蒙德承担责任，他就永远不会自己负责。他接受的训练让他完全习惯了假手于人。他可能会一生都维持这种模式。

妈妈应该放轻松，等雷蒙德准备好了他自然会排便的。这是他要关心的事。当他不再需要用排便作为反抗的手段时，人体机能自然会恢复正常。

妈妈带着5岁的多萝西一起去一家大型百货商场购物。多萝西总是会落在后面。她会在每一个展柜前面停下来欣赏里面的商品。妈妈停下来买东西时，多萝西跑走了。妈妈有一半时间都在追踪多萝西的位置，跟在她身后跑。最终，她完全失去了女儿的踪迹，变得非常慌张。当她终于找到多萝西时，她说："哦，多萝西。你要把我吓死了。天呐，你现在好好待在我旁边。我可不想在这个大商场里把你弄丢了。"孩子大睁着圆眼睛严肃地看着妈妈。

每次和妈妈出门的时候，多萝西都会玩这个捉迷藏的游戏。看到妈妈陷入恐慌太有趣了。多萝西没有走丢。她很清楚自己在哪儿。是妈妈需要和她待在一起。

妈妈可以放下多萝西可能走丢的焦虑，花时间训练多萝西。两人可以一起玩游戏！

试试这样做吧

○ 当妈妈注意到多萝西不在身边的时候，妈妈可以安静地离开多萝西的视线。孩子很快会发现妈妈没有找她，这时她会返回之前离开妈妈的地方。可妈妈已经走了！现在，多萝西会有点紧张，然后开始她自己的寻人之旅。

○ 妈妈继续躲在一边，直到孩子真的开始紧张起来。然后，妈妈可以安静地进入孩子的视线，但必须假装她只是在继续自己的购物计划。

○ 当多萝西跑到她面前，因为害怕而哭泣时，妈妈可以表现出并不在意她的恐惧的样子，平静地说："我很抱歉我们走散了。"每次孩子溜走时，妈妈都应该重复这个策略。

如果妈妈拒绝玩这个捉迷藏的游戏，表现得足够放松，不去担心多萝西是否走丢了，那么多萝西反而会很快跟上妈妈的。

妈妈正在客厅和一位朋友聊天。每隔几分钟，妈妈就会站起来，走到窗边查看6岁和4岁的两个孩子的情况。孩子们正和邻居家的孩子在侧边的院子里玩。最终，朋友问到道："外面到底有什么这么有意思？""其实没什么。我只是想确保孩子们没遇上什么事。"

放轻松，妈妈。如果真有什么事发生，你肯定很快就会知道的！

10岁的丹尼让妈妈始终处于一种紧绷的状态。他总是不能按照妈妈要求的那样从学校直接回家。一天下午5点半，丹尼还没有到家。妈妈急坏了。由于男孩每天骑自行车上学，妈妈肯定丹尼是被车撞了。她正准备给当地的医院打电话时，丹尼回来了，他的裤子浸湿了，还沾满了泥点子。他手上还拿着一罐浑浊的水。"丹尼，你到底去哪儿了？已经5点半了！我都快吓疯了。你去哪儿了？""我去了我们在高速上看到的那个池塘。看，我抓到了一些蝌蚪。""我到底要跟你说多少次，放学了就直接回家，发要告诉我你在哪儿。"妈妈生气地命令道。"你怎么能让我那么着急！"当妈妈还在滔滔不绝地教训丹尼时，丹尼无动于衷地站在那儿。

第二天，妈妈和一个朋友一起去了引导中心，在讨论中遇到了类似的问题。妈妈了解到了一个想法。无论什么时候，只要丹尼到家时，她就会很开心。但有一次，当他回家晚了时，妈妈不见了！

我们对孩子的很多担心和焦虑都是不必要的。甚至更糟的是，他们察觉到了然后利用它作为获得我们的关注，挑起权力斗争，或者报复我们的工具。我们对可能出现的灾难的焦虑并不会阻止它的发生。只有问题出现之后，我们才能解决它。我们最好的避难所，是对孩子的信心，同时在真正需要我们想办法解决困难之前放轻松。

妈妈遇到了麻烦。在比利 16 个月大的时候，她不得不因为离婚造成的动荡及外出工作的需求把比利送到寄养家庭。之后，在比利 2 岁时，她再婚了，接回了比利。到比利 3 岁时，妈妈有了自己的第二个孩子，再次不得不暂时把比利送到寄养家庭。现在，比利 5 岁了，看起来非常不快乐。不论妈妈多努力地尝试表达对他的爱意，男孩都不愿意相信。每当妈妈对比利说不或者不让他得到想要的东西时，他就会可怜巴巴地哭起来，说"你不爱我"。妈妈为此筋疲力尽。比利想要的东西这么多，有些超出了他们的能力范围，有些对他来说没有好处。她对如何安慰比利已经一筹莫展了。

问题的症结在于妈妈因为把比利送到寄养家庭而产生的愧疚感。尽管那是在当时的场景下唯一合理的做法，妈妈却认为自己没有照顾好比利。现在，妈妈因为这段经历对比利的影响而无比焦虑。她认为比利会觉得自己被抛弃了。

比利回应了妈妈的态度，甚至利用它来达成自己的目标。他知道妈妈的弱点，然后利用她的弱点使其不断为自己担心。这成为他手中可以一直控制妈妈的武器。只要他表现出对母爱的怀疑，妈妈就会鞠躬尽瘁地试图证明自己的爱。

> 试试这样做吧

妈妈知道自己爱比利。比利也很清楚这点！妈妈可以停止陷入他的"怀疑"的圈套。只要她能满足所有出现的需求，她就是一个好妈妈。

妈妈要学会不再惧怕比利。妈妈要意识到比利的行为的目的，这样她就可以让比利无功而返。当比利哭泣时，妈妈可以从容地应对，告诉他自己很难过他会这么想。

表达出嫉妒的孩子也存在类似的问题。我们大多数人都会在新生儿身上寻找最早的嫉妒的迹象，我们很快就能得到希望找到的东西！我们为了消除这种痛苦的感觉所做的努力会帮助孩子意识到嫉妒是多么有用的工具。我们无意识地教会了他嫉妒！只要我们对嫉妒表现出在意，孩子就会认为它是有用的。我们面对这种苦涩的情绪最好的防御是不去在意，避免表达怜悯。我们应该相信，孩子甚至可以学会从容面对那些不愉快的局面。妈妈当然不可能在新生儿出生后一直花那么多时间单独和他待在一起。但如果妈妈可以克制自己的怜悯，不去对孩子的"损失"做补偿，他会自我调节去适应新角色的。一些孩子可能会比其他孩子得到更多的好处。但这也是生活的一部分，孩子必须从容地接受这一点，不带任何过度的反应。只有当嫉妒能带来理想的结果时，孩子才会利用它。

仔细想想在孩子的问题上有多少让我们焦虑的事，这可真令人惊讶啊。

❖ 我们观察着他们是否有形成坏习惯的迹象，询问他们来确定他们是否有不好的想法，担心他们的道德观，担心他们的健康，把我们对发生在孩子身上的一切的解读强加给他们。我们并不会去关心他们对特定情况的理解，而是自顾自地假设我们知道他们的感受。

❖ 我们敦促、强迫他们在学校好好表现，这样他们就会成为我们的骄傲。

❖ 我们推动他们去参与能够帮他们"发展"的活动。每一分每一秒，我们都心存疑虑，想知道"他们究竟想干什么"。

❖ 我们表现得像是相信孩子生来就是坏的，必须被强迫成为好孩子。

❖ 我们花了大量的时间和精力，试图代替孩子过完他们的人生。

如果我们能放轻松，对孩子更有信心，给他们自己面对生活的机会，那一切可能都会好得多。

我们的忧虑在很大程度上都来自我们自己的认知，我们并不真的知道该怎么做。然而，我们并不需要去"处理好"每一个出现的小问题。

如果我们放轻松，很多问题其实就会消失。原因很简单，孩子们制造出的很多问题其实就是为了让我们去在意。筋疲力尽地试图让生活完美是没用的。我们不会成功的！

如果我们清楚在孩子犯错时，什么该做，什么不该做，我们对自己能力的自信会让我们能够轻松面对发生的一切。我们就可以放松地和孩子度过愉快的时间。

第34章 "坏"习惯没那么可怕

妈妈正在挂衣服,这时她注意到4岁的马克正和他的两个玩伴一起,半遮半掩地躲在隔壁空地的杂草丛里。当她更仔细地观察时,她发现他们脱了裤子,正在小便。她冲到他们身边,把另外两个男孩送回家,然后把马克拖回了家。马克开始大哭。"我会让你知道做这种丢脸的事到底有什么后果的!"妈妈大声训斥着马克,狠狠地打了他的屁股,"你永远,永远都不许再做这种事。如果要小便,你就回家,然后去卫生间。现在,回你的房间去。三天不许出去玩!"接着,妈妈给另外两个男孩的妈妈打了电话,告诉了她们今天发生的事。

几天后,马克被允许出去玩,不久他的妈妈接到了一个气愤的邻居的

电话。马克被抓到在门前的人行道上小便，当时有一群孩子，包括两个女孩，站在旁边看着。妈妈冲出家门，把马克拖回了家。妈妈再次打了他的屁股，比上一次更加用力。那天傍晚，妈妈把这件事告诉了爸爸。爸爸训斥了马克，并威胁他："如果我再听到你做了这种事，我会给你一个终生难忘的教训的。"但这类事情在整个夏天时不时就会发生。每一次马克都会被打屁股，然后在家里禁足几天。

显然，惩罚并不能阻止马克。相反，这让他的行为更有意思。如果他可以在这样做的同时避免被抓到，就更有意思了。

在面对这类问题时，我们不能正面对抗。这样做只能使事情恶化。

对妈妈来说，最明智的做法是平静地把马克叫回家。然后，妈妈应该避免强烈的情绪波动及道德说教。她只要告诉马克，既然马克不能在外面好好表现，他就必须待在家里。每次马克被发现在外面小便时，妈妈都应该执行这个过程。马克知道自己的行为是不对的。对此，妈妈需要行动，而不是解释。

我们对"坏"习惯表现得越在意，情况就会变得更糟。

这类坏习惯包括各种形式的性游戏、尿床、吮吸拇指和咬指甲。我们有意把"坏"这个词放在引号里，但这些行为其实并不比其他的错误行为"更糟糕"。它们就像其他行为一样服务于孩子下意识的目标。只是在成年人的想法中，这些特定的习惯才被赋予了更严重的内涵。

因此，我们处理这些问题的第一步，就是给它们的重要性降级。一旦孩子发现他做了一些比平常更让父母困扰的事，他就会得到一件更加强大的打击父母的武器。此时，如果我们可以表现得毫不在意，那我们就可以再次令他们的风无帆可吹。

所有的精神科医生都知道，大多数儿童之间的性游戏都侥幸从未引起过成年人的关注，因此没有造成任何伤害。如果我们意识到了自己的孩子正在手淫或者参与了和其他孩子的性游戏，我们最明智的做法是装作若无其事。手淫并不会造成任何伤害，除非大人开始制造冲突。这和吮吸拇指一样都是一种简单的获取快乐的形式，这说明孩子没能从生活中有用的一面获得满足感。如果我们尝试阻止他们，只会让这种快乐更令他们满意。孩子更会下定决心保留这些快乐，并且坚决抵抗夺走这些快乐的行为。这个习惯现在有了第二个目的，打倒压迫性的大人。我们最好无视这个问题，然后通过拓宽孩子的兴趣面和活动范围，为孩子提供生活中更积极的一面带来的满足感，从而迂回地解决这个问题。

3岁的玛丽会习惯性地吸吮大拇指，但又有一点不一样的习惯。她会把另一只手举在脸前，好像是想隐藏自己在做的事。

玛丽希望和环境隔离，把这个快乐发展成一个私密的事情。她不需要其他人。

晚餐后，妈妈会仔细观察6岁的杰克，确保他只喝一点水。每天到了午夜时分，在杰克睡觉之前，妈妈或者爸爸会叫醒男孩，带他去卫生间。即便如此，妈妈在早上叫醒他时总会发现杰克的床是湿的。她恳求杰克更加努力地去控制自己不尿床。有时候她会因为额外的清洗工作而大为光火。她和爸爸尝试了一切能想到的惩罚方式和说教，但一切都没有用。杰克已经养成了长期尿床的习惯。

会尿床的孩子通常是那种随心所欲做任何事的孩子，他坚信无法自控。实际上，他只是不愿意接受特定情况的需求。妈妈和爸爸对他的所有额外关注都佐证了他的信念，他控制不了自己尿床。训斥、惩罚、恳求，只会加重他的失落。在他看来，他就是控制不了自己，于是，他会被惩罚和羞辱。

试试这样做吧

- 杰克需要学会对做了的事情有所反应。妈妈和爸爸可以把问题交给杰克，从而帮助他。这是杰克自己的事。

- 他们可以说，他们已经不再关注他的床了，当然他们自己必须发自内心相信这一点。"我们不会再把你叫醒。你可以自己决定要怎么做。如果睡在湿床单上不舒服，你可以起来自己换床单。"

- 接着，爸爸妈妈必须坚持表现出真正不在意的样子。不舒服是自然的结果。孩子需要一定的时间来改变对自己的看法，同时建立对自己独立能力的

> 信心。不要期待奇迹。

爱咬指甲的孩子通常会表现出愤怒、怨恨或者对秩序的抗拒。这时，这个习惯只是一种症状，而非问题本身。训斥、羞辱，或者执行任何预防措施，都是没用的。我们不能强迫孩子不这么做。我们只能尝试去解决造成现象的原因。

撒谎或者偷窃的孩子通常会试图"蒙混过关"。如果孩子安排了一个局面让我们发现他的过错，我们就可以肯定他的目的是引起我们的注意。但是，如果他试图否认，那我们或许就可以得出另一个结论，他在试图展现自己的权力。这个孩子可能会认为自己有权得到任何想要的东西，不论通过什么方法。或者他可以通过做错事而不被抓住得到极大的快感。撒谎或者偷窃的行为是更深层次的叛逆的表征。当然，被盗物品必须被归还或者做出补偿。但我们必须"降低"事情的严重性，表现得更自然，更不在意。这对那些自觉有义务"教导"孩子不要做这种事的家长来说可能会很困难，但是他们的轻视、批评和惩罚并没有教会孩子不去撒谎或者偷窃。相反，他们为孩子提供了更多弹药，更加助长了孩子为了获得权力、打败父母去做错事的欲望。这样的孩子不需要任何"指令"。他很清楚撒谎和偷窃是错的，但他不由自主地倾向于做错事，因为这会带来他想要的结果。

　　5岁的苏珊会和邻居家的孩子玩，邻居的孩子有一辆儿童自行车。苏珊恳求爸爸妈妈给她也买一辆自行车。但爸爸妈妈对她解释说，他们目前还买不起一辆自行车。有一天，妈妈发现邻居家孩子的自行车被藏在暖气炉后面。妈妈非常聪明，她马上想到："好吧，我想我可以先等上一两天，看看会发生什么。"她注意到苏珊看起来遇到了麻烦。自行车被半遮半掩地藏了起来，妈妈克制着自己没有发表任何评论。第二天下午晚些时候，妈妈问苏珊："你为什么不把露西的自行车拿出来骑呢？"苏珊失落地回答："因为这样一来她就会看到，我就得把自行车还给她了。""这么看来把自行车拿走也没什么用,是吗？"苏珊哭了起来。"为什么不把它还给露西呢？这样至少你们俩能一起骑自行车了。"妈妈争取到了露西妈妈的配合，把这件事平息了下来。而苏珊也得到了教训。

　　真正的问题在于苏珊认为自己有权利得到任何想要的

东西，而妈妈帮她意识到了偷东西并不能帮她实现目的。

当一个孩子诅咒或者说了一个"不好的"词，他希望这个词能造成一些震撼的效果。如果我们正中下怀，表现得很震惊或者很当回事，我们就是鼓励他更多地使用这类词。我们可以假装没听到，来让他的计划落空。"你说了什么词？我不太懂。它是什么意思？"孩子很可能会放弃再使用让他陷入这种情况的词。

表现出"坏"习惯的孩子需要父母的帮助和理解。习惯只是表征。攻击这些习惯并不能解决任何问题。造成这些习惯的底层原因是什么？很多时候，我们可以通过友好放松的谈话来达成理解。

试试这样做吧

- 在睡前，当妈妈和孩子处在一个愉快的氛围中时，妈妈或许可以做一些游戏，然后问："今天有什么你喜欢的吗？"在孩子回答之后，妈妈可以表达她的感受。

- 接着她可能会问："有什么你不喜欢的吗？"这时，她或许能发现孩子究竟讨厌什么。妈妈可以利用获得的信息作为行动的基础，而不是语言的基础。

- 她不做任何评论，不去试图为孩子不喜欢的事物辩解，但她可以问孩子他认为对此能做些什么。这是一个倾听的机会。

○ 如果孩子没什么可说的，妈妈可以继续游戏，分享自己不喜欢的但最好是不涉及孩子的事情。否则，这就不再是一个游戏，而成为批斗会了。我们必须非常小心，不要越界。否则，孩子就会三缄其口，关上沟通的大门了。

父母可以时不时重复这个游戏，把它变成一种间接交流的手段。

我们不能期待孩子一夜之间改掉一个坏习惯。同时，如果在纠正了孩子几天之后，我们发现孩子依然故我，我们自己也很可能会感到泄气。我们和孩子都会深信，他永远不可能改掉这个坏习惯了。不要这么想，仔细思考一下。等他上了高中，难道他真的还会吮吸拇指或者尿床吗？当然不！我们的悲观并不符合实际。我们知道他会停下来的。

在我们自己的勇气得到了一剂强心针之后，我们可以巧妙地向孩子传递我们对他的信心。这会是一个长期的工作，需要更多积极的活动来补充信心。但最终，我们可以确信，他可能会愿意做出回应。

一旦我们自己从气馁中解脱出来，我们对孩子的信心就可以给他提供额外的鼓励。毕竟，如果我们不过度在意，如果我们能放轻松，如果我们愿意接受一些事情的不完美，我们就会发现紧张局势自然消解，而坏习惯也变得没那么重要了，不论对孩子还是对我们都是如此。

第35章 一起玩得开心

在属于大家庭的"旧时光"里,孩子们不得不依赖彼此互相获得乐趣。这种传统代代相传,一直到电台和电视的出现带来了大众娱乐的时代。我们都喜欢那些通过描绘家庭同心同德展现家庭团结的故事。在芭蕾舞剧《胡桃夹子》中最吸引人的一幕正是孩子和大人一起围着圣诞树跳起民间舞蹈的场面。令人悲伤的是,现在的家庭已经不再像以前一样团结了,孩子们脱离父母享受着快乐,而父母只负责提供获得快乐的方式,却无法参与其中。这种变化在一定程度上是促使孩子和父母对立的文化变革造成的,同时也是因为我们缺乏以民主的方式共同生活的能力所造成的。父母无比心切地想为孩子提供最好的,却忘了和他们共同体验的重要性。

另一个原因是孩子和父母没有了共同的兴趣,这是由于孩子拒绝接受成人世界而父母却不能用平等的态度进入儿童世界的缘故。在很多家庭中,孩子都不愿意和父母一起玩!当家庭处于一种无声的战争状态时,大人和孩子是不可能一起玩得开心的。然而,如果父母和孩子能一起玩,那么彼此的敌意自然会减弱,就有机会实现和谐的氛围了。

父母需要主动利用玩乐的机会来促进家庭和谐的氛围。只有这样，我们才能够改变总是找小孩子麻烦的高高在上的大人形象，从而建立一个有着共同的目标和兴趣的团体的形象。

和小婴儿玩很容易，可当孩子慢慢长大时，我们似乎却失去了和他们一起玩的能力。然而，孩子其实非常需要家长的参与。家庭娱乐时间可能成为父母与孩子之间彼此理解，建立和谐氛围的关键节点。家庭游戏会成为快乐的来源，而不是苦涩的竞赛。此时，孩子可以学到，我们并不一定要赢，我们也可以单纯地从游戏中获取快乐。这实际上是一个很艰难的课题，因为大多数家长没有意识到很多孩子都习惯于事事争强好胜。每个家庭都应该进行适合孩子的年龄层的游戏。家里可以列出固定的游戏时间，让它成为家庭常规的一部分。原本用来训练幼儿的时间可以在他长大之后变成游戏时间。当然，时间上可以做一些变化，确保其他家庭成员能够加入。

一位五个孩子（三男两女）的爸爸是一名忠实的棒球粉丝，同时也是当地一支业余棒球队的成员。每年春天，当气温回暖时，他就会开始"训练"孩子们。甚至连3岁的孩子都有一支适合他大小的球棒。爸爸负责投球,他会确保孩子们能成功打到球。随着孩子们逐渐长大,爸爸也会配合他们不断提升的技能提高难度。大一些的孩子也会包容年纪更小、水平更差的孩子,让所有人都能玩得开心。他们和爸爸一样为最小的孩子的进步感到开心。当孩子们打得不好或是没接到球时,爸爸从不批评他们。他总是大声鼓励孩子们。爸爸显然有大把的时间。孩子们也是。

　　8岁的雨果疯狂热爱棒球。如果在步行距离内有一场棒球赛,他绝不会错过。爸爸妈妈坚持他得获得允许才能去看比赛,这样他们才能知道他在哪儿。一天傍晚,爸爸妈妈到处都找不到雨果。天黑了下来,爸爸马上准备联系警察的时候,雨果走进了家门,显得毫不在意的样子。焦虑被愤怒取代,爸爸揍了他一顿。"等等,爸爸,"雨果恳求道,"听我说完发生了什么。"他解释说,自己和一群年纪大一点儿的孩子去了十英里以外的地方打棒球赛。"爸爸,你从没带我看去过棒球比赛。我恳求过上百次了。但你总说你很忙,或者有别的事要干。"

这是对爸爸的一次启示。雨果想和爸爸分享他的兴趣爱好。爸爸明白了雨果的渴望,采取了行动。之后,爸爸妈妈都对当地的棒球比赛和球员产生了兴趣,一家三口总是一起去看比赛。

所有的孩子都喜欢"演戏"。父母不一定只能做观众。他们也可以参与演出!孩子们格外喜欢在故事中扮演大人的角色,而让大人扮演孩子的角色。任何一个耳熟能详的童话或者传说都可以成为一次即兴演出。不需要观众。只需要"我们来角色扮演吧"。

> ✡ 很多活动都可以成为家庭活动。在圣诞节前,一家人可以一起制作装饰圣诞树的纸制品。在劳动节前夕,可以制作好看的纸篮子放在晚餐桌上。每一个需要纸质装饰品的节日都可以带来一次家庭创意课程。

> ✡ 还有一个家庭,他们"假装"进行了数次全球旅行。全家人一起收集数据、旅行文件和信息,制作出每个国家的剪贴簿。每年夏季旅行的目的地就是上一次全家一起研究的对象。

> ✡ 具体活动取决于家庭的兴趣。父母的热情是很有感染力的,而孩子也在很多时候表现出了他们的聪明才智。他们自己也会指出感兴趣的事物。

✡ 一个家庭在孩子参与了一次田野考察之后建立了一个"博物馆"。任何能让人联想到"老西部"的物品都会被打上标签，放到博物馆的架子上。家里的每个人都睁大眼睛寻找着可以用到的任何小物件。一块彩色玻璃碎片成为一座被遗弃的教堂窗户的一部分，在树林里散步时捡到的羽毛成为印第安人帽子上的物，一个孩子做了一个玉米壳娃娃，等等。

✡ 一起歌唱总能带来美妙和谐的家庭氛围。对于一个八口之家来说，每天晚上的"洗碗时间"却成为全家人真正的欢乐时光，因为这也是人人参与的"歌唱时间"。随着年龄的增长，他们更加和谐，最终通过两组人合唱两首不同的歌曲创造出了牧歌的效果。

如果父母善于倾听并保持警觉，就会发现孩子们感兴趣的各种事物，只要发挥想象力，就能将这些事物发展成一个家庭共同活动。

共同的爱好会让人们走到一起。通过游戏和活动，所有人都能享受其中的乐趣，从而产生一种集体团结的感觉。团结对于促进平等、营造轻松和谐的家庭生活氛围至关重要。

第36章 克服电视带来的挑战

电视机（如今，则变成了手机、电脑等——编者注）几乎给所有家庭都造成了很多矛盾。家庭成员会因为看什么节目发生争吵。妈妈和爸爸会担心孩子从电视上学到一些坏东西。他们担心电视带来负面的娱乐，孩子花了这么多时间去看"垃圾"。当孩子沉浸于"非常好看"的晚间节目时，他们就忽略了家庭作业。睡觉时间同样被无视了，因为"最好看"的节目总是安排得很晚。什么时候吃饭是由电视节目决定的。很多家庭甚至改变了用餐习惯，开始坐在电视机前吃饭。每个人都独自沉浸在喜欢的节目中。用餐不再是促进家庭团结的共同活动，这让父母感到担心。有多少妈妈经常想一脚插到电视机前呢！但相反，她们选择"把脚放下"，规范孩子看电视的习惯。争吵和纠纷随之而来。一些家长甚至拒绝在家里装电视机，结果就是孩子要么跑去邻居家看电视，要么不停抱怨为什么自己不能拥有"别的孩子"都有的东西。

电视机是不会消失的。我们不能只是厌恶它的存在，而是要积极解决电视机带来的问题。

> 试试这样做吧

○ 当孩子们争论谁有权看自己喜欢的节目时，父母可以不参与争吵，或者干脆关掉电视，直到孩子们达成一致再打开。当父母和孩子都被卷入争吵时，场面会更复杂。但问题并不在于爸爸或者妈妈是否有权利看晚间节目，或者他们是否应该让步于孩子看自己想看的节目。这是一个家庭问题，因此所有成员必须一起解决这个问题。问题就变成了"我们要怎么做"，而不是妈妈或者爸爸说的"我怎么做才能定好看电视的规矩"，所有家庭成员必须达成一致。这通常是家庭会议的一个主题。如果纠纷严重，家长可以拔掉电线，任何人，包括父母在内，都不能看电视，一直到达成一致。这很像行业罢工，在达成一致前没有人会工作。

○ 至于被忽视的家庭作业，我们可以和孩子通过讨论来达成理解。他可以自己选择什么时候做作业，什么时候看电视。然后，妈妈可以通过行动，而不是语言，来坚定地要求他信守承诺。或者等他长大时，问题就变成了"现在该做什么"。让大孩子来给出解决方案吧。

○ 如果孩子在过了睡觉时间之后还想看电视，父母必须坚定地捍卫家里的规矩。如果孩子还小，我们可以沉默地带他回到床上。只要妈妈没有说出"让他长长记性"之类的话，就不会存在权力斗争。如果妈妈坚定地维持秩序，做出符合实际需求的行为，她要做的只是把孩子放到床上。如果孩子年纪大些，我们必须和他达成一致，然后坚定执行他同意的做法。

如果我们不能和孩子形成彼此信任互相合作的关系，这一切就会很难实现。实际上，电视机本身并不是问题。它只不过是突出了孩子和父母之间缺乏配合。

电视节目的质量和内容是一个国家层面的问题。然而，我们不能双手一摊，等着国家来帮我们解决这个问题。事情发生在我们的家里，我们必须采取行动。

11岁的琼恩、8岁的莫纳和7岁的罗伯特,尤其喜欢一档奇怪的恐怖神秘节目。妈妈和爸爸觉得这"不是孩子看的节目"。他们越反对,孩子们就越坚持。"这节目怎么了?这是一档很好看的节目。所有孩子都在看!"每一周,家里都会因为这个节目而吵一架。

当我们坚持孩子不能看某个特定节目的时候,我们在挑起权力斗争。而孩子会胜利。没有比"其他孩子都在看"更有力的论点了。如果我们坚持不让孩子看,他们会找到其他方式来报复的。该怎么办呢?

> ✡ 首先,我们不可能把我们的孩子和节目或者他们收获的想法隔离。然而,我们可以帮助孩子抵抗坏品位和糟糕的判断。但说教是不可能做到这一点的!在当今的文化中,语言在更大程度上成为一种武器,而不是沟通的手段。每当家长开始说教,孩子就会自动变成聋子。

✡ 不过，如果家长能够和孩子进行对话，用心倾听，会是很有用的。家长可以和孩子一起看节目，然后在游戏似的氛围中分享他们的看法。"你怎么看这个？你觉得那个男人的做法聪明吗？你觉得其他人会怎么想？为什么？你觉得他们还能做什么？"这样一来，家长可以帮助孩子独立思考，对节目形成自己的辩证看法。如果家长用心听孩子说，孩子就会发现自己提供想法的能力，这是一个多么令人满意的发现。家长绝对不能试图"纠正"孩子表达的想法，这会毁掉这个"游戏"。我们可以对孩子所说的一切照单全收。

✡ 接着在看电视的过程中，孩子自己就会逐渐形成批判的眼光！如果家长想时不时表达自己的想法，则们可以通过引导性的提问来表达。"我在想如果……会怎么样"或者"你觉得如果……会怎么样"。在看了一个牛仔的故事之后，我们可以问："你知道哪些人是'好人'吗？他们总是'好人'吗？打人和折磨人真的有意思吗？受害者会有什么感觉？"

在这类讨论里，我们避免了把自己的想法强加给孩子，同时引导孩子自己思考，从而与孩子形成了融洽的关系。

如果我们总是为孩子做一切，把事事都安排好，他们就不会学着自己思考。如果父母和孩子的关系好，孩子就会直率地回应父母，会告诉父母他的想法，因为他相信这么做不会让他自己遭受任何报复。而孩子所表现出的精明的判断及对公平的理解可能会让我们大为震惊。

遵循上述操作，我们还会发现，其实大多数孩子都能从容地处理电视问题。如果电视并非挑起权力斗争的缘由，那孩子也不会对它有很大的兴趣。

> 只要我们能确保有其他有趣的家庭活动，就完全可以抵消我们所担心的电视可能带来的过分的负面影响。我们不能从孩子的手上夺走东西。这依旧是把我们的意志强加给孩子。我们需要向他们提供一些更有意思的东西来刺激和影响孩子，让他们自愿地放下那些没那么想要的东西。

电视并不一定就是造成焦虑的源泉，只要我们知道什么该做，对自己解决它带来的问题的能力有信心。

第37章

和孩子对话，而不是单向输出

在本书中，我们已经多次建议父母和孩子就彼此的问题进行对话。在我们的研究过程中，我们发现很少有父母懂得如何和孩子对话。是的，父母通常能够友善地和孩子交谈，然而，这些话在孩子耳中听来却都是说教。

青少年与成人之间最突出的困难就是缺乏沟通。如果父母在孩子幼年时就与之建立起了和谐的关系，那就可以确保在孩子青少年时期与之沟通的大门是敞开的。这在很大程度上取决于我们是否能够尊重孩子，即使是在我们与之意见相左的时候。当我们静下来思考一下，我们就会发现孩子的思维能力的发展是多么令人惊叹。他主动地，而且往往也是无意识地观察，形成印象，把一切组织到一个系统里，然后根据他的结论采取行动。他有自己的思想！

我们经常用负面的感情去贬低"有自己的思想"这个词的含义，把它和不听话及叛逆联系在一起。我们抨击这些"过失"，试图把我们的思想强加给孩子。我们想要"塑造"他的思想、他的个性。我们表现得好像他是一团任人揉搓的泥坯,而我们的行为理应"塑造"他的模样。

从孩子的角度来看,这就是暴政。它当然是的。但这并不意味着我们不需要去影响和引导孩子。这只是说,我们不能"强迫"他活成我们规划的样子。

每个孩子都有自己的创造力。每个孩子都会对生活中遇到的事做出自己的反应。每个孩子都会塑造自己的个性。

既然我们作为父母的职责是引导孩子,那我们不妨先了解一下具体该做些什么,该怎样做到。通过观察孩子的行为,发现其背后的目的,我们就能学到很多。如果我们能够探索出孩子的想法,那我们就能得到更多有用的信息。

要做到这一点并不难,因为小孩子们往往会非常自然地表达自己的想法。但是如果我们批评、斥责、教育,或者对他们的想法挑刺,他们会马上小心避免再接触到这种不适的体验。渐渐地,我们就关上

了和孩子彼此沟通的大门。

相反地,如果我们自然地接受孩子的想法,和孩子们一起研究这些想法,探索可能的结果,多问问题,比如,"接下来会发生什么？""你会有什么感觉？""对方会怎么想？"等,孩子就会在解决人生问题的同时产生一种同伴感。提出引导性的问题始终都是传递想法最好的方式之一。

期望孩子的所有想法都是"正确的"是很荒谬的。告诉他他是"错的",而我们是"对的",只会让他更沉默寡言。这个道理对大人也是一样的。这是对他单向输出。

> "比利！你知道讨厌妹妹是不对的。你真可耻。你必须爱她,你是大哥哥。"这是对孩子单向输出。
>
> 换种方式。"我很好奇为什么一个男孩会讨厌他的妹妹？你觉得呢？""因为她很碍事！""那除了讨厌妹妹,男孩还可以怎么做？"这是对话。

我们接受了比利对妹妹的讨厌,没有从道德角度去批判这件事的好坏。它是存在的。从孩子的角度来看,我们关注的是"是什么"和"为什么"。

作为父母,我们太过自以为是地认为自己了解孩子的想法。"我还记得因为妹妹太可爱而得到了奶奶的全部关注时自己的感受,我绝不会让同样的事发生在我的孩子身上。"

事实上，我的孩子可能不会让她可爱的妹妹获得所有关注。她不会像我那样去怨恨妹妹，相反，她会以一种并不愉快的方式超越妹妹。我的孩子可能会有完全不同的观点。我最好能搞明白她的想法，而不是假设她会像我一样，假装善良且高人一等。

我们自己必须认识到人们不止有一种看待事物的观点。我们看待事物的方式并不是唯一的方式。

当发现孩子有他们自己的角度时，我们必须格外小心。如果我们说了任何让他们丢脸、没面子的话，我们可能就会立刻使获得进一步信任的大门被关上。

试试这样做吧

- 我们应该随时准备好正视并认可和我们本身不同的观点，认可异见的可取之处。"你很可能是对的。我们得想一想，看看会发生什么。"我们可以向孩子承认："我不同意你的观点。"

- 然而，我们必须接着补充说："但是你有权利坚持自己的想法。我们一起看看事情会怎么发展。"在所有人平等的局面下，每个人都必须愿意重新评价自己的想法，不是根据生硬的"对"和"错"的想法，而是根据实际的结果。

○ 如果我们希望孩子能改变想法，我们必须引导他们去发现另一种方法会更好。我们必须认可孩子是和我们共建家庭和谐的伙伴。他们的想法和观点很重要，尤其是因为他们会根据自己的想法和观点行动！这些想法构成了孩子的"个人逻辑"——他行为背后基于潜意识的理由。

○ 告诉一个孩子不要去做他本来就知道不对的事情，这是没用的，因为这种错误的行为正是他实现错误目标的手段。对他说教只会更加刺激他的决心。他认为自己有权利坚持自己的观点。这种观点是无法用逻辑推翻的。

○ 我们必须理解孩子内心的逻辑，即使是不愉快的事，只要能带来关注或者权力，又或者巩固一个错误的自我认知，它也是有可取之处的。倾听孩子的话就是去发现他的逻辑。

帮助孩子意味着引导他看到一个不同的角度，这个角度可以给他带来之前没有注意到的好处。现在，我们可以谈谈兼顾二者的困难之处。他可以认识到，如果他想做一个霸凌者，别人就不会喜欢他。他必须下定决心选择一条路。如果我们直接地说"你欺负别人，别人就不会喜欢你"，这只会加深他的对立情绪。"人们会怎么看欺负人的人？如果一个霸凌者想被别人喜欢，可以怎么做？他有选择吗？"这类问题会引导孩子意识到正在发生的事及自己在其中的角色。他甚至不得不承认，一切取决于他自己！

假设妈妈无意中听到她的两个孩子在吵架，原因是其中一个在玩卡牌的时候作弊了。她决定置身事外。但后来，在一个氛围更安静友好的时刻，她觉得应该讨论一下游戏作弊的问题。"你们都知道作弊是不对的。它还会破坏你们玩游戏时的乐趣。为什么大家不能一起遵守规则，都不作弊呢？"妈妈表达得很婉转，语气很友善。但这不是讨论，而是说教。它符合逻辑，但不符合心理学。

然而，假设一两天后，妈妈对她的孩子们说："我在想一些事情。"现在，两个孩子都会很好奇。妈妈在想什么呢？她吸引了他们的注意力。

> **试试这样做吧**

○ 现在，妈妈可以婉转地说："假设两个人在玩游戏，但一个人作弊了。会发生什么？""他们会打一架。""你们觉得为什么其中一个人会作弊？"这时，我们就能从孩子们的回答中捕捉到他们的想法了。

○ 一个说，"因为他想赢"或者"因为他想占上风"。另一个可能说，"因为我不喜欢总输"。每一次妈妈问另一个孩子对他的兄弟的答案有什么想法时，她是在搜集信息，同时希望男孩们能够认识到自己的想法。

○ 最终，妈妈或许会问："那游戏的趣味性呢？作弊的人对被骗的人会有什么想法？你们觉得这两个人能够学会公平游戏吗？他们应该怎么做？两个人分别会做些什么？他们怎样才能保证游戏依旧有趣，不破坏它？"

○ 在一问一答中，妈妈对两人的竞争有了更深入的了解，之后她可以说："我很高兴了解你们的想法。这对我有很大的帮助。"

妈妈已经种下了思考的种子。她不需要多费口舌去说她认为孩子们应该做什么。孩子们在她的引导下已经自己看到了问题所在以及可能的解决方案。让他们自己去思考，看看会发生什么。

如果用责备作为开场，不论是大人还是小孩都不会喜欢面对一个自己可能是过错方的问题。如果我们能更笼统地讨论困难，讨论"人"而不是两个男孩或者两个女孩又或者直白的"你和他"，我们就营造了一种距离感，从而提高了客观性。我们都更愿意去面对别人的问题！在和孩子讨论困难时，如果我们把它当成别人的问题，会容易接受得多。

直白有时候也很有用。"我有一个问题。我想知道你是怎么看的？当我尝试把晚餐摆上桌时，你希望我能帮助你完成家庭作业，我为了同时做两件事而忙得手忙脚乱。你觉得我们该怎么办？"

无论我们能从对话中获得什么样的信息，都可以成为我们未来行动的基础。如果我们尝试通过道德说教来纠正一个明显的错误行为，我们不会获得任何信息，我们只会被

打败。如果我们一味告诉他们错得有多厉害，孩子是不会对我们打开心防的。如果他们表达了一个显然无法被接受的想法，我们依旧必须在当下的瞬间接受它。"你可能有你的道理。但我在想如果所有人都这么做又会怎么样呢？"如果孩子因为我们暗示他的想法不切实际而表现出对继续谈话的抗拒，我们可以暂时把对话放到一边。"我们都想想，过几天再继续讨论吧。或许到那时候我们会有不一样的想法。"

对孩子单方面输出就是告诉他们希望他们怎么做，这样做表达了对顺从的要求，要求孩子实现父母的想法。

而和孩子对话，是和孩子一起探索该怎样做来解决问题或者改善局面。这样做，孩子们也为构建家庭和谐贡献了自己的力量，而且意识到了他们作为家中一员也在做贡献，但这并不意味着他们有权按照自己的想法控制家庭走向。讨论是一个过程，我们在这个过程中尝试以所有人的共同利益为目标，达成面对的任何问题的最佳解决方案。

很多人认为,"新的心理学方案"就是对孩子妥协,放弃大人的所有引导力。但事实恰恰相反。如果我们不能和孩子坐下来讨论当前的问题,不能让他们表达自己的意见,不能倾听他们的心声,那么他们就真的会一意孤行,而我们则会彻底失去对孩子的行为的影响力。合作需要争取,而不是通过命令强取。

而赢得合作最好的方式就是自由地讨论每个人的想法和感受,然后一起探索对待彼此更好的方法。

第38章 家庭会议

家庭会议是以民主的方式处理棘手问题最重要的手段之一。正如它的名字所示，家庭会议是所有家庭成员一起讨论问题、寻找解决方案的会议。每周都应该在某一天留出特定时间来进行家庭会议，这应该成为家庭常规的一部分。没有全家人的同意不得更改会议时间。每个人都必须出席。如果某个成员不想参与，他也必须遵守所有成员的决定。因此，他应该出席会议，这样才能表达自己的意见。

每个家庭都可以一起制定家庭会议的细节，来满足自己的需求，但是基本原则是一样的。

> 1. 所有成员都有权提出一个问题。每个人都有权利发声。大家一起寻求解决问题的办法，并捍卫多数人的意见。在家庭会议中，父母的声音并不比每个孩子的声音更高、更强。
>
> 2. 每次会议上做出的决定会持续一周。会议结束后，将采取已决定的行动方案，在下一次会议之前不允许再进行讨论。

3. 如果到了下一次会议，大家发现上一周的解决方案效果并不理想，就需要带着同样问题，"我们应该怎么解决这个问题？"，再找到一个新的方案。当然，将再次由所有成员共同决定！

家里有八个孩子，年龄从 4 岁到 16 岁不等。在家庭会议上，妈妈提出了一个问题，就是家里令她绝望的晚餐时间。孩子们总是姗姗来迟。爸爸对孩子们的迟到和普遍的不礼貌行为感到焦虑和生气。对立情绪和争吵导致了家里极度不融洽的氛围。其中一个孩子建议，每个人都在自己的房间吃饭，不再上桌吃饭。其他孩子也纷纷附和，认为这很有意思。妈妈接受了这个想法，而爸爸则大声反对。妈妈问该怎么分菜。"我们每个人拿自己的份。""那餐具呢？""我们会把餐具拿出来的。""我可以负责洗干净厨房里的餐具。"妈妈表态说。面对九比一的结果，爸爸不得不同意了这个方案。那天晚上，当晚饭做好以后，妈妈和爸爸把他们的晚饭拿进了房间，没有管孩子们。一个小时之后，妈妈清洗了放在厨房水槽里的餐具。

4天过去了，孩子们开始抱怨。由于他们没有每次都把脏盘子送回厨房，他们已经没有足够的干净餐具了。一个孩子抱怨自己的室友餐盘里留下的坏掉的食物，后者没有把脏盘子送回厨房。对每一个抱怨的孩子，妈妈的回答是："到下一次家庭会议再说。"在下一次会议上，大家匆匆废除了各自吃饭的计划。这个计划失败了。所有人都想再回到餐桌上。孩子们在父母的诱导下主动提出了下一周需要遵守的餐桌礼仪。

即使是最小的孩子也可以参与家庭会议。会议主席应该采取轮换制，确保没有人会成为会议上的"独裁者"。主席必须确保所有成员的意见都被听到。即使父母认为一个行动会给他们造成不适，他们依旧必须遵守决定，忍受不适，允许结果自然地发生。比起说教或者父母的过分要求，这些经验能教给孩子的东西要多得多。

妈妈提出的问题是10岁的琼恩和7岁的杰瑞在放学后邀请客人到家里造成的。当两个孩子同时邀请各自的客人来家里时，场面一度十分混乱。这些孩子在屋里屋外、楼上楼下，四处追逐打闹，追着狗跑，做爆米花，喝可乐，用钢琴弹《筷子华尔兹》,把电视机音量开到最大。妈妈在表达了自己的不满之后表示:"我认为你们应该轮流带朋友回家。你们觉得呢?"琼恩同意了,并且表示她想要周一和周五。杰瑞瘫坐在椅子上,心不在焉地玩着手指。他什么也没说。妈妈问他能不能接受周二和周三带朋友来家里玩。杰瑞浑不在意地点了点头。这时,爸爸问道:"你们会怎么处理朋友们到处乱跑的问题?""他们的朋友需要学学规矩!""我认为你们应该和朋友说清楚家里的规矩,好吗?"妈妈插话道。琼恩同意了,杰瑞依旧闷不吭声。

接下来的周一,琼恩带了一个朋友回家,两个人安静地玩耍。杰瑞也带了一个朋友回家。"抱歉,杰瑞。但今天不是你邀请朋友的日子。""我们能在院子里玩吗?""可以。"在之后的半小时里,杰瑞四次来到门口试探是否能进屋里看电视、喝牛奶、吃饼干,再要些零花钱。每一个要求都得到了一句"不行"。几分钟后,妈妈凑巧从窗户往外看,发现杰瑞正站在围栏上尿尿。妈妈大喊:"抱歉,杰瑞。你朋友现在该回家了,你得进屋了!"杰瑞回吼道:"都是你的错,是你不让我进家里去卫生间的!"

杰瑞感觉被他的"好"姐姐和妈妈的联盟压垮了。他在家庭会议上什么也没说,因为他觉得自己说什么都没用。然而,尽管他闷不吭声,可是他已经同意了,却在之后选择通过错误的行为来表达自己的怨恨。

> 试试这样做吧

○ 更好的做法是妈妈提出她的问题，然后询问孩子们该怎么办。妈妈第一次提问时，孩子们可能会感到困窘，也想不出解决方法。在等待了一阵子之后，妈妈可以提出她的建议。"你们觉得两个人轮流带朋友回家怎么样？"或者"如果……怎么样？"。

○ 既然杰瑞已经表达了自己的感受，这个问题就必须在下一次家庭会议中被提上日程。如果妈妈表现出对杰瑞的理解，她就有可能引导他参与进来。"我在思考杰瑞是不是觉得自己的意见一定不会被采纳。但他看上去并不喜欢之前的安排。你怎么想，杰瑞？"

○ 接下来，大家会进一步讨论该做什么。或许，杰瑞在一段时间内都应该是第一个被询问如何解决问题的对象。一开始，他可能会不太情愿。但如果妈妈始终表现出对他的想法真的很在意，他或许就能克服执念，开始参与家庭讨论。

如果只有父母提出问题，给出解决方案，这就算不上家庭会议。父母必须鼓励孩子贡献自己的想法，充分参与进来。

一对受过大学教育的夫妻有三个孩子，他们正在进行家庭会议。女孩们决定家里应该买一套新房子。最大的孩子愿意为此支出 15 美元，老二提供 10 美元，最小的孩子 5 美元。这让父母惊呆了。他们该怎么做？备感困惑的父母选择寻求帮助。

父母认为女孩们对购房的成本毫无概念。当孩子们被问到这个问题时，她们认为成本约为 3 万美元。父母对此非常惊讶，因为这是一个相当精确的猜测。现在该怎么办？爸爸得到的建议是投入 50 美元，然后由女孩们负责买房。

爸爸贯彻了这个建议，问题就此解决。

然而，如果女孩们坚持由爸爸全资购房，爸爸可以尝试唤起他们的公平感。"为什么？我只是五人家庭中的一员。为什么我得出全部的钱？"爸爸甚至可以表达赞同购买新房的愿望，但要求女孩子们负责筹集资金。

如果我们能够善用想象力，同时考虑如果孩子是和我们一样大的成人朋友，我们会怎么应对他们提出的这种想法，我们就可以不再因为这类问题而陷入瞠目结舌的状态。父母始终都可以表明自己愿意在多大程度上参与一个计划，把问题扔回台面上，和其他人共同讨论如何解决。

家庭会议成功的秘诀就在于所有家庭成员都有把一个问题当作全家人的问题的意愿。毕竟，如果妈妈认为监督看电视的行为是一个问题，爸爸和孩子也会在如何让妈妈倾听自己的意见上感到为难。这是一个家庭问题，因为同住一个屋檐下就意味着多方的互动。问题是全家的，解决方案也必须是一个家庭共同的流程。这种方法可以培养彼此的尊重、责任感，提高平等性。平等正是民主家庭生活的基石。

全新的育儿原则

1. 鼓励孩子（第三章）

2. 惩罚和奖励都不可取（第五章）

3. 顺其自然和逻辑结果教育法（第六章）

4. 立场坚定的非独裁者（第七章）

5. 尊重孩子（第八章）

6. 引导孩子尊重秩序（第九章）

7. 引导孩子尊重他人的权利（第十章）

8. 杜绝批评，减少挑错（第十一章）

9. 维护日常规则（第十二章）

10. 为训练投入时间（第十三章）

11. 争取孩子的合作（第十四章）

12. 不要给孩子过度关注（第十五章）

13. 避免与孩子的权力斗争（第十六章）

14. 退出冲突（第十七章）

15. 别说教，行动！（第十八章）

16. 停止"赶苍蝇"（第十九章）

17. 满足孩子要理智：有说"不"的勇气（第二十章）

18. 克服本能：行动要出其不意（第二十一章）

19. 不要过度保护孩子（第二十二章）

20. 鼓励孩子独立（第二十三章）

21. 远离孩子间的争执（第二十四章）

22. 不要被恐惧动摇（第二十五章）

23. 别掺和孩子的事（第二十六章）

24. 克制怜悯心作祟（第二十七章）

25. 只提合理要求，尽量少提（第二十八章）

26. 言出必行，说到做到（第二十九章）

27. 对孩子要一视同仁（第三十章）

28. 用心听孩子的话（第三十一章）

29. 注意你的语气（第三十二章）

30. 放轻松（第三十三章）

31. "坏"习惯没那么可怕（第三十四章）

32. 一起玩得开心（第三十五章）

33. 和孩子对话，而不是单向输出（第三十七章）

34. 开展家庭会议（第三十八章）

附录　运用你的新技能

我们建议读者逐个阅读以下案例,加以研究并总结出发生了什么,父母运用或者违反了哪些原则,以及如何改善当下的局面。不要试图分析孩子,而是去分析孩子与大人的互动。我们的目的是帮助父母更有效率地抚育孩子,知道在孩子犯错时什么该做、什么不该做。每个例子都可以有多样化的解读,你可以用不同的方法来解决每个问题。并不存在唯一"正确"的答案。我们在每个例子后面也附上了一段评论。

例1

3岁的安把沙拉洒在桌上。妈妈对她说:"把桌子清理干净,安。"孩子噘着嘴不动。"快点,你洒的东西,你就要负责清理。"妈妈等着安行动。安依旧不高兴地噘着嘴,最后妈妈清理掉了沙拉,什么也没说。

点评:

当妈妈命令道"把桌子清理干净,安"的时候,她在挑起权力竞争。而妈妈的妥协是一种"赶苍蝇"式的做法,最终成为过度的服务。

妈妈应该克制自己提出专制命令的本能(18,5)(括号中的数字代表了在《全新的育儿原则》中列出的原则）。如果妈妈换一个问题，比如"我们该怎么办"，她可能就能引导安做出一些回应。安可能会提议由她来清理干净。如果安暗示自己什么也不打算做，妈妈可以坚定立场，比如牵着安的手把桌子清理好。如果安依旧不愿意，妈妈可以要求安离开餐桌（11，3，6，4）。

例Z

8岁的拉夫把他的好衣服都扔在房间地板上。妈妈已经花了很长时间试图让他收拾好自己的东西。筋疲力尽的妈妈把地上的所有衣服捡起来，放到别的地方。到了星期天，拉夫找不到衣服穿。他冲妈妈喊道："妈，我周末的套装呢？"当妈妈告诉他衣服被收在别的地方且他必须穿校服去主日学校时，拉夫开始大发脾气。"我已经不断告诉你要收好自己的衣服了，拉夫。现在，你就把这当作一次教训吧。""那我就不去主日学校了，"拉夫尖叫道。"你会去的。现在把衣服穿上。你快来不及了！""我不去，我不去，我不去！"妈妈最终放弃了和拉夫的对抗，拉夫一直拒绝穿好衣服。"好吧，如果我把衣服给你，你能保证在回家之后把你的套装挂好吗？""当然。"妈妈把套装还给拉夫，拉夫匆匆换上了套装。可等他回家之后，他又把衣服像平常一样扔了一地。

点评：

一开始妈妈的做法很正确，运用了逻辑结果。但接着她陷入了权力斗争，而且最终妥协了，输掉了这场斗争。

妈妈本可以和拉夫进行对话，通过对话和拉夫达成一致照看好自己的衣服，并且说好如果拉夫没做到会有什么后果（33，6，11）。如果拉夫发脾气，妈妈什么也别说，别管他。有必要的话，就躲到卫生间去（14，15）。接着，妈妈可以让他维持现状带他去主日学校，或者这一次就让他一个人待着。

例3

3岁的露丝每天睡前按例要去兜风，可她一直磨磨蹭蹭不愿意去。最后，爸爸妈妈坐上车子对她说："很明显你并不想去兜风，但我们想去。拜拜，亲爱的。我们过会儿就回来。"他们开着车兜了一会儿。回家后，他们也没发表任何评论。第二天晚上，露丝提前就准备好了。

点评：

爸爸妈妈从露丝过分的要求中脱身。

他们没有试图用任何方法强迫露丝（13），但承担了自己的行为的责任（4）。他们坚持了自己建立的日常规则，并且运用了逻辑结果（3，9）。

> 例 4

妈妈把 4 岁的玛丽琳裹成一团，要带她去外面玩雪。出去没多久，玛丽琳就站在后门哭了起来。妈妈过去查看情况，发现她脱掉了连指手套，手被冻得又红又冰。妈妈给她重新戴上手套，然后解释说："如果你戴好手套，你的手不会再被冻了，亲爱的。这就是手套的作用。现在你肯定好多了，对吗？去玩吧。"过了几分钟，妈妈发现玛丽琳又把手套给脱了。这一次，爸爸走出去帮玛丽琳戴上了手套。他又重复了好几次，终于发火了。"让她在外面待着，让她的手挨冻去，"爸爸说，"这样她才能吸取教训。""这个主意简直糟透了！"妈妈抗议说，"为什么？她的手会冻伤的！"妈妈再次出门给玛丽琳戴手套，一次又一次，直到她也筋疲力尽。终于，妈妈把玛丽琳带进屋子，打了屁股。

点评：

玛丽琳利用自己的无助来获得父母的服务，激起他们的怜悯。

爸爸妈妈不必给玛丽琳过度的关注（12）。没必要对她重复她已经知道的事，她知道手套可以帮她的手保暖！父母双方都应该避免表现出他们的担心（30），让事情顺其自然（3）。当玛丽琳大哭时，她其实是想利用自己的无助获得同情，而父母应该避免这种陷阱，并且说："我很难过你的手被冻到了。我相信你很清楚要怎么办（20）。"如果玛丽琳重复这种令人不安的行为，她就只能待在家里了。

例5

在沙滩边游完泳后，4岁的南希和妈妈往淋浴室走。南希宣布她不打算去冲澡。妈妈已经冲完澡了，回答说："好吧，亲爱的，但你不能带着满身的沙子和水进车子。"妈妈关掉水龙头，擦干自己，没有再说什么。南希也不吭声。接着，她忽然又愿意了，开始冲澡。

点评：

妈妈刺激南希配合她。首先，妈妈设定了界限（6），接着她避免了权力斗争（13），而且很坚定（4）。妈妈利用逻辑结果赢得了南希的合作和对秩序的遵守（6，11，3）。

例6

9岁的斯坦没洗手就来到了饭桌旁准备吃晚饭。妈妈质问道："你什么意思？手都没洗就来吃饭？你这个孩子！

总是不洗干净手。看看你的头发。你难道都不梳头吗?还有你的衬衫,脏得要命。你的毛巾也是一样脏!"斯坦的眼睛里积满了泪水。"你还有其他要说的吗?"

点评:

斯坦无视了秩序,错误地希望借此找到自己的位置。至少妈妈注意到他了。妈妈用一串批评猛烈打击了斯坦的自信心。

当斯坦没洗手就来吃饭时,妈妈可以简单地说:"你这样不行。你不能不洗手就上桌(15,6)。"当斯坦洗干净手之后,妈妈可以说,"我很高兴看到你能照顾自己"或者"我很高兴今天晚上你能保持整洁"(1)。

例 7

"站在我旁边别乱跑,玛丽。"妈妈告诉她 2 岁半的女儿,她自己正在柜台边填写一张银行表格。玛丽往旁边挪了几步。"回来!"妈妈喊道。玛丽立刻站直了,妈妈继续填写表格。玛丽跑向大开的门。"玛丽,回来!"玛丽脸上没什么表情,眼睛却滴溜溜地转,继续向门口跑去。"好吧,你会被车撞倒的!"妈妈威胁她。妈妈转向柜员的窗口,任由玛丽站在门口。

点评：

玛丽正在和妈妈玩游戏。她不断让妈妈感到不安，为她挂心。妈妈说得太多了，还试图用威胁来控制玛丽，可是玛丽根本不会允许自己受威胁的事发生。

妈妈应该牵住玛丽的手，把她拉在身边，但什么都别说（12，14，15）。

例 8

妈妈正在为买的东西付钱，然后准备离开商店。这时，她注意到5岁的格雷戈手里拿着一包打开的糖果。"你从哪儿拿的？"她质问道。格雷戈被吓哭了。"在那儿。"他用手一指。"你这个坏孩子！你这样做是要干什么？你不知道这是偷吗？现在我必须去给这包糖付钱，尽管家里已经有各种糖果了。"妈妈一边说一边打了格雷戈的屁股。接着她回到店员面前，付了糖果钱。

点评：

格雷戈拿了自己想要的东西，但妈妈承担了后果。

妈妈不应该用辱骂和批评打击格雷戈的信心（1），不应该用惩罚作为训练孩子的方式（2），少说话（15）。她应该坚持让格雷戈自己去找店员付钱（10），然后从他的零花钱里扣掉这部分钱（3）。

> 例9

妈妈和其他几个小孩的妈妈一起坐在游戏区。

2岁的迈克从一辆婴儿车跑到另一辆婴儿车,摇晃着婴儿车,拉着婴儿车的两侧,随时有可能把婴儿车推倒。当他在每辆婴儿车停下时,妈妈都会喊"迈克,别闹了",然后继续她的谈话。迈克没有理会,继续往前走。最后,另一位妈妈站了起来,把她的孩子和婴儿车推到她身边,然后扶着车。迈克的妈妈终于站了起来,一把抱住他,拍打他的后背。"我说了,别这样!"迈克在沙堆里坐下,开始玩了起来。

点评:

迈克不断吸引着妈妈的注意,让她不得不中断对话。

妈妈不应该给他过度的关注,不耐烦地应付迈克(12,16)。她可以不说话,采取行动(15)。只要迈克再做错事,妈妈可以把他抱回婴儿车。当迈克尖叫抗议时,她不应该理会他的挑衅(14),让他发泄。等他再安静下来,他就可以重新获得自由。只要迈克再次犯错,他就必须再回到婴儿车上(3,10)。

例 10

马上到睡觉时间了,南希的玩具还在客厅里丢了一地。妈妈对她说:"马上要到睡觉时间了。你想要我帮你一起收拾玩具吗?还是你要自己收拾?"这个法子过去总是有用的。可今晚,3岁半的南希却说:"我不收拾了。我太累了。你来收拾。""不行,南希。我现在要去看书了。"妈妈没有再纠结,开始看书。一分钟后,南希说:"我现在要收拾玩具了。你能帮帮我吗?""当然,亲爱的。"在一起收拾玩具的时候,妈妈说了明天要做的事。

点评:

南希在试探妈妈。

妈妈没有回应她的挑衅(14),避免了权力斗争(13),得到了南希的配合(13),也没有批评南希(8)。妈妈愿意帮南希一起收拾,但拒绝替她做这件事。

例 11

"妈妈,我想吃糖。"5岁的朱迪和妈妈一起站在百货的结账队伍里时哭着说。一列包装精美的糖果引起了她的兴趣。妈妈却说:"不行。家里已经有够多糖果了。"妈妈的语气坚决,不容置疑。"但我现在想吃糖果!"朱迪的哭泣声更响了。妈妈不动声色地看了看队伍里的其他人。

"我没有足够的钱。"妈妈有些绝望地回答。"我现在就想要糖果!"朱迪大叫着指着她选择的一条糖。"多少钱?"妈妈问。接着她困惑地看着价格标签。然后,她叹了口气,说:"好吧,我们买。"朱迪开心地拆开了糖果,咬了一口,然后用包装纸包住糖果,把它放回购物车里。

点评:

朱迪认为自己有权利获得她想要的。她要的不仅是糖果,还有控制妈妈的权力。

妈妈不必满足朱迪所有的愿望,尤其是当并非合理需求的时候。她在满足朱迪时应该保持理性,有勇气说"不"(17),接着无视朱迪的挑衅(14)并且保持坚定(4)。

例12

12岁的艾伦、10岁的弗吉尼亚和8岁的迈克因为家务争吵不休,这让妈妈"快崩溃了"。最后,她和爸爸想出了一个办法。爸爸在厨房里放了一块公告栏。每个孩子都被分配了特定的任务,并有对应的报酬数量。干得好的比干得一般的收入高。如果做得不好或没做,就没有报酬。表现好的可以获得奖金。表现不好就会被扣分,违反规定也一样。每天晚饭后,全家人都会聚集在公告栏前统计分数。一周结束后,每个孩子都会根据分数得到相应的报酬。

孩子间的摩擦大大减少，妈妈觉得情况大有改善。

点评：

孩子们利用彼此的争执让父母忙于解决，即使是新的安排给他们提供了父母持续的关注。利用奖惩制度来控制孩子，父母就教会了孩子期待通过服务来获取物质补偿，而不是通过参与合作来获得满足感。

这对父母应该停止这种奖励制度（2）。让孩子在家庭会议上建立对家务的责任感（34），接着坚持孩子必须完成负责的工作（4，9）。在第一次有争吵的迹象时，妈妈和爸爸就应该移开目光。

例 13

6岁的多尼和4岁的帕蒂带着小狗匆匆从厨房跑过，留下了一路泥脚印。"你们这群淘气鬼！"妈妈大叫道。"我才刚把地板擦干净。你们把我当成什么？看看你们做的好事。我要跟你们说多少次进屋之前先把脚擦干净？现在来坐好，把你们的鞋子脱下来。而我得再把地板拖干净！"妈妈把脏鞋子扔到外面，准备之后再弄干净，然后开始重新拖地板。而孩子们则穿着袜子满屋子跑。

点评：

孩子们为所欲为，妈妈却在帮他们收拾残局，为孩子们服务，又把责备当作惩罚。

妈妈不应该再把语言当作武器（15），把拖把递给孩子们。她可以构建合理的逻辑结果（3）。她怎么能在厨房里到处是泥点子的时候煮饭呢？

例14

妈妈正在尝试教1岁的凯西用杯子而不是奶瓶喝奶。凯西坐在她腿上，妈妈给她喝了一口牛奶。凯西僵住了，接着把杯子推开。妈妈开始分散她的注意力："看那儿的小鸟。"凯西坐起来看小鸟，妈妈再次用杯子喂她。每一次凯西僵住，妈妈都会找到其他事来分散她的注意。每一次，凯西在拒绝之前，都会多喝一点牛奶。

点评：

妈妈非常努力地想做一个"好"母亲。她的缺乏信心让她觉得凯西会拒绝新体验。

妈妈应该把凯西放到她的高椅子上，相信她会愿意学习新体验（5）。她可以更轻松地对待训练期，不必忧心忡忡。她可以每天同时给凯西一杯牛奶和其他食物，不需要哄她或者分散她的注意。她必须完全戒掉用奶瓶来喂孩子（9，10）。凯西很快就会用杯子喝奶，而不是饿肚子（3）。

例 15

每当 6 岁的乔治感觉失落或者挫败的时候，他都会蜷缩在客厅的椅子上，吸着手指。妈妈已经为这个问题担心了快五年了。她尝试过在乔治的手指上涂苦药、胶水、装夹板，打屁股。乔治的门牙开始表现出一直吸吮手指的影响。每当妈妈看到乔治这样坐着，她就觉得很可怕，因为她知道他很不开心。"怎么了，乔治？"她带着显而易见的同情问道。"别吸手指了，亲爱的。这真的没有用。现在告诉妈妈是什么让你不开心。"有时乔治会回答。有时他继续吮吸手指，直到妈妈把手指从他嘴里拿出来。接着他依旧闷闷不乐，一声不吭。妈妈恳求他说出问题所在。如果他终于回答了，妈妈就会用尽一切办法"解决问题"。

点评:

乔治总是想要不费力气的快乐和安慰。此外，他用自己的"不快乐"让妈妈感到不安，以此来惩罚她。妈妈陷入了怜悯的陷阱，试图安排乔治的人生来让他快乐。

妈妈应该无视吸吮手指的毛病（31），当乔治长吁短叹地坐在椅子上时，妈妈必须毫不在意（12，24）。在乔治心情好的时候，妈妈可以和他谈话，找出他不喜欢的是什么。通过鼓励，她可以帮乔治变得更积极、更有用（1）。

例 16

　　7岁的莎莉是三个孩子中间的那个,她想帮妈妈把新买的玻璃杯搬回家里。"别动,莎莉。放着我来。你会把杯子摔碎的。""拜托,妈妈。我会很小心的。""那好吧。但你千万小心别摔碎它们。"妈妈拿起了几个包裹,跟在女儿后面走。在上楼梯的时候,莎莉踩到了自己的大衣,失去平衡,带着玻璃杯一起摔倒了。她大哭起来。妈妈绝望地放下手中的包裹。她打开装玻璃杯的盒子,发现只碎了两个杯子。妈妈非常生气,开始滔滔不绝地教育莎莉。"我说过你肯定拿不了这些杯子,会把它们打碎的!你为什么总是想做一些自己做不到的事?你为什么老笨手笨脚的?你觉得我们有足够多的钱可以买杯子给你摔吗?现在进屋,回你的房间去。今天晚上别吃饭了。或许这样才能让你学会不再那么粗心大意的。"

点评:

　　莎莉不出妈妈意料地失败了。妈妈对莎莉能力的质疑打击了她的自信,然后又批评她。

　　妈妈在一开始就应该对莎莉有信心,避免加强她对自己的错误认知(1,5)。她不应该批评莎莉,而应该从容地接受失误(8)。莎莉已经很难过了。如果莎莉滑倒,摔碎了玻璃杯,妈妈应该更担心孩子有没有摔疼,而不是杯子有没有摔坏。莎莉需要鼓励。"我很难过你摔倒了。我知道你不是故意的。"

例 17

爸爸回家后发现自己的工具被扔在草坪上，9岁的比利曾在那里用他的旧玩具车做了一辆"赛车"。爸爸很生气。他沿着街区找到了比利，命令他马上回家。比利从爸爸的语调中意识到他有麻烦了。他小心又迟疑地靠近爸爸。"我想知道你的理由。"爸爸指着那些工具质问他。比利没说话。"我不止一次地告诉你，用完工具之后要把它们收拾好。为什么你总是听不进我的话？"比利依旧不说话，低着头盯着地看，沉浸在自己的世界中。"好了，年轻人，你准备回答我的问题吗？""我不知道，爸爸。""很好，那我只能教训你一顿了。或许你就能长长记性，把它们收好了。"爸爸把比利掉了个个，打了他的屁股。比利抽泣着收拾好了工具，把它们拿回家里放好。

点评：

爸爸用怒火来恐吓比利，因为他不尊重秩序和其他人的权利。爸爸错误地相信，语言和惩罚是有效的训练手段。

这个局面一目了然，比利需要接受正确的训练。爸爸应该和比利进行一系列谈话，就工具的使用和维护达成一致

（6，7，33）。或许他可以为比利提供自己的工具，让男孩对自己的工具负责（23）。接着，爸爸只需要坚定立场，并且在比利的工具丢失或者损坏之后不为他提供替换。如果比利有心，他可以用自己的零花钱来进行更换。否则的话，他就不会获得新的工具。

例 18

妈妈和爸爸带着2岁的杰克去拜访朋友。妈妈宣布："我们太为杰克感到骄傲了。他已经不需要穿尿布了。过去两周，他没出一点儿意外。"在接下来一个小时里，妈妈六次询问杰克要不要去卫生间。最终，他不得不说"好"。爸爸为此夸张地庆祝了起来，他推着杰克上楼去卫生间。

一个星期之后，朋友们到杰克家做客。晚餐时，杰克三次告诉爸爸要去卫生间。爸爸每次都陪他去，每次杰克都确实上了卫生间。

接下来一周，爸爸对朋友说："我们搞不明白，杰克像是退化了一样，开始尿湿裤子。他又开始穿尿布了，而且他甚至不会在需要换尿布的时候告诉我们。"

点评：

妈妈和爸爸把对杰克的如厕训练看成一个"重要成果"。他们太过重视这个最普通的学习过程了，甚至陷入了权力斗争，因为这关乎他们自己的面子。

妈妈和爸爸应该对杰克的学习能力有信心（1，5），并且表现得更从容（30）。杰克学会上厕所是形势所需，而不是因为爸爸妈妈由于他不尿裤子而有面子。

例 19

妈妈早上需要工作，因此请了一名保姆照顾孩子。一天，妈妈到家后发现，3岁的丽塔用蜡笔在门上、沙发上、椅子上到处乱画。妈妈原本打算在那天下午带丽塔去沙滩玩。午餐后，她说："在出发去海边之前，我们必须先清理干净门上和家具上的蜡笔印。如果愿意，你可以来帮我。"丽塔看了妈妈一会儿，然后拿起抹布，学着妈妈的样子开始擦拭。妈妈花了不少时间清理。女孩时不时就会问："我们什么时候去沙滩？""我们一打扫完就去。"妈妈回答。终于，妈妈不得不承认，等她们清理完所有痕迹时，已经来不及去沙滩了。丽塔接受了这个现实，没说什么。

点评：

妈妈提供了一段训练经历。她克制自己没有命令丽塔收拾残局，避免了权力竞赛（13）。妈妈很坚定（4），但邀请了孩子来帮忙，就此赢得了孩子的合作（11）。最终，妈妈用符合逻辑的结果（3）告诉了丽塔，形势比人强（6）。

> 例 20

妈妈平静地对 9 岁的女儿说:"莉莉,我告诉过你这周你不能和珍一起去看电影了,你们上次回来得太晚了。"女孩的眼睛里充满了泪水。她沮丧地转身离开,没有再和妈妈争辩。妈妈感觉不安。莉莉看上去很难受。"你这周要看什么电影,莉莉?""既然不能去看电影,就无所谓了,妈妈。"莉莉带着哭腔回应道。"你说过是一部迪士尼电影,对吗?""是的。"妈妈考虑了一下。"如果我同意你去看,你能保证电影结束后直接回家吗?"莉莉还在哭,她回答:"我会的,妈妈。""好吧。但如果你这次再不准时回家,下周我无论如何都不会让你去了。明白吗?""明白了,妈妈。"

点评:

莉莉已经发现了"眼泪攻击"的力量,会利用妈妈的怜悯来得到自己想要的。妈妈落入了她的陷阱,没有勇气说"不",而且反复无常。

妈妈可以对莉莉的眼泪、伤心和沮丧无动于衷(24)。如果莉莉无法按保证的按时回家,合理的结果就是下周不能去看电影(3)。妈妈可以坚定立场(4),维持秩序(6,26)。

例 Z1

傍晚，在帮蒂姆洗完澡之后，妈妈带着4岁的蒂姆来到后院放松一会儿。朋友们来家里玩。"别又弄湿了，蒂姆。"妈妈在和朋友一起坐下时对蒂姆说道。后院里有一个浅浅的水池。蒂姆玩了一小会儿玩具。然后他走到水池边玩他的小船。"蒂姆，小心别弄湿了。你最好离水池远点。"男孩噘着嘴，不高兴地站在水池边，然后跪在池边把小船放进水里。"如果你弄湿了，爸爸会打你屁股的！"妈妈喊道。蒂姆继续靠在水池边玩小船。忽然，他因为身子探得太远而掉进了池子里，衣服都湿透了。爸爸冲过来把他拉了出来。蒂姆开始大哭。妈妈责备他说："我告诉过你不要在水边玩。现在你整个人又湿透了。"爸爸把男孩带回屋子里换衣服。

点评：

蒂姆根本不听妈妈的话，想干什么就干什么。"别弄湿"对他来说意味着一场权力斗争。当她希望蒂姆不要在水池边玩，别弄湿自己的时候，妈妈提出了不合理的命令。接着她又威胁蒂姆如果不听话，就会受到惩罚。

妈妈不该替蒂姆决定他该怎么做，从而避免权力斗争（13）。她可以下定决心确认形势是否需要蒂姆远离水池。如果傍晚的天气暖和，那就不要紧。如果妈妈没有因为企图控制蒂姆而刺激他,蒂姆就不会掉进水里。妈妈应该提出合理的要求,然后平静地用行动来维持秩序(25,26,6)。

例ZZ

7岁的约翰正在外面玩。不久,妈妈听到争吵声,决定到外面查看情况。约翰从邻居家孩子们手里抢走了所有玩具,正在把这些玩具藏起来。显然,他因为让其他孩子难过尖叫而很享受。妈妈喊约翰到她身边来,可男孩拒绝离开他的战利品。妈妈走到他身边:"约翰,亲爱的。你必须和其他孩子分享玩具。"约翰瞥了眼其他孩子,这些孩子站在一边看着正在发生的一切。妈妈伸手要拿走一个玩具。约翰立马吼道:"住手!""约翰!你是怎么了!我绝对不许你这样做!你现在就进屋,上床睡觉。"妈妈把约翰拖回屋子,放上了床。约翰哭着睡着了。

点评:

约翰用犯错来吸引妈妈的注意。首先,妈妈加入了约翰和邻居家孩子的争吵,接着妈妈试图从道德上对约翰说教,最后妈妈把惩罚作为训练的手段。

妈妈不应该掺和孩子之间的事(23),让其他孩子处理和约翰的问题。他们会的!她可以之后和约翰讨论(33)和朋友们之间的事。

例 23

"玛莎!你起不起床?"妈妈摇醒了 8 岁的女儿,"你再不抓紧,上学就要迟到了。快起来。这已经是我第三次叫你了。"玛莎终于翻身下床,妈妈则回到了厨房。没多久妈妈又喊道:"快点儿,玛莎。""我警告你。今天早上我不会再开车送你了。你必须学会自己起床,去学校。"玛莎终于来到了饭桌前。她一边看漫画书一边吃着早饭。"把漫画放下,专心吃早饭。你要迟到了!"电话响了,妈妈和她的姐妹进行了一场漫长的对话。忽然,玛莎打断她说:"妈妈!只剩十分钟了。拜托,快,开车送我去学校。""不行,玛莎。你得自己去学校。""但妈妈!即使我一路跑着去,也来不及准时到学校了。拜托,拜托。妈妈,你送我吧。""我说了不行,玛莎。""但妈妈,我今年还没有迟到过。拜托,就这一次。我不想毁了我的纪录。你也不想我的纪录就这么被毁了,对吗?""哦,好吧。"妈妈告诉自己的姐妹会再打电话给她,然后开车送玛莎去了学校。

点评:

玛莎让妈妈承担了所有责任,提供了过度的服务。妈妈缺乏坚定立场的勇气,因为想要玛莎保持纪录的虚荣心而中断了自己的训练计划。

妈妈应该给玛莎一个闹钟,让她自己负责起床和准时到学校（20，23）。不论孩子如何诱导，妈妈都应该坚定立场，不答应开车送她去学校（4，26）。

例 24

妈妈正在洗衣房。8岁的露丝、6岁的乔伊思和2岁半的苏珊正在卧室里玩。忽然间，妈妈听到了苏珊的尖叫声，但声音马上弱了下来。她跑进卧室。露丝和乔伊思把苏珊关进了柜子里，还压住了柜门。苏珊的尖叫声盖住了妈妈跑进房间的脚步声。"马上给我住手！"妈妈大吼。两个女孩子在妈妈伸手拉她们时猛地往后跳开。妈妈抓住柜门打开柜子，把苏珊抱进怀里。当苏珊慢慢平静下来，能够听妈妈说话的时候，妈妈问道："你们为什么要这么做？你们知道苏珊怕黑！""我们只是在玩，妈妈。""折磨你们的妹妹算哪门子游戏？"妈妈怒火中烧地带着苏珊离开了房间。

点评：

露丝和乔伊思是一伙的，她们联手让妈妈忙于保护苏珊，而苏珊则利用恐惧来控制妈妈。

妈妈可以倾听（28）并分析尖叫声的深层含义。她可以听出害怕，但决定不掺和女孩子间的问题（23），并且不去在意苏珊对黑暗的恐惧（22）。妈妈不应该掺和到女孩子之间这场微妙的争执中（21）。事实上，如果妈妈没有跑来拯救苏珊，两个大孩子可能就会把她从柜子里放出来。又或者，如果妈妈做不到完全无动于衷，至少她可以平静地走进卧室，把苏珊从柜子里放出来，然后马上去继续做她自己的事，什么也不多说。此外，在家庭会议上，妈妈可以就姊妹间的关系展开一系列讨论。"为什么露丝和乔伊思这么喜欢以取笑苏珊为乐？我们能做些什么？"

例25

6岁的吉恩正在吃晚饭，这时她的朋友忽然在门外喊她。吉恩马上从桌上跳起来，跑向门口。"回来，吉恩。你还没吃完晚饭！"爸爸命令道。女孩依旧站在门口和朋友聊天。爸爸向她走去，把她带回餐桌前，放回椅子上，然后说，"你刚刚的行为还没被原谅。先把饭吃完。"吉恩慢慢从椅子上滑下来瘫坐着，噘着嘴很不高兴。她没有再吃饭。爸爸不耐烦地呵斥她。吉恩再次坐好。最后，妈妈问她："你吃好了吗，吉恩？""吃好了。""那你就出去玩吧。"这时，爸爸插话说："既然你妈妈这样说了，出去吧。"吉恩从餐桌离开冲了出去。妈妈和爸爸在可怕的沉默中继续吃着晚饭。

点评：

吉恩和父母进行了权力斗争，接着又利用它挑起了父母双方的纷争。爸爸命令她"回来"，挑起了权力竞赛。爸爸还无视了吉恩礼貌对待朋友的需求。

既然爸爸正在"对付"吉恩，妈妈就不应该插手（23）。三个人必须就餐桌礼仪的问题达成一致（9，34）。但即使家里的规矩是所有人必须吃好饭才能离开餐桌，吉恩对朋友保持礼貌的权利也有更高的优先级，她可以先告诉朋友自己家正在吃晚饭，晚饭后她就会去找她（5，7）。

例 Z6

一阵忽然的疾风把窗帘吹进了客厅，带倒了一个装着花的巨大花瓶。妈妈正匆忙擦着地上的水，希望不会毁了地毯。"阿黛拉，你能帮我给烤肉淋上油汁吗？""可我不知道怎么做，妈妈。"女孩小声回答。"你都看我做过上百次了。就按我以前那样做。"阿黛拉走进厨房。几秒之后，妈妈先听到了哗啦一声，紧接着是阿黛拉的哭声。妈妈冲进厨房。烤肉、土豆、煎锅及果汁撒了一地。阿黛拉正哭个不停，因为她烫到手了。"阿黛拉！我简直不敢相信。我从没见过有人这么没用。为什么你连最简单的事情都做不好？现在从这儿出去！""但我的手，被烫伤了。""涂点药膏。""我怎么涂？被烫伤的是我的右手。"筋疲力尽的妈妈找出了药膏，涂到阿黛拉手上，然后回到厨房处理一地狼藉。

点评：

无助的阿黛拉确实证明了她的无助。

妈妈可以拒绝接受阿黛拉对自己的错误评价并且通过分享自己的成功经验来鼓励她（1）。总而言之，妈妈可以不去批评阿黛拉，忽视她的许多错误（8）。在这个情况下，因为妈妈不能同时处理两个问题，她应该决定哪件事的优先级更高，然后自己来处理。妈妈应该避免让阿黛拉去做一些她没有接触过的事（25）。妈妈可以花时间去教阿黛拉怎么帮助她（10），然后通过实践教会阿黛拉，而不是忽然命令阿黛拉帮她完成一些自认为超出能力范围的任务。

例 27

妈妈的两个朋友碰巧来拜访。4岁的帕斯蒂站在一边看着8个月大的比利在地板上到处爬。妈妈和她的朋友们正在欣赏比利和他表现出来的聪明劲。帕斯蒂忽然冲过来，用手臂撞了比利。妈妈跳起来抓住帕斯蒂，打她的屁股，然后吼道："你是什么意思，撞你自己的小弟弟？现在就回你的房间，在你准备好好表现之前都不许出来！"妈妈把帕斯蒂推出了房间，然后把比利抱起来安慰他。

点评：

帕斯蒂嫉妒自己的小弟弟，而且报复了她的妈妈。妈妈也对帕斯蒂的报复行为做出了回应。

伤害已经造成了。覆水难收。妈妈的任何行动都只会让帕斯蒂更坚定地认为，她必须对弟弟获得的一切关注做出报复。妈妈可以采取出乎意料的行为，比如拥抱帕斯蒂，然后说："我明白的，亲爱的，我很抱歉让你这么辛苦。（18）"

例 28

1岁半的露西刚刚发现砌好的壁炉底石，老是会爬上去。每次她爬到上面，妈妈就会把她抱下来，说："不行，不行。"露西一重获自由就会再次晃晃悠悠地走向壁炉，爬上去。妈妈会再一次把她抱下来，说："不行，不行。你会受伤的。"这样反复五次后，妈妈终于失去耐心，打了露西的屁股，把她从房间带走了。

点评：

露西测试了她的力量和勇气，但妈妈过度的保护欲会打击她的信心。首先，妈妈的"不，不"是一种"赶苍蝇"的行为。其次她用体罚作为训练手段。

妈妈应该对露西控制自己的身体的能力有信心并给她独

处的空间（5）。如果妈妈不对露西爬上底石的行为给予过度关注（12），一旦露西发现了自己的技能，她就会对这个行为失去兴趣。或者，如果爬上底石是违反秩序的行为，妈妈可以在露西每次爬上去的时候安静地把她带离房间。

例 29

6岁的杰瑞在阿姨进屋时和她打招呼："嘿，老菜皮！"妈妈狠狠给了他一巴掌。"不要再让我听到你说出任何类似的话。你要尊重你的阿姨。现在，道歉！"杰瑞不情不愿地道歉了，眼里充满了愤怒的泪水。

点评：

杰瑞自作聪明地想要给人留下一个深刻的印象。而妈妈的本能是给他一巴掌。

杰瑞在对阿姨讲话，因此，妈妈不应该插手（23）。而阿姨可以用出乎意料的方式回应杰瑞，比如一如既往地回应，或者用游戏的方式以类似的话回答他（18）。

例 30

6岁的桑迪站在一边看着工人为了栅栏挖洞。他开始把泥土踢回洞里。工头朝他喊道："嘿，小伙子。别再这样了！"桑迪顽皮地把更多土踢回洞里。听到动静的妈妈来到了门口。桑迪还在继续踢土,完全无视工头对他的训斥。妈妈看到了一切。终于,工头来到妈妈面前:"你可以阻止这个孩子吗?""我怎么阻止他?我不可能整天站在这里盯着他,不让他玩土。"桑迪依旧故我。工头快被逼疯了,甚至威胁要狠狠揍他一顿。桑迪哭着跑进家里,然后又跑出来骚扰每个洞口的工人。这种情况一直持续到爸爸回家,把他带回了屋里。

点评:

桑迪是一个很有破坏力的"坏"孩子。妈妈接受了他的错误行为,并且放任自流。

妈妈可以不再表现出害怕桑迪,对他没办法的样子。她必须引导桑迪尊重他人的权利(7)。如果有必要,妈妈可以把男孩带回屋里。只要妈妈的行为是为了维持秩序和尊重而不是为了把自己的意志"强加给"桑迪,她就不会挑起权力斗争。

例31

5岁的琼是家里唯一的孩子,也是唯一的孙辈,姑伯辈唯一的侄女。她和妈妈受邀参加隔壁邻居的露台晚餐。因为琼和邻居家的两个女孩——桌子。当她们坐下准备吃饭时,琼哭了起来。"我想坐在妈妈旁边。"琼流着泪恳求道。"亲爱的，你看，和露西、玛丽坐在一起不是很好吗？来，开始吃晚餐吧。你看一切都安排得多好呀。"琼依旧哭个不停，并且一遍遍地恳求道："我想坐在你身边。"妈妈最终发了火："如果你不好好听话，我就带你回家了！"琼还是在哭。最终，妈妈妥协了，把琼的座位从孩子们那桌拉到自己身边。

点评：

被宠坏的琼必须得到满足，不论眼下到底是什么情况。妈妈和琼"讲道理"，试图赢得她的配合，接着威胁要带她回家，但是没能坚持到底。最终，妈妈向琼的"眼泪攻击"妥协了。

要维持秩序，妈妈可以说："孩子们都坐在这桌，琼。"如果琼还是继续哭闹，妈妈可以说："琼，你是想和露西、玛丽一起吃饭？还是更想回家？（11）"妈妈必须把对琼的决定坚持到底（26）。

例32

8岁的罗伊扇了3岁的珍妮特一巴掌，因为珍妮特破坏了他的玩具牛仔小人的队列。妈妈批评了他："你是怎么了，罗伊？为什么你就不能让她好好待着？""她总是乱动我的东西。""她还小，罗伊。你没有权利打她。现在回你房间去。""你不能强迫我。"罗伊反抗道。"那我们走着瞧。"妈妈把罗伊拉回了自己的房间,把他推进去,然后关上了门。罗伊立刻把门打开。妈妈再次把他推进去,关上门,然后紧紧按住把手。罗伊在另一边用力反抗想把门打开。最终,妈妈没有力气了。她放开了门把手,抓起梳子,打了罗伊。然后她丢下罗伊,让他在自己的床上又叫又踢。

第二天,罗伊正在和珍妮特玩。妈妈走进房间,看到罗伊正把一根绳子绕到珍妮特脖子上拉紧。"罗伊!"妈妈尖叫着冲向他们。她把罗伊推开,然后松开了珍妮特脖子上的绳子。珍妮特没有抱怨。她什么也没说,面无表情地看着妈妈打罗伊。

点评:

这是一场伴随着报复行为的权力斗争。

妈妈阻止不了层出不穷的花式报复行为。每一次她惩罚罗伊,她就会让罗伊更下定决心要报复。妈妈不应该掺和孩子们的事(23),应该远离他们的斗争(21),让珍妮特照顾自己(19),无视每个孩子的挑衅。她当然需要松开珍妮特脖子上的绳子!但她可以无声地完成这个行为,不去造成男孩期待的夸张效果。罗伊可能并不真的想伤害自己的妹妹,但是他知道怎样戳中妈妈的痛脚。妈妈可以给出意料之外的反应(18):她可以拥抱罗伊,或者亲亲他,给他一个微笑。这会让他感到困惑！接着妈妈必须继续努力修复所有人的关系。

例33

4岁的杰伊在妈妈把采购的商品都放进车里后，挣扎着不愿意上车。妈妈用手臂拖着他。他被绊倒，从妈妈胳膊底下滑下来，摔倒，尖叫着，而妈妈一直在不断拉扯他。最终，妈妈放弃了，而杰伊扑通倒在了车子靠沥青马路的一边。"好吧，杰伊，你就待在这儿吧！"妈妈生气地说。她坐进车里，开始发动车子，准备离开。杰伊从眼角观望着妈妈的行动，依旧在生闷气。过了一会儿，妈妈在旁观者的注视下感到越来越窘迫，又下车抓住了杰伊，把他拖进车里，重重教训了他。杰伊大叫着抗议，在车后座上蹿下跳。

点评：

妈妈说，"你会的"。而杰伊说，"我不"。妈妈使用了暴力，并且用她不打算执行的行动威胁他。

但妈妈可以让杰伊的计划落空的。在离开商店时，她可以坐上车，假设杰伊和她在一起。当杰伊看到妈妈没有如他所愿为了让他上车而和他争执后，他会跟着妈妈上车的。如果他拒绝上车，妈妈可以说："那我就等到你愿意上车。"

她可以坐在驾驶座上等着,既不生气,更不会和他争执。杰伊很快会觉得"哦,那我做这一切有什么用",然后自己上车(11,13,14,15)。妈妈学会的第二课是意识到杰伊必须遵守秩序。如果她考虑到这个需求而不是让杰伊听话的欲望,她就没必要生气了。她可以平静地抱起杰伊,把他放进车里,始终保持冷静和漠不关心(6)。杰伊会察觉到妈妈的坚定,要做到这一点,妈妈必须能从精神上无视杰伊持续的脾气。

例 34

3 岁的露易丝闷闷不乐地来到桌前。她是四个孩子里最小的,通常都能得到自己想要的。在被分到了自己的食物后,她端起盘子,然后把它扔到地上,接着开始又踢又闹。妈妈把她从房间里带走,然后坐在她边上。"你怎么了,露易丝?"没有回答。"你为什么要这么做?这很不好。"依旧没有回答。"好吧,那你就坐在这儿。"妈妈转身离开了。"我很抱歉,妈妈。我不会再这样了。""好吧。那么你可以回去吃饭了。"露易丝对着晚餐挑挑拣拣。等甜点上桌之后,她又把它扔到了地上。"露易丝!你保证过会听话。现在,你该挨教训了。"

点评：

小公主证明了自己的地位。一开始，妈妈把露易丝带走，做得很好。但接着，妈妈只是"单方面对露易丝说话"，接受了她的承诺，最终惩罚了她。

露易丝几乎不需要说什么就被原谅了。她的承诺让她的错误行为被轻轻放下，妈妈并不应该相信她的承诺。如果妈妈有足够的勇气，她可以让所有人和露易丝共同承担责任。"既然你们这些孩子不能在餐桌上好好表现，你们就都要离开。（27）"当然，妈妈绝不应该再多说什么（15）。

例 35

2 岁半的格蕾塔把房间抽屉里所有的衣服都拿了出来。当妈妈发现的时候，妈妈批评了她，把衣服一件件捡起来，放了回去。最后，妈妈总结说："为了惩罚你，今天下午你不能吃冰激淋了。"当冰激淋车到了之后，格蕾塔跑到门口，喊妈妈来付钱。"你今天不能吃冰激淋，格蕾塔。"女孩开始尖叫，生气地跺脚。妈妈把她抱起来，带回了家。

点评：

格蕾塔故意做错事，让妈妈围着她转。妈妈尝试通过批评和剥夺她其他的权利来训练自己的女儿。

冰激淋和被拿出抽屉的衣服之间有什么联系？妈妈可

以问:"你需要我帮你把衣服放回抽屉里吗?(11)"如果格蕾塔暗示妈妈一个人收拾衣服,妈妈可以沉默地离开(14)。

例 36

4岁的威利和3岁的玛琳都有严重的食物过敏症状。妈妈见过爸爸因为花粉过敏饱受折磨的样子,而现在她的孩子却有食物过敏!他们必须在这么小的年纪经受这么多,又不能吃自己想吃的东西,这让妈妈为他们感到非常难受。妈妈严格遵守医生的嘱咐,为每个孩子单独准备餐食,因为他们有不同的过敏源,几乎不能吃相同的食物。尽管妈妈悉心照顾他们,两个孩子依旧不时起麻疹,犯恶心,或者感到不适。任何时候,不论孩子们犯了什么错,只要他们表现出一点不舒服,妈妈就会原谅他们,因为"可怜的孩子们,他们不舒服"。她也不要求他们做任何家务。看起来如果妈妈坚持要他们做任何事,比如在睡觉前收拾玩具,他们就会感到失落,病情加重。因此,妈妈更倾向于自己做所有事,并且希望孩子们能够像医生说的那样随着长大而缓解过敏症状。

点评:

孩子们已经证明了过敏是一个有用的工具!他们诱使妈

妈产生怜悯，从而逃避所有的义务。

妈妈必须避免陷入怜悯作祟的陷阱（24），帮助孩子们正视过敏的问题，并且减少他们因为过敏获得的好处。秩序必须得到维护（6），而孩子们必须有所贡献。如果他们有精力玩，那就应该有精力收拾。如果他们病了，那就应该躺在床上，被当作生病的孩子，而不能获得那些健康孩子能得到的好处（3）。

例 37

4岁的亚历克正在前门的台阶上玩。忽然，他发出了一声凄厉的尖叫声。"妈妈，妈妈！"妈妈冲到他身边。亚历克正蜷缩在纱门边害怕地大哭。一只狗正沿着门前的步道来回跑，嗅来嗅去。妈妈打开纱门，把亚历克带了进来。"亲爱的，亲爱的，别害怕。狗狗不会伤害你的。"她把男孩抱进怀里，并向他一再保证安抚，才让他平静下来。但只要还能看到那只狗，亚历克就拒绝再出门。

点评：

亚历克对狗的恐惧让妈妈非常担心在意。

妈妈可以不再关注亚历克的恐惧（22）。她可以更轻松地鼓励他，"你会发现狗狗其实并不会伤害你"，然后让事情自然发展（1）。